동굴에서 별을 보다

See the Stars in the Cave

박명렬 지음

청문각

동굴에서 별을 보다

2018년 12월 20일 1판 1쇄 펴냄
지은이 박명렬
펴낸이 류원식 | 펴낸곳 (주)교문사(청문각)

편집부장 김경수 | 본문편집 OPS design | 표지디자인 유선영
제작 김선형 | 홍보 김은주 | 영업 함승형 · 박현수 · 이훈섭
주소 (10881) 경기도 파주시 문발로 116(문발동 536-2) | 전화 1644-0965(대표)
팩스 070-8650-0965 | 등록 1968. 10. 28. 제406-2006-000035호
홈페이지 www.cheongmoon.com | E-mail genie@cheongmoon.com
ISBN 978-89-363-1797-3 (93420) | 값 18,000원

"가족들에게"

서문

국민학교 시절 - 그때는 국민학교라고 불렀습니다 - 방학이 되면 할머니 댁에 가서 오랫동안 있다오곤 했습니다. 특히 여름에는 저녁을 물리고 평상에 누워 밤하늘을 바라보는 것이 즐거운 일이었습니다. 하늘에 놀랍도록 많은 별들을 보면서 문득 '저 곳은 어떤 곳일까? 저 곳에도 사람은 살고 있을까?'라는 생각을 했던 기억이 아직도 생생합니다. 은하수를 처음 봤을 때의 흥분은 지금도 잊히지 않습니다. 학교 도서관에서 철 지난 소년잡지를 읽으면서 은하수가 많은 별들로 이루어진 것이라는 것도 알았습니다. 당시에는 책이 귀했던 시절이었습니다. 글을 읽는 것이 매우 어려웠던 때여서 책의 첫 페이지부터 마지막 페이지까지 혹시 글자 하나라도 놓치게 될까 아껴 읽었던 기억이 있습니다. 그중에서 별이나 우주에 대한 내용이 나오면 더욱 집중해서 읽었던 것 같습니다. 별과 우주에 대해서 많은 꿈들을 키웠던 때였으며, 과학자가 되겠다고 결심한 것도 아마 그때였던 것 같습니다. 여름방학이 시작되기 전부터 밤하늘을 기다리곤 했던 기억이 있습니다. 지금도 하늘이나 우주를 생각하면 할머니 댁이 겹쳐지는 것은 그때의 기억이 있어서 그런가 봅니다. 지금은 입자물리 실험을 하는 과학자가 되었습니다. 거대한 입자 가속기를 이용해서 우주를 구성하는 기본 입자들과 기본 상호작용에 대해 연구하는 분야입니다. 사실 관측천문학의 많은 결과들은 입자물리학에 많은 영감을 주고 있습니다. 지금도 많은 연구가 진행되고 있는 암흑물질, 암흑에너지 그리고 초신성 등의 관측 결과 등은 입자물리학의 연구범위와 많은 부분을 공유하고 있습니다.

　이 책은 학교에서 교양으로 강의했던 내용을 모아 엮은 것입니다. 교양으로써 과학이란 그 경계가 모호할 때가 많이 있습니다. 사실 과학은 수학을 그 언어로 사용하고 있기 때문입니다. 대부분의 독자들이 수식에 대해서 많은 거부감을 가지고 있다는 것을 잘 알고 있습니다. 그러나 잘 생각해 보면 수식과 수학을 오해하고 있는 것 같습니다. 이 책에는 생각보다 많은 수식이 등장합니다. 어떤 부분은 거의 수식으로 이루어져 있기도 합니다. 굳이 수식을 피하지 않은 이유는 과학이 과학자들만의 이야기 거리가 아니기 때문입니다. 과학에서 설명을 위해 꼭 필요한 수식을 삭제하면 남는 것은 흥밋거리로 전락할 수 있는 이야기만 남게 됩니다. 그리고 잘못된 인식을 심어 줄 수도 있다고 판단했습니다. 과학은 길거리 마술쇼도 아니며, 그러한 일회적인 접근 방법으로는 과학에 대한 흥미를 얻을 수도 없겠지요. 예를 들어 보겠습니다. $A=1/B$이라는 수식이 있다고 생각해 보겠습니다. 단순한 수식입니다. 이를 A는 B에 반비례한다고 이야기합니다. 여기에는 B가 커지면 A는 작아진다는 의미가 숨어있으며, A가 커지기 위해서는 B가 작아야 한다는 의미 역시 들어 있습니다. 이것은 수식이 우리에게 아주 명확하게 이야기하는 것입니다. 오해의 여지가 없는 것이지요. 여기에 수학은 없습니다. 수학은 A와 B가 왜 반비례 관계에 있다는 결론에 이르는 논리입니다. 여기에 또 하나 숨겨진 것이 있습니다. 과학은 어떤 면에서 수학에서 사용하는 수식보다 제한된 수식을 사용하게 됩니다. 예를 들어 $A=B+C$라는 단순한 식이 있다고 가정해 보겠습니다. 여기에서 우리가 알 수 있는 것은 A, B 그리고 C는 모두 같은 단위를 가지고 있다는 것입니다. 나무 두 "그루" 더하기 양 세 "마리"는 다섯 "명"이라는 결론을 내릴 수는 없기 때문입니다. 이런 의미에서 과학에서 사용하는 수식은 수학에서 사용하는 그것보다 제한되어 있고 엄격하며 보다 많은 정보를 가지고 있다는 것을 알 수 있습니다. 이 책에 등장하는 수식을 읽고 그 의미를 곰곰이 생각해 본다면 매우 값진 경험을 할 수 있을 것이라고 생각합니다. 만약 수식을 그냥 넘겨버리고 읽어도 이 책에서 이야기하고자 하는 것을 이해하는데 큰 무리가 없도록 하였습니다. 이 책은 독자들이 각종 미디어에서 접할 수 있는 과학- 특히 천문학 또는 입자물리학과 관련된 뉴스를 이해하고 그 의미를 파악하는데 도움을 주고자 쓰여 졌습니다. 물론 우리나라에서 과학과 관련된 뉴스가 중요하게 다루어진 적은 없는 것 같습니다. 그리고 과학은 일상생활과는 동떨어진 것이라는 생각을 가질 수 있습니다. 전자가 1895년에 발견되고 세상이 어떻게 변했는지 생각해 본다면 과학이 사실은 우리의 생활과 매우 밀접한 관계를 가지고 있으며, 실제로 우리의 삶에 많은 영향을 주고 있다는 것도 알 수 있을 것입니다.

끝으로 이 책에 대해 추천사를 써주신 경희대학교 남순건 교수님과 고등과학원 황호성 교수님께 깊은 감사를 드립니다. 그리고 원고를 꼼꼼하게 읽어보시고 여러 가지 조언을 해주신 경북대학교 김동회 교수님과 오랜 동료이자 벗인 김태익 박사님께도 아울러 감사를 드립니다. 그리고 관심있게 읽고 많은 의견을 준 딸 박진영에게도 고맙다는 말을 전하고 싶습니다. 또한 원고를 잘 편집해주신 청문각 출판사 관계자들께도 고맙다는 말씀을 전합니다.

2018년 11월
박명렬

추천사

연구현장에서 우주의 미스터리를 풀고 있는 박명렬 교수의 『동굴에서 별을 보다』를 추천하며

남순건(경희대학교 물리학과 교수, 전 일반대학원장)

　세상의 가치를 크게 두 가지로 나눌 수 있을 것이다. 유한하고 소멸하는 가치와 무한하며 점점 커지는 가치가 있다. 유한한 가치는 지구 표면에 붙어살면서 아웅다웅 사는 모든 생물체들이 유한한 자원을 가지고 경쟁하는 과정에서 생기는 가치이다. 반면 무한한 가치는 전 우주에 있는 여러 가지의 존재 근본에 대한 가치라 볼 수 있다. 인간을 제외한 모든 동물들은 이러한 무한한 가치를 깨닫지 못하고 있다. 일찍이 플라톤은 인간을 동굴 속에 사는 무리로 여기고 이들이 경험하는 것은 동굴 바깥에 있는 실체인 이데아의 그림자에 불과하다는 것을 이야기하였다. 동굴 속의 인간은 이데아를 알기 어려우나 결국 추구해야하는 것은 이데아라 생각했던 것 같다. 아리스토텔레스는 존재의 근원을 따지는 것을 형이상학이라 불렀으나 이런 존재의 근원을 따지는 분야는 물리학에서도 입자물리학이라 할 수 있다. 지난 100년간, 눈을 들어 하늘을 쳐다보면서 생긴 호기심을 근본적으로 풀어가는 인류의 집단지성

이 생겨났으니 바로 우주와 물질의 근원을 밝히는 입자물리학인 것이다.

수천 년간 신화의 영역에 머물던 근원적 질문에 대해 보편타당한 법칙들을 찾기 시작한 것이 불과 백여 년 전의 일인 것이다. 이러한 노력은 앞으로도 수백 년 동안 계속될 것이 분명하며 이런 영원한 가치를 발견하는 노력들에 물리학자들이 이 시간에도 동참하고 있는 것이다. 구미와 일본에서 지난 100년간 이런 노력에 많은 업적을 남겼으나 순수과학에서는 아직도 걸음마 단계인 한국에서 유달리 앞서 뛴 연구 성과가 몇 개 있다. 그 중에 하나가 이 책의 마지막 장인 9장에서 생동감 있게 설명하고 있는 중성미자 실험으로서 입자물리학자인 박명렬 교수가 핵심적 참여 연구원이었던 것이다. 9장에서는 세계적 연구에서 선두에 서기 위해 하는 노력을 엿볼 수 있다. 몸소 실험을 통해 큰 가치를 만드는데 직접 기여하고 있는 저자는 9개의 장으로 나눈 책에서 우주의 긴 서사시를 과학에 약간 소양이 있는 독자들에게 매우 간결하면서도 농축되게 이야기하고 있다. 무엇 하나 뺄 수 없는 내용들을 과학사를 곁들여 소개함으로써 간혹 지겨울 수도 있는 물리학 설명에 감칠맛을 더해주고 있다.

현대를 사는 교양인이라면 반드시 한번은 들어봐야 하는 내용들에 대해 어떤 때는 이야기 전개로, 어떤 때는 현대물리학 강의를 듣는 듯 책을 풀어나감으로써 저자는 여러 수준의 독자들에게 다가가려 하고 있다. 물리학 관련 서적은 편하게 자신의 방식으로 읽으면 되기 때문에 이 책의 진가를 보기 위해서는 하룻밤에 읽어 내리는 추리소설보다는 하나하나를 곱씹어 보면서 읽으면 책에 담겨있는 물리학계의 수많은 노력의 성과를 공유할 수 있을 것이며 나아가 우주의 미스터리에 대한 추리를 할 수 있을 것이다.

'시간과 공간, 양자역학 등이 우리 삶과는 무슨 상관이 있는가?'라고 질문하는 사람은 일단 무한한 가치의 맛을 보지 못한 사람이다. 사실은 모든 사람의 손에 들려 있는 스마트폰 속에 일반상대론의 방정식이 GPS 속에 들어있고, 반도체 속에 양자역학이 녹아 있는 것이다. 별 속에서의 핵반응을 통해 우리 몸속의 원소들이 다 만들어졌으며 초신성 폭발을 통해 생명체에 필요한 원소를 추가로 만든 것이다. 그러하기 때문에 이 책에서 다루고 있는 내용들이 하나하나 우리의 삶의 존재 의미를 주는 것이다. 그래서 이 책이 우주의 미스터리를 지금도 풀고 있는 저자의 해박한 지식과 맛깔스런 문장으로 최근 많아지고 있는 과학서적들 중에 두드러져 보이는 책으로 남기를 바란다.

동굴을 나와 별을 보다

황호성(고등과학원 양자우주센터 연구교수)

별 보기 힘든 세상이다. 도시의 밝은 불빛 때문에 밤하늘이 더 이상 어둡지 않아서도 그렇고, 미세먼지가 가끔 하늘을 뒤덮어서 맑은 하늘을 볼 수 없어서도 그렇다. 또 다들 바빠서 밤하늘을 올려다볼 여유가 없다. "그래 가끔 하늘을 보자"던 1990년대 영화 제목처럼, 가끔 밤하늘을 보자. 멋진 은하수를 보긴 힘들어도, 잘 보면 달의 모습이 매일 바뀌고, 금성, 화성, 목성, 토성 같은 행성들이 매우 밝게 빛나고 있다는 것을 쉽게 확인할 수 있다. 대도시에 살아도 이 정도는 쉽게 알아차릴 수 있다. 운이 좋으면 북극성, 북두칠성 같은 것들도 밤하늘을 항상 지키고 있다는 것을 확인할 수 있다. 가까운 천문대라도 가면 망원경으로 더 많은 밤하늘의 보석들을 볼 수 있다.

이렇게 밤하늘의 천체들은 항상 우리 머리 위에서 밝게 빛나고 있지만, 우리는 이 사실을 잘 모른 채 21세기를 살고 있다. 지금으로부터 약 400년 전 갈릴레이가 처음으로 망원경을 이용해서 밤하늘을 올려다보았을 때, 그가 사용한 망원경의 지름은 겨우 3.7 cm이었다. 그는 그 망원경으로 달의 운석구덩이와 목성의 위성들을 발견하고, 은하수가 실제론 별들이 모여 있는 집단이라는 사실을 알아냈다. 요새 문방구에서 파는 망원경의 크기만 해도 10 cm가 넘으니, 우리는 갈릴레이보다 더 많은 것을 알아낼 수 있지 않을까?

갈릴레이보다 훨씬 이전에 동굴에서 살던 사람들은 어땠을까? 분명 광공해도 없었을 것이고, 스마트폰도 없었던 때라 밤에 많은 별을 보았을 것 같다. 그러면서 밤하늘의 별뿐 아니라 해와 달이 매일 조금씩 다른 시간에 뜨고 진다는 사실을 알아차렸을 것이다. 또 보이는 모양이 조금씩 바뀐다는 것도 알아냈을 것이다. 그러나 현대와 같은 과학 지식이 없었던 터라 왜 그런 일이 벌어지는지 매우 궁금해 했을 것이다. 그렇게 동굴에서 별을 보던 사람들이(저자는 동굴을 다른 의미로 쓴 것 같지만) 동굴 밖으로 나오면서, 밤하늘의 규칙을 조금씩 알아가고, 기록을 남기고, 기록을 분석하고, 이론을 세우고, 실험을 하고, 정밀한 관측을 하면서 현재 2018년까지 왔다. 지금은 행성들이 밤하늘에서 왜 이상하게 움직이는지도 잘 이해하고, 우주가 가속 팽창하고 있다는 사실도 알고 있고, 종종 우주에 인공위성과 사람도 보낸다. 돌이켜보면 이런 과학 문명의 발전 과정들이 참 근사하지 않은가?

이 근사한 이야기를 저자는 이 책에서 담담히 풀어냈다. 동굴에서 별을 보던 사람들이 어떤 과정을 거쳐서 현대에 이르러 우주를 이해하고 있는지를. 그리고는 현대 천문학과 물리학을 원자 크기의 작은 규모에서부터 우주 크기의 큰 규모까지 차근차근 소개하고 있다. 역시 서두름 없이 담담하게. 이게 이 책의 매력이다. 그런데 이 이야기는 나의 연구 분야이기도 하지만, 너무나 재미있는 이야기다. 이 흥미로운 이야기를 저자 혼자만 간직하기엔 너무나 안타까워서, 독자 여러분들과 공유하고자 이 책을 쓴 게 아닐까 싶다.

보통 천문, 우주에 관한 대중 과학서적은 그 주제 자체의 매력 덕분에 많은 독자가 재미있어하지만, 실제로 우주에서 일어나는 재미난 현상들이 왜, 어떻게 일어나는지, 그 바탕에 깔린 원리, 즉 물리까지 친절히 설명해 주지 않는 경우가 많다. 그래서 가끔 왜 그런지 궁금해서 답답한 경우가 많다. 물론 교과서가 있지만, 쉽게 손에 잡히지 않는 건 나만 그런 게 아니리라. 이 책에서는 저자가 물리학자로서의 풍부한 물리 지식을 바탕으로 우주에서 일어나는 여러 현상을 단계별로 차근차근 설명해 주고 있어서, 좀 더 깊이 있는 설명을 원하는 사람들의 갈증을 해소해 준다. 그래서 교과서로도 사용할 수 있다. 더구나 수식이 나온다. 수학 공식이 하나 들어갈 때마다 책 판매 부수가 급감한다는 이야기가 있지만, 나는 저자를 응원하고 싶다. 우주 현상을 물리학을 통해 이해하는 데 수식이 빠질 수 없다. 본문에서 저자는 다음과 같이 얘기한다.

"이 장에서는 수많은 수식이 등장한다. 과학자들이 어떠한 근거를 가지고 우주에 관해 이야기하는지 설명하기 위하여 꼭 필요한 것이기 때문이다. 또는 어떤 과정을 거쳐 우주에 대해 과학자들이 설명하는지 궁금해 하는 독자들을 위한 것이기도 하다. 하지만 수식에 너무 집착하지 말기를 바란다. 과학에서 수식이나 방정식은 도구일 뿐이다."

그렇다. 과학자들이 어떠한 근거를 가지고 우주에 관해 이야기하는지 저자가 수학, 물리학, 천문학을 동원해서 설명한 만큼 거기서 얻는 즐거움은 더욱 커지리라 믿어 의심치 않는다. 그러나 저자 말대로 수식이나 방정식은 양념 같은 것이니, 주요리인 재미있는 우주 이야기의 맛을 음미하는 데 방해가 되지 않도록 너무 집착할 필요는 없겠다.

동굴을 나와 별을 보고, 우주를 이해하려는 노력은 저자를 포함해서 많은 사람이 현재에도 여러 가지 방법을 이용해서 재미있게 진행 중이다. 이 책을 발판으로 그런 노력에 동참하시지 않겠는가?

차례

동굴에서 별을 보다

1

중력의 발견

동굴

　　불빛도 없는 깊은 산속에서 여름의 맑은 밤하늘을 바라본다면 아마 놀라운 광경을 목격할 것이다. 특히 달이 아예 떠오르지 않는 그믐이라면 북동쪽에서 남쪽으로 길게 걸쳐진 짙은 은하수를 선명하게 볼 수 있을 것이다. 그리고 하늘에 붙박혀 있는 것 같은 수없이 많은 반짝이는 점들을 보고 자신도 모르게 탄성을 지를지도 모른다. 이름도 모르는 수없이 많은 별이 만들어 내는 장관은 먼 과거로부터 인간들에게 많은 영감과 상상력을 제공했다고 믿는다. 상상할 수도 없을 만큼 멀리 떨어져 있는 별들에 대해 많은 것을 이야기 해주는 과학을 생각해보면, 문득 과학의 시작은 어디에서 비롯되었을까? 라는 의문이 생긴다. 그리고 또는 자연이라는 거대한 시스템에 대해 의문을 갖거나 혹은 그 뒤에 숨어있을지 모르는 규칙에 대한 호기심은 어디에서 시작되었을까? 하는 생각을 가질 수도 있다.

인간은 자신만의 기준을 통해 세상을 보려는 경향이 있다. 가끔은 그 기준이 오해에서 비롯된 것일 수도 있으며, 편견이거나 때로는 사실과 다를 수도 있다. 그리고 언젠가는 바로잡을 기회를 통해 수정된다. 마찬가지로 "자연" 과학도 가설을 만들고 폐기하는 과정을 겪으면서 발전하고 있다. 불과 500여 년 전까지만 해도 우리는 태양이 지구 둘레를 공전한다고 굳게 믿었으며 무거운 물체가 가벼운 물체보다 땅에 빨리 떨어진다고 생각했다. 놀랍게도 갈릴레이 이후에야 비로소 자연과학은 실험을 통해 가설을 검증하기 시작했다. 그런데도 20세기가 시작할 때만 해도 과학자들은 태양이 철로 구성되어 있다는 증거를 가진 것으로 믿었으며 철로 이루어진 태양이 어떻게 막대한 양의 에너지를 만들어 내고 있는지 설명하기 위해 노력한 적이 있다. 사실 이는 증거를 잘못 이해한 것에서 비롯된 것이었다. 파인만은 "아무리 우아하고 멋진 이론이라 하더라도 실험으로 증명되지 않으면 아무것도 아니다"라고 말하였고 영국 왕립학회는 "Nullis in Verba", 즉 "말 속에는 아무것도 없다"는 격언을 가지고 있다. 그리고 과학자들은 "Question authority", 즉 저명한 학자가 이야기하고 수많은 대중이 모두 그렇게 믿고 있다고 하더라도 "항상 의심하라"라는 말을 기억하면서 연구하고 있다. 당연한 이야기지만 오늘날에도 여전히 과학자들이 해결해야 하는 문제들은 여전히 그들 앞에 놓여있다. 그리고 후세 과학자들의 눈에는 어쩌면 우리는 여전히 오해나 편견의 동굴 속에서 하늘을 바라보고 있는 것인지도 모른다.

그럼에도 불구하고 가치 있는 것은 과학자들은 항상 자연이 우리에게 보여주는 단서들을 통해 그 뒤에 숨어있는 비밀을 찾고, 자연을 올바로 이해하기 위한 노력을 아끼지 않는다는 것이다. 역사적으로 보면 수없이 많은 무영의 재능있는 과학자들에 의해 과학의 역사는 새로 쓰여졌다. 그리고 그들의 노력을 토대로 획기적인 지식의 발전들이 이어져 왔다. 하지만 과학자들은 현재 자연을 이해하는 자신들의 방법이 불완전할 수 있다는 가능성을 열어 두고 있다. 말하자면 동굴속에서 한정된 지식만을 통해 자연을 바라보고 있다는 것을 알고 있는 것이다.

우주의 역사

우주는 광활하다고 사람들은 말한다. 우주는 끝없이 광활한가? 우주의 경계는 있는가? 우주의 경계밖에는 무엇이 있는가? 우주는 영구불변한가? 아니면 끊임없이 변화하는가? 끊임없이 변화한다면 과거의 우주는 어떠하였으며, 미래의 우주는 어떻게 될 것인가? 그리고 생명은 어떻게 발생하였는가? 생명은 우리 지구에만 있는가? 와 같은 수없이 많은 질문이 있었고 또 다른 질문들이 앞으로도 있을 것이다. 예를 들면 "우리의 우주는 유일한 것인가universe 아니면 많은 우주 중의 하나인가multiverse?" 등이 앞으로 던져질 질문 중의 하나가 될 가능성이 있다. 아마 이런 질문들 중에서 추상적이고, 피상적인 이야기를 배제한다면 관찰과 과학적인 증거를 통해 적어도 몇 가지는 이야기할 수 있을 것이다. 그 이야기를 시작하기 위해 아주 먼 과거로 되돌아 가보자. 그래야만 아주 원초적인 의문에 마주할 수 있기 때문이다.

인류의 조상이 최초로 밤하늘을 마주했을 때 우리와 마찬가지로 하늘에 가득한 별들을 보았을 것이다. 그리고 그들은 별들의 존재를 당연하게 생각했을 것이다. 항상 별들이 거기에 있었기 때문이었다. 때로는 두려움의 대상으로 혹은 경외심을 가지고 별들을 바라보았을 것이다. 그리고 다른 동료들보다 주의 깊은 몇몇 사람들은 매일같이 반복되는 낮과 밤, 그리고 별들이 하늘에서 움직이는 것을 보고 사색하기 시작했을 것이다. 우주에 대한 이해는 인류 문명과 그 시작을 같이한다고 볼 수 있다. 막연하지만 무엇인가가 끊임없이 반복되고 있으며, 그 대상에 따라 반복하는 간격 - 주기 - 이 다르다는 것을 알았을 것이다. 예를 들면 태양과 달이 하루의 간격을 두고 뜨고 지는 것을 알게 되었으며, 달이 그 모양을 반복하는 것은 그것보다 훨씬 길다는 것이다.

그리고 따뜻한 계절을 보내고 다음 따뜻한 계절이 오기까지는 더 많은 시간이 필요하다는 것을 알게 된 것이다. 여러 고대문명의 유적지에서 발견되는 바와 같이, 그들은 자신들의 천문관측소와 오늘날과는 다른 개념의 거친 관측 도구를 갖추고 있었고, 그 결과를 기록으로 남겼다. 초기의 과학이 그랬던 것처럼 이들의 관찰은 당시의 왕들을 포함한 절대 권력자들을 위한 것이었을지 모른다. 하지만 그렇다고 해서 초기 과학자들의 노력이 무의미한 것은 물론 아니다. 과학에 대한 지식은 서서히 발전하는 것이며 그 배후에는 많은 시행착오-동기부여를 포함해서-와 노력으로 이루어진 것임을 우리는 잘 알고 있다. 앞으로 우리는 과학의 눈을 통해서 우주의 역사를 이야기하게 될 것이다. 우리가 어떤 대상에 대한 역사를 이야기한다는 것은 그 대상이 변화했었고, 지금도 변화하고 있으며, 앞으로도 변화하리라는 것을 받아들이고 있다는 것을 의미한다. 따라서 우주의 역사는 우주가 역동적이었으며, 지금도 역동적이며, 앞으로도 역동적일 것이라는 의미를 담고 있다.

우리 우주의 나이는 지구 시간으로 약 138억 년이다. 138억 년 전 우주는 현재 우주가 가지고 있는 모든 물질과 에너지를 포함하고 있는 원자보다도 더 작은 한 점으로부터 비롯되었다. 우주는 빅뱅big bang이라고 부르는 사건을 통해 태어났다. 믿기 어렵겠지만 우리 우주 공간에 존재하는 모든 물질과 에너지는 크기조차 없는 이 한 점으로부터 비롯된 것이다. 이후 우주는 138억 년 동안 끊임없이 팽창해서 오늘날 우리가 보고 있는 우주 공간을 만들었다. 모든 것은 이때 시작된 것이다. 우리가 볼 수 있는 우주의 가장자리가 우주의 끝은 아니다. 더 먼 거리에 있을 우주의 끝을 보기에는 138억 년이라는 시간이 너무 짧다. 우주의 시작이 있었기 때문에 우리 우주는 당연히 유한하다. 하지만 그 경계를 볼 수 없을 뿐이다. 아마 지나치게 단순하고 섣부른 단정이라고 느낄 수도 있을 것이다. 하지만 지금부터 하고자 하는 이야기는 왜 과학자들이 이러한 결론에 도달하게 되었는지를 설명하는 것이다. 이 과정에서 어떠한 일들이 있었는지 그리고 어떻게 이런 결론에 도달하게 되었는지를 이야기하게 될 것이다.

　과학자들은 우리 우주가 어떻게 진화해 왔는지 1년이라는 달력에 표시하는 것을 좋아한다. 이는 우주가 진화과정에서 얼마나 짧은 순간에 수많은 극적인 사건을 겪었는지를 알려주며 얼마나 많은 시간 동안 다른 사건을 준비하기 위해 침묵했는지를 보여주기 때문이다. 우주의 시작을 1월 1일 0시라고 생각하고 현재를 12월 31일 자정이라고 정한 다음 어떠한 사건들이 있었는지 달력에 표시해보자. 이를 우주 달력cosmic calender 이라고 부르지만, 이 달력을 통해 과학자들이 알리고 싶어 하는 것은 우주의 광대한 역사에서 우리 인간의 존재가 얼마나 미약한 것인지를 보여주고 그 미약한 존재가 우주의 나이에 비해서 터무니없이 작은 시간 속에서, 어떻게 우주의 역사를 이해했는지에 대한 겸손과 자부심을 표현하고 싶어 하는 것이다. 이 달력에서 한 달은 약 11억 5,000만 년 정도 되고 하루는 3,700만 년 정도 된다. 한 시간은 약 150만 년에 해당하며 1분은 약 26,000년이다. 그리고 1초는 약 430년에 해당한다. 이제 이 우주 달력에서 어떤 일들이 있었는지 살펴보자.

　우주는 1월 1일 0시에 빅뱅을 통해 시작되었다. 굉장히 격렬했지만 빅뱅이라는 이름처럼 굉음이 있었던 것은 아니었다. 우주가 시작된 후, 암흑이 계속되다가 1월 1일 0시 12분쯤 되자 우주가 맑게 개었다. 말하자면 아주 먼 곳까지 볼 수 있게 된 것이다. 즉 빛이 방해받지 않고 아주 먼 곳까지 이동할 수 있게 되었다는 것을 의미한다. 그리고 1월 5일 쯤, 최초의 별들이 탄생하였다. 지구 시간으로는 우주 탄생 후 약 2억 년가량 지난 때이다. 아직 태양이나 지구가 나타날 때는 아니며, 우주 달력으로 1월 7일이 되자 드디어 최초의 별들이 모여 은하를 형성하게 된다. 다시 은하들은 거대한 은하 집단을 구성하게 되는데 이때 우리 은하 역시 마찬가지로 다른 은하들과 함께 우주의 거대구조를 만들게 되는데 이때가 지금으로부터 약 110억 년 전이며 우주 달력으로는 약 3월 15일에 해당한다. 여전히 우리 태양과 지구는 찾아볼 수 없다. 사실 우리 태양계는 별들의 무덤에서 태어났다. 이 시간 동안 첫 번째로 태어난 별 중 많은 별이 죽음을 맞이했다. 별들은 죽음을 통해 많은 무거운 원자들을 만들어 우주 공간에 되돌려 줬다. 여러분이 숨을 쉬는 산소, 생명의 원천이 되는 탄소와 질소 역시 이 시기에 별들의 죽음을 통해 처음으로 만들어졌다. 역설적이지만 별들의 무덤은 새로운 별들이 탄생할 수 있는 환경을 만들어 준다. 이 원칙은 지금도 여전히 유효하다. 우리는 죽음을 통해 우리 몸을 이루고 있던 원소들을 다시 땅으로 되돌려 보내주며, 그 원소들은 끊임없이 세대와 세대를 거쳐 식물과 동물들을 통해 순환한다. 이것이 자연의 한 법칙이라는 것을 우리는 잘 알고 있다.

우리 태양은 우주의 달력에서 상당히 늦은 8월 마지막 날에 탄생했다. 말하자면 첫 번째 세대의 별은 아니다. 지금으로부터 약 45억 년 전의 일이다. 그리고 태양계가 형성되었다. 다른 별들의 재로부터 태양과 우리 태양계가 만들어진 것이다. 탄생 초기의 태양계는 혼돈 그 자체였다. 수없이 많은 유성과 혜성 그리고 거대한 암석 조각들이 끊임없이 원시 지구에 충돌하였으며, 이로인해 지구는 불안정하고 매우 뜨거운 상태였다. 지구 탄생 후 처음 10억 년 동안은 이런 상황이었을 것이며, 달 역시 마찬가지였다. 그러다 지구는 점점 안정되기 시작한다. 유성이나 혜성의 충돌이 줄어들고 지구는 점차 평온을 찾아간다. 그동안 수많은 혜성이 공급해왔던 물 때문에 뜨거운 지구의 대기는 수증기로 가득 차 있었을 것이다. 물론 지금의 대기와는 한참 다른 것이며 오늘날과 같은 공기로 바뀌기까지 아직도 많은 시간이 필요했다.

지구의 온도가 점점 내려가면서 드디어 수증기가 모여 물이 되고 지각의 낮은 곳을 메우기 시작하면서 원시 바다가 형성되기 시작한다. 생명의 요람이 만들어진 것이다. 아직 불안정하던 지구와 달의 궤도때문에 지금보다 훨씬 규모가 큰 원시 바다의 밀물과 썰물에 의해 지구의 궤도가 안정되기 시작하고 달도 자신의 궤도를 찾아갔다. 이 시기 파도의 높이는 지금 우리가 경험하는 것보다 적어도 수백 배 이상 컸을 것이다. 그런 바닷속에서 최초의 생화학적인 반응이 시작되었다. 바로 생명의 탄생이며 우주의 달력으로는 9월

20일쯤에 해당한다. 지금으로부터 약 35억 년 전의 일이다. 별들의 탄생과정이 대부분 비슷하다면 우리 은하 또는 다른 은하에서 우리와 비슷한 환경을 거친 행성들이 있었을 것이라고 믿는 것이 합리적일 것이다. 사실 생명의 탄생은 과학이 해결해야 할 커다란 도전 중의 하나이다. 아마 리처드 도킨스의 "이기적 유전자"가 여러분들에게 하나의 이론을 제시할 수도 있을 것이다.

이제 잠깐동안 지구의 시간에만 초점을 맞춰보기로 하자. 뒤에 알게 되겠지만 천문학자들이나 물리학자들은 우주가 만들어지고 난 바로 그 찰나에 관심이 있다. 그리고 별과 은하의 진화에 대해서는 많은 증거와 이론들을 가지고 있다. 따라서 우주가 밝아지고 난 이후의 세계를 이해하는 것은 단지 시간의 문제라고 생각하기도 한다. 우주 달력으로 12월 17일이 되자 식물이 드디어 육지에 상륙하고 다양한 식물, 공룡, 새, 곤충들이 지상에 나타날 준비를 시작한다. 초기에 지구의 표면을 덮은 식물들은 거대한 숲을 형성하고 지구의 대기에 가득 차 있던 탄소들을 몸 안에 축적한 채 죽어 가면서 땅에 묻히기 시작한다. 이른바 석탄기 Carboniferous period 이다. 높은 산소 농도 때문에 곤충들의 몸집은 지금보다 훨씬 컸으며, 산소를 이용하는 생물군들이 곳곳에서 등장하게 된다. 크리스마스쯤, 최초의 꽃이 지상에 나타났다. 약 3억 년 전의 일이다. 거대한 파충류들이 지구의 주인으로 활동할 시기가 도래한 것이다.

하지만 가끔 소행성이나 혜성이 지구에 충돌할 가능성은 여전했다. 12월 30일 오전 6시 24분에 바로 그런 일이 일어났다. 거대한 소행성이 오늘날 멕시코만에 충돌했으며 지구상의 거의 모든 생물이 멸종했다. 극소수의 생물들만이 그 거대한 사건으로부터 생존했으며 그중에 소수의 포유류도 포함되어 있었다. 소행성의 충돌은 사실 우주 전체의 관점에서 보면 특이한 사건이 아니다. 우리 지구도 그런 과정을 통해 성장했기 때문에 지극히 정상적인 천문학적인 사건일 뿐이다. 하지만 지상의 생명에게는 매우 중대한 사건임이 틀림없다. 만약 그때의 유성 충돌이 없었다면 여전히 지구는 거대한 파충류들의 세계였을지 알 수 없으며, 혹시 그들 중의 한 종이 문명을 건설했을지도 모를 일이다.

아직 인류는 지구상에 등장하지 않았다. 12월 31일 오후 9시 40분쯤 인류의 조상이 등장했다. 그리고 진화를 거듭하여 두 발로 걸을 수 있게 되었으며 불을 지피고 동물을 길들였다. 그리고 간단한 도구를 만들고 사용했으며 식물들을 재배할 수 있게 되었다. 마침내 12월 31일 오후 11시 59분 46초가 되자 인류는 처음으로 문자를 이용하여 기록을 남길 수 있게 되었다. 우주 달력에서 보면 우리 인류의 모든 역사는 나머지 14초 동안에 일어난 일이다. 위대한 영웅들과 왕들의 모험 그리고 끊임없는 투쟁들과 전쟁들이 이 짧은 시간에 있었다. 하늘의 천체를 관측했으며, 우주가 숨기고 있던 위대한 비밀들을 찾아 나섰으며, 그리고 마침내 우주의 과거와 현재, 그리고 미래를 이해할 가능성을 발견하게 되었다. 우리는 앞으로 우주 달력의 마지막 3~4초 동안에 일어난 일들을 이야기하게 될 것이다. 이 작은 시간을 통해 어떻게 우주 달력의 나머지를 이해할 수 있는 지식을 가지게 되었는지 살펴볼 것이다.

과학의 시작

개인적으로 역사학자나 고고학자들의 의견과 관계없이 본격적인 천체에 대한 탐구는 신석기 시대부터라고 믿는다. 이는 인류의 정착과 경작이 이 시기부터 시작했기 때문이다. 물론 후기 구석기 시대일 수도 있지만 적어도 이 책에서 이야기하고자 하는 논점은 아니다. 경작은 정착 생활의 전제 조건이다. 그리고 무엇인가를 재배한다는 것은 시간을 정확하게 안다는 것을 필요로 하기 때문이다.

아주 먼 과거로 돌아가 보자. 지평선에서 태양이 뜨고 점점 태양의 고도가 높아졌다가 다시 낮아지고 지평선 아래로 사라진다. 그리고 어제 태양이 떠

오르던 방향에서 다시 태양이 뜨고 어제 태양이 졌던 쪽으로 다시 태양이 지는 것이 끊임없이 반복된다. 정착 생활을 하던 이들 중 관찰력이 뛰어난 사람이 태양이 뜨는 위치가 아주 약간씩 변화한다는 것을 알아차렸다. 예를 들면 "어제"는 산꼭대기에서 태양이 뜨더니 "오늘"은 산꼭대기에서 약간 벗어난 지점에서 떠오르는 것이었다. 날마다 태양이 뜨는 곳의 위치는 "북쪽"으로 조금씩 이동하면서 태양이 비추는 시간이 길어지더니 어느 특정한 시기를 지나면 일출의 위치가 다시 "남쪽"으로 이동하면서 낮의 길이가 줄어드는 것을 발견하였다. 그리고 이를 "일 년"마다 반복하는 것이었다. "하루" 그리고 "일 년"과 같은 현상의 반복은 할아버지가 아버지에게 그리고 아버지가 다시 아들에게 전달할 수 있는 지식이었다. 상현달이나 하현달과 같은 달의 위상변화도 같은 의미에서 이해할 수 있었을 것이다.[1] 즉 이들에게 같은 현상의 반복은 아직 정확하지는 않더라도 자연의 한 특성으로 이해하는 것에는 어려움이 없었을 것이다. 곡식의 씨앗을 뿌리고 충분하게 성장시키기 위해서 따뜻한 시간이 필요하다. 그리고 다시 추워지기 전에 수확을 서둘러야 했을 사람들에게는 곡식의 파종 시기를 결정하는데 태양의 일출 위치를 참고하는 것이 많은 도움이 되었을 것이다.

그런 면에서 우리는 모두 과학자들의 후손이다. 우리의 선조들은 생존을 위하여 하늘에서 천체의 위치와 시간에 대한 지식을 가지고 있어야 했다. 이를 이용하여 생존해 왔다. 잘못된 지식은 버리고 새로운 지식을 찾아나서는 생존을 위한 진지한 삶을 살았을 것이다. 과학의 오랜 전통도 바로 여기에서 유래되었을 것이다. 이는 실험과 관측이 지시하는 증거를 따르며, 합리적인 의심과 검증을 통해 틀린 것으로 판명된 이론 또는 가설은 곧바로 폐기됨으로써 자연이 숨기고 있는 진실에 한 걸음씩 다가가는 것을 의미한다. 만약 민

---

1 상현달이나 하현달에서 현은 활의 시위를 의미한다. 고대 동북아시아에서는 반달의 모습이 활과 비슷하다고 생각했기 때문이다.

동굴에서 별을 보다

을만한 증거를 찾을 수 없는 경우, 여러 가능한 설명 중에서 가장 단순한 설명을 신뢰하는 것도 눈에 보이는 현상이 사람들을 진실로부터 현혹할 가능성에서 벗어나게 하는 방법이 되었기 때문이다. 가장 단순한 설명을 신뢰할 수 있다는 의미를 살펴보자. 그리스 자연 철학자 중의 한 명이었던 헤라클리데스Heraclides of Ponticus, 390~310 BC는 모든 천체가 동쪽에서 뜨고 서쪽으로 지는 것에 대해 명쾌한 설명을 했다. 가능한 설명은 두 가지였을 것이다. 모든 천체의 운동 방향이 우연히 같은 방향이라고 가정하는 것이었으며, 다른 하나는 지구가 동쪽에서 서쪽으로 자전하기 때문에 나타나는 겉보기 운동이라고 가정하는 것이었다. 아마도 헤라클리데스는 지구가 자전하고 있다는 것을 이해한 최초의 인물로 생각된다. 그는 관측으로부터 모든 천체가 같은 방향으로 운동한다는 증거를 토대로 이를 설명할 수 있는 가장 간단한 이론을 세운 것이다. 한편 아리스토텔레스Aristotle, 384~322 BC는 북쪽으로 여행을 하면서 북극성의 고도가 북쪽으로 여행할수록 높아진다는 것을 발견하였다. 북극성은 북쪽을 나타내는 별로써 그 위치가 변하지 않는 별이었다. 따라서 아리스토텔레스는 지구가 둥근 모양일 때만 북극성의 고도가 북쪽으로 여행할수록 높아진다는 것을 자연스럽게 설명할 수 있다고 생각하였다. 심지어 월식 때 달에 드리운 어두운 그림자는 지구에 의한 것이며 이를 통해 지구가 둥글다는 것을 알 수 있다고 주장하였다. 한편 에라토스테네스Eratosthenes of Cyrene, 276~195 BC는 하지 정오에 시에네Syene의 깊은 우물 밑바닥까지 햇빛이 비친다는 소식을 전해 들었다. 알렉산드리아Alexandria에서는 경험해보지 못한 일이었다. 기하학에 밝았던 그는 이런 현상이 둥근 지구 때문이라고 보았다. 생각이 여기에 이르자 지구의 둘레를 계산하는 것은 그에게 매우 간단한 기하학 문제였다.

　헤라클리데스의 가설과 아리스토텔레스의 주장을 곰곰이 생각해보면 지구는 자전하고 있으며 지구의 남극과 북극- 사실 남극과 북극은 자전축이 아니라 나침반의 방위로 부터 비롯된 단어이긴 하지만- 을 관통하는 자전축의 존재까지 생각의 폭을 넓힐 수 있을 것이다. 고대의 자연철학자들이 우주를 어떻게 이해했는지 살펴보기 위해 당시 사람들에게 하늘의 천체가 무엇이었는지 먼저 생각해 볼 필요가 있다. 태양을 제외하고 밤하늘에 보이는 별들만을 생각해보자. 가장 먼저 달이 보였을 것이다. 밤에 뜨는 매우 인상적이지만 태양처럼 밝지 않은 큰 천체이다. 태양과 달리 일정한 주기를 두고 모양이 달라지고 그 형태에 따라 달이 뜨는 시각도 각각 다르다. 심지어 어떤 날은 아예 달이 보이지 않는다. 대부분의 문화권에서 일 년을 12개의 "달"로 나누는 것은 바로 달의 변화 주기를 기준으로 삼았기 때문이다. 달의 변화 주기를 열두 번 경험하고 나면 태양의 일출 지점과 계절이 새롭게 반복된다는 것을 경험했다. 이제 하루, 한 달, 일 년이라는 시간 개념이 확립되었다.

다시 하늘을 보면 별들의 위치가 바뀌는 것이 아니라 마치 하늘 전체가 움직이는 것처럼 보인다. 별자리들의 형태가 바뀌지 않는 것으로 보아 별들은 하늘에 붙박여 있으며 하늘 전체가 움직이거나 헤라클리데스의 주장처럼 지구가 자전하는 것이다. 그런데 이런 규칙을 벗어나는 소수의 별들이 있었다. 더구나 매우 밝아서 눈에 잘 띄는 별들이었다. 이 별들도 달처럼 지평선에서 뜨는 시기와 위치는 달랐지만, 그동안 사람들이 알고 있던 하루, 한 달, 또는 일 년이라는 주기를 무시하고 있었다. 말하자면 이 별들은 움직이는 별들이며 마치 방랑자처럼 움직였다. 이 별들에게 각각 수성, 금성, 화성, 목성, 토성이라는 이름들을 붙여주고 행성 또는 떠돌이별이라고 불렀다. 하지만 당시 자연 철학자들의 눈에는 이 행성들 역시 달처럼 어떤 규칙성을 가지고 있는 것이 분명하지만 확신할 수는 없었다. 아직은 이해하지 못한 행성의 운동을 통해 어쩌면 우리가 사는 우주 또는 자연의 구조를 설명할 수 있을 것만 같았다.

소크라테스Socrates, 470~399 BC 의 제자이며 아리스토텔레스의 스승인 동시에 아테네 학당의 창시자인 플라톤Platon, 428~348 BC 은 자연에 정다면체가 다섯 개밖에 없다는 유클리드Euclid of Alexandria, 4??~3?? BC 의 증명에 주목하고 있었다. 플라톤은 이러한 발견이 결코 우연에 의한 것이 아니며 심오한 의미를 담고 있다고 믿었다. 예를 들어 자연의 기본원소와 관련되어 있다는 것이다. 정다면체란 정다각형으로 이루어진 입체도형으로서 정삼각형 네 개를 이용하면 정사면체를 만들 수 있으며, 정사각형 여섯 개를 이용하면 정육면체를 만들 수 있다. 정다면체는 이외에도 정팔면체, 정십이면체 그리고 정이십면체가 있다. 플라톤은 이 정다면체가 차례로 엠페도클레스 Empedocles, 490~430 BC 가 이야기한 자연의 기본원소인 흙, 물, 공기, 불을 상징하고 있으며 나머지 하나인 정이십면체는 신성한 다섯 번째의 원소 quintessence 를 상징한다고 생각했다. 이 신성한 다섯 번째의 원소가 하늘에 떠 있는 천체를 구성하는 원소이며, 천체가 하늘에서 움직일 수 있는 것은 이 신성한 원소 때문이라고 믿었다. 플라톤은 이를 바탕으로 자신만의 우주 모형을 구상하였다. 하늘의 천체를 움직이는 천체와 움직이지 않는 천체로 구분하였으며 움직이지 않는 천체는 유한한 크기를 가진 천구 celestial sphere 에 고정되어 있다고 생각하였다. 플라톤의 우주 모형은 사실상 최초의 우주 모형으로서 자연을 이해할 수 있는 모형을 제시하려 했다는 점에서 큰 의의를 찾을 수 있다. 플라톤의 우주 모형이 실제적인 증거가 없다는 면에서 주관적이며 관념적이긴 하지만 플라톤의 생각은 헤라클리데스와 아리스토텔레스에게 영향을 미쳤다. 헤라클리데스와 아리스토텔레스는 플라톤의 우주 모형을 더욱 정교하게 다듬었다. 태양과 행성들은 완벽한 도형인 원 궤도를 가지고 지구 둘레를 공전한다고 생각하였다. 당시 사람들이 원을 완벽한 도형이라고 생각했던 이유는 원이 반지름만으로 정의되는 가장 간단한 도형이기 때문이었다. 이를 동심우주론 homocentric theory 이라고 부르기도 한다. 플라톤의 우주 모형에 영향을 받은 본격적인 천동설 geocentric theory 의 시작이었다. 한편 아리스토텔레스는 천동설을 바탕으로 하늘에 떠 있는 신성한 원소로 이루어진 천체의 개념을 완성했으며 이는 후세에 기독교적인 세계관과 맞물려 중세 암흑기 동안 큰 힘을 발휘했다.

플라톤의 우주관을 후대에 전한 인물은 아리스토텔레스로 알려져 있다. 아리스토텔레스는 우주의 중심에 지구가 있으며 그 둘레를 달, 수성, 금성, 태양, 화성, 목성 그리고 토성의 순서로 일정한 속도를 가지고 공전하고 있다고 제자들을 가르쳤다. 이는 달을 포함한 행성들의 공전궤도 반지름을 알고 있었다는 것을 의미한다. 지구와 태양은 서로 상대적이기 때문에 태양과 지구와 지구 둘레를 공전하고 있는 달의 위치를 바꾸면 오늘날 우리가 알고 있는 태양계와 일치한다는 것을 알 수 있다. 아리스타쿠스Aristacus of Samos, 310~230 BC 는 이런 상대운동에 주목했을지도 모른다. 그는 사실상 지동설을 주장한 최초의 인물로 알려져 있다. 그런데도 지동설이 주목받지 못한 이유는 무엇일까? 아리스타쿠스가 태어난 시기는 아리스토텔레스가 사망한 이후이며 아리스토텔레스로부터 가르침을 받은 많은 자연 철학자들이 활동하던 시기였다. 비록 플라톤으로 부터 출발한 동심 우주론이 증거를 바탕으로 한 것은 아니지만, 앞에서 이야기했던 것처럼 새로운 이론이 받아들여지기 위해서는 그전의 이론이 불합리하거나 틀렸다는 새로운 증거가 등장해야만 가능하다. 만약 지구가 태양 둘레를 공전하고 있다면 필연적으로 발생해야 할 시차parallax 현상이 전혀 발견되지 않았다는 것은 당시 지동설이 가진 치명적인 약점이었다. 시차 현상은 어떤 사물의 위치가 관측자의 관측지점에 따라 그 상대적인 위치가 변화하는 것을 말한다. 공전에 따른 지구의 위치변화는 필연적으로 지구에서 관측하는 별들의 위치를 변화시켰을 것이다. 하지만 당시 맨눈으로 별들을 관측하던 시기에는 전혀 시차 현상을 볼 수 없었다. 시차 현상이 없다는 확실한 증거와 반론에 의해 지동설이라는 하나의 가설이 폐기된 셈이다.

로마 제국의 등장과 천동설

모든 학문의 아버지라 불리는 아리스토텔레스의 천동설은 확고한 이론으로 자리를 잡게 되며, 이는 절묘하게 우주를 창조하고 인간을 빚은 유일신 사상과 그 맥락을 같이 할 기회를 얻게 된다. 신이 인간을 위해 우주를 창조했다면 우주의 변두리에 지구가 있을 이유가 없는 것이다. 따라서 우주의 중심에는 지구가 있으며 그 외 모든 천체는 지구를 중심으로 운동하고 있을 것이다. 아리스토텔레스와 그의 사후 많은 자연 철학자들의 학문적 성과는 파피루스나 혹은 양피지에 적혀져 당시 세계 최고의 지식보관소였던 오늘날 이집트의 알렉산드리아 대도서관에 저장되어 있었다. 알렉산드리아는 페르시아에 정복당한 이집트를 해방한 알렉산더 대왕을 기념하여 명명된 도시이다.

흔히 고대 그리스라고 했을 때, 오늘날 발칸반도에 있는 그리스의 영토만을 생각하는 것은 잘못된 것이다. 지중해 연안의 모든 지역이 고대 그리스 도시국가들의 활동무대였다. 잘 알다시피 그리스는 국가의 존망을 걸고 서쪽으로 세력을 넓히고자 했던 페르시아와 여러 번 전쟁을 하였다. 이러는 동안 도시국가들의 국력은 서서히 기울었으며 페르시아를 물리친 후에는 펠로폰네소스 전쟁을 통해 서서히 국력이 쇠약해지기 시작했다. 이 시기에 이탈리아 반도의 로마는 오히려 세력이 점차 커지고 있었다.

지중해의 서쪽 지역의 제해권을 두고 벌어진 포에니 전쟁은 로마의 국력 신장에 결정적인 역할을 하였다. 기원전 3세기에서 2세기 중엽까지 세 번에 걸쳐 벌어진 포에니 전쟁은 사실상 로마와 카르타고-그리스 연합군의 전쟁이라고 볼 수 있다. 그리스의 도시국가 시라쿠사에서 있었던 아르키메데스Archimedes of Syracuse, 287~212 BC 의 일화는 바로 이때 있었던 이야기이다. 카르타고와 동맹이었던 시라쿠사를 공격한 로마군에 의해 죽임을 당하고 있을 때, 아르키메데스는 기하학 문제를 푸는 데 열중하고 있었다고 한다. 당시 아르키메데스는 구에 외접하는 원기둥의 부피가 구 부피의 4/3배라는 것을 증명하고 있었다고 전해진다. 기하학은 유클리드가 완성한 학문이며 20세기에 등장한 비유클리드 기하학조차 유클리드 기하학에 그 뿌리를 두고 있다.

기하학은 공간에 관한 학문이며 공리를 바탕으로 정리를 증명하는 수학의 방법론을 확립시켰다. 수학은 그 연구대상이 우리의 눈에는 보이지 않는 완전한 논리의 세계이지만, 그 쓰임새가 헤아릴 수 없는 많은 인간 사고의 정수이며 공간, 물질 그리고 우주를 이해하는 자연과학의 튼튼한 뿌리이다.

포에니 전쟁에서 승리한 로마는 마케도니아 제국으로부터 갈라져 나온 프톨레마에우스 왕조의 이집트를 정복하게 된다. 기원전 61년 예루살렘을 점령함으로써 팔레스타인 지역을 점령한 로마는 남진하여 마침내 기원전 31년에는 이집트를 손에 넣게 된다. 이 원정으로 인해 로마는 알렉산드리아 대도서관에 있던 막대한 지식을 얻을 기회를 얻었으며, 팔레스타인 지역으로부터는 지역민들의 로마 제국 유입으로 인해 기독교가 로마 제국에 전파되게 된다. 이때 도서관에는 클라우디아 프톨레미Claudia Ptolemy, 100~170 가 라이브러리안librarian 으로 있었다. 라이브러리안은 사실 적절하게 번역할 단어가 없어서 선택한 것이다. 물론 사서라는 단어가 있지만, 적당한 단어는 아니다. 당시 도서관 라이브러리안의 의미와 매우 다르다. 라이브러리안은 많은 양의 지식을 필수적으로 가지고 있어야 하며, 그 자신이 뛰어난 학자가 아니라면 도서관에서 행해지던 수많은 토론을 진행할 수 없었으며 사람들에게 필요한 책들을 소개해줄 수도 없었다. 프톨레미라는 로마식 이름으로부터 그가 로마 시민이며 뛰어난 학문적 지식을 가진 당시의 대학자로서 로마의 문화에 동화되거나 지지적인 인물이라는 것을 짐작할 수 있다. 프톨레미(또는 그리스어로 프톨레마에우스)는 당시까지 여러 문명권으로부터 얻어진 천체 관측의 결과를 바탕으로 그리스어로 "천문학집대성"을 집필하였으며, 이의 아랍어 번역본인 "알마게스트The Almagest"는 지금까지 전해지고 있다. 여기에는 별자리표를 포함한 초기 천문학에 관한 여러 내용이 포함되어 있었으나 가장 중요한 내용은 천동설에 대한 것이다. 따라서 행성의 운동과 우주의 구조에 대한 기하학적인 접근은 프톨레미 이전에도 활발하게 진행되었었다는 것을 알 수 있다.

동굴에서 별을 보다

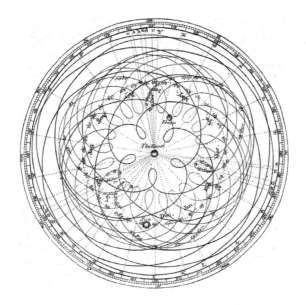

프톨레미의 태양계 모형. 생각보다 매우 복잡한 형태에 놀랐을 것이다. 주전원의 궤도가 매우 인상적이며, 이 모형을 이용하여 일식과 월식을 예언할 수 있었다는 것이 놀랍다.

프톨레미 이전, 수백 년에 걸친 천체 관측결과는 움직이지 않는 별들을 배경으로 행성들이 운동하고 있으나 몇 가지 해결해야 할 문제가 있다는 것을 보여주고 있었다. 예상하지 못했던 별들의 갑작스러운 출현은 일단 접어두자. 첫 번째는 수성과 금성이 태양과 지구를 중심선으로 할 때 특정 각도 이상으로 벗어나지 않는다는 것이었다. 이를 내행성의 최대이각이라고 부른다. 두 번째는 화성, 목성 그리고 토성들은 독특하게도 자신의 운동 방향을 반대로 바꾸었다가 다시 원래 방향으로 이동하는 현상이었다. 소위 행성의 역행이라는 현상이었다. 이는 수성이나 금성에서도 일어나는 현상이지만 쉽게 설명이 가능한 것이었다. 마지막으로 아리스토텔레스가 주장한 대로 태양을 포함한 행성들은 지구를 중심으로 일정한 속도로 원운동을 하고 있지 않으며, 공전 궤도 반지름도 일정하지 않다는 것이었다. 행성들의 궤도는 타원 궤도였으며, 그 속도 역시 타원 궤도에서 특정한 지점에서는 빨라졌다가 다시 느려지는 현상을 보여주고 있었다.

프톨레미는 우선 타원 궤도를 설명하기 위하여 지구 가까운 곳에 가상의 천체를 도입하고 이 가상의 천체와 지구가 그 질량중심점을 중심으로 서로 회전하고 있다고 가정하였다. 이 운동에 따라 지구와 태양을 포함하는 각 행성까지의 궤도 반지름은 더는 일정하지 않아도 되었다. 또한, 수성과 금성의 최대이각과 행성의 역행을 설명하기 위해 이심원deferent과 주전원epicycle이라는 개념을 도입하였다. 이심원은 가상의 질량중심점을 축으로 하는 가상의 원으로서 행성이 원 운동하는 주전원의 중심이 이 이심원 궤도 위에 존재한다고 설명하였다. 이 아이디어를 바탕으로 프톨레미는 기하학과 수학의 도움을 받아 매우 정교한 우주 모형을 완성하였으며, 이를 통해 일식이나 월식과 같은 천문학적인 사건들을 예측할 수 있었다.

수학적인 논리를 바탕으로 하는 프톨레미의 천동설은 당시까지 관측되었던 행성들의 운동을 설명할 수 있었으며 앞으로 발생할 일식이나 월식과 같은 천문학적인 사건들의 시간을 예상할 수 있었다. 과학에서 기존의 현상을 설명하고 후에 그 사실을 확인할 수 있는 이론은 매우 중요한 의미가 있다. 일단 어떤 의미에서는 이 이론이 아직은 틀리지 않았다는 것을 보여주는 증거이기 때문이다. 프톨레미의 천동설은 우주에 대한 최초의 과학적인 패러다임이었으며, 후에 로마가 대중들의 반발을 잠재우기 위하여 기독교를 국교로 선택할 때, 자연스럽게 기독교의 교리에 편입된다. 뜻하지 않게도 천동설은 과학의 영역에서 신성불가침한 종교의 영역으로 옮기게 되었으며 이후 천여 년 동안 천동설에 대한 의심이 법적으로 금지된 계기가 된 것이다. 종교의 교리로 포함되었기 때문에 소수의 신학자들을 제외하고는 일반 대중들에게 소개되지 않았으며, 15세기가 되어서야 일반에 소개되기 시작했다. 따라서 프톨레미의 천문학이 본격적으로 소개된 이후에야 코페르니쿠스Nicholas Copernicus, 1473~1543의 지동설에 영향을 미쳤다고 한다.

코페르니쿠스의 발견

오늘날의 폴란드 토룬Torun 에서 부유한 상인의 아들로 태어난 코페르니쿠스는 신부이자 철학자였다. 다양한 언어를 매우 유창하게 구사할 줄 알았다고 전해지는데 이로부터 코페르니쿠스가 높은 수준의 지성을 가지고 있다는 것을 짐작할 수 있다. 코페르니쿠스는 폴란드의 남부에 있는 크라코프Kracow 에서 대학교육을 받는 동안 아리스토텔레스의 동심 우주론과 프톨레미의 친동설에 대해 공부하였으며, 천문학을 연구하는데 필요한 다양한 수학교육을 받았던 것으로 전해진다. 로마 이후의 중세 시대는 신학을 제외한 모든 과학의 암흑기였다고 이야기한다. 여기에는 문학을 비롯한 예술도 당연히 포함되었다. 과거의 찬란했던 지식은 주로 신학을 공부하던 신부들이나 수도자들에 의해 후대로 전승되었으며, 이들의 주된 목적은 과거의 지식을 이용하여 신의 영광과 권위를 이해하고 찬양하는 데 이용되었다. 당시 신부들이나 수도자들이 공부하던 분야에는 당연히 수학도 교양으로서 포함되어 있었기 때문에 당시의 신부들이나 수도자들이 후세에 신부이자 과학자이며, 수학자이거나 시인인 경우로 알려진 이유이다. 코페르니쿠스가 어떤 경로를 통했는지 명확하지는 않지만, 프톨레미의 알마게스트를 접했던 것으로 여겨진다. 처음에는 프톨레미의 현란한 수학적 기술에 매혹되었을 것이며 완벽한 원들의 조합으로 구성된 우주 모형에 깊은 영감을 얻었을 것으로 생각된다. 그러나 이심원들과 무려 28개의 주전원으로 구성된 프톨레미의 우주관이 지나치게 복잡한 이유가 행성의 역행과 수성 및 금성의 최대이각 때문이라는 사실은 그에게 새로운 그리고 간단한 우주를 상상하게 했을지 모른다.

1514년 코페르니쿠스는 "보잘것없는 논평Little Commentary"이라는 다소 겸손한 제목을 가진 수십 쪽의 논문에서 최초로 지동설heliocentric theory 을 언급하였다. 태양이 우주의 중심에 위치하고 지구가 태양 둘레를 공전한다면 행성들의 역행과 수성 및 금성의 최대이각이 자연스럽게 설명될 수 있다고 생각했다. 그가 아리스타쿠스의 지동설에 대해 알고 있었는지 명확하지 않지만, 코페르니쿠스는 자신의 아이디어를 확인하기 위해 고대 그리스 천문학자들의 저술을 탐독하고 천체 관측 기록들을 자세히 검토하기 시작했으며, 직접 천체의 운동을 관측하면서 자신의 이론을 정립해 나갔다. 코페르니쿠스가 흥미로운 생각을 하고 있다는 소문은 삽시간에 유럽 전역으로 퍼져 갔으며 유럽의 곳곳에서 코페르니쿠스의 새로운 학설에 대한 강연과 토론이 이어졌다. 그는 자신의 학설을 종합한 "천구의 회전에 관하여 On the Revolutions of the Celestial Spheres"라는 책을 1532년에 완성하였다. 이 책은 코페르니쿠스가 죽음이 임박했던 1543년에야 겨우 출판될 수 있었는데, 책이 출판된 이후 교회의 비난을 염려한 그가 자기 죽음이 임박해서야 출판을 허락했기 때문이라고 알려져 있다. 코페르니쿠스의 지동설은 행성의 역행과 최대이각을 설명하는 간단한 방법을 제시하기는 했지만, 우리가 생각했던 것보다 훨씬 복잡한 구조로 되어있다. 28개나 되는 주전원을 가진 프톨레미의 천동설과 거의 같은 많은 수의 주전원을 가지고 있다는 사실은 놀라운 일이다. 코페르니쿠스는 행성의 궤도가 완벽한 원이라고 믿었으나, 프톨레미가 추정했던 무게추의 존재는 부정했다. 이 지동설에 도입된 주전원들은 행성의 공전 궤도가 일정하지 않고 타원이라는 사실을 설명하기 위해 코페르니쿠스가 도입했던 것이었다. 행성의 공전 주기와 주전원의 주기가 일치하면 행성들의 타원 궤도를 설명할 수 있었기 때문이다. 코페르니쿠스의 지동설은 즉각 사회적으로 큰 반응을 불러일으켰지만, 어느 시대나 그렇듯이 새로운 사상에 대해 배척하거나 자신이 이해하지 못하는 사고를 무시하는 경향이 있는 매우 "교양 있는 사람"들에게 당시에 일반적인 진리로 받아들여 지지 않았다.

무려 1,400여 년을 이어온 천동설은 신성불가침한 교리였으며, 또 한편으로는 진리였고 일반인들에게는 너무나 당연한 사실이며 이를 의심해야 할 아무런 계기나 이유가 없었다. 지동설은 오랜 시간 세대에서 세대로 이어온 당연한 믿음이 한꺼번에 부정되는 사건이었으며 사람들은 당혹감에 휩싸였을 것이다. 예를 들면 지구 탄생 이후 사람만이 유일하게 문명을 건설했던 것이 아니라는 사실이 밝혀진다면 오늘날 인류가 어떤 반응을 보일 것인지 상상해보는 것도 당시 상황을 이해하는 좋은 방법이 될 것이다. 하지만 어느 시대든지 기존의 권위에 대항하는 것에 주저하지 않으며 새로운 아이디어에 대해 비판적인 그러나 편견 없는 시각을 가지고 그 아이디어에 대해 연구하는 사람들이 있기 마련이다. 그들은 이 새로운 아이디어가 관측과 실험을 통해 증명된다면 이 새로운 생각에 대해 입장을 정리하게 될 것이다.

갈릴레이와 근대 과학의 여명

피사의 사탑에서 갈릴레이 Galileo Galilei, 1564~1642 가 했던 자유낙하 실험은 유명하지만 실제로 갈릴레이가 이 실험을 했는지는 사실 명확하지 않다. 갈릴레이가 확립한 과학의 방법론과 그로부터 얻어진 성과들을 생각해볼 때 갈릴레이는 자신의 왕성한 호기심 때문에 아마도 "그" 실험을 해보았을 것이다. 과학에서 가설이나 아이디어를 인정하는 기준은 아주 단순하다. 관측이나 실험을 통해 증명된 가설은 받아들이고 그 시험에 통과하지 못한 가설은 곧바로 폐기한다. 과학은 이 과정들을 통해 자연을 이해하는 방법을 발전시켜왔다. 아리스토텔레스는 물체가 땅으로 낙하하는 이유는 그 물체가 지구와 같은 속성을 가지고 있으며, 같은 속성을 가진 물체끼리는 서로 끌어당긴다고 하였다. 그리고 이 힘은 물체의 크기에 따라 다르므로 당연히 무겁고 큰 물체가 땅에 먼저 낙하한다고 가르쳤다. 믿기 어렵지만- 사실 나는 이를 믿지 않는다- 이는 무려 1,800여 년 동안 진실로 믿어져 왔다. 아무도 이를 시험할 필요를 느끼지 못할 정도로 아리스토텔레스의 권위는 대단한 것이었다. "권위를 의심하라"라는 과학을 연구하는 과학자들에게 가장 중요한 격언이지만 처음부터 그랬던 것은 아니었다.

진자pendulum 란 추가 줄에 매달려 있으며 추가 좌우로 왕복운동하는 단순한 장치를 의미한다. 만약 왕복운동하는 진폭이 줄의 길이와 비교해 상대적으로 작다면, 단진자simple pendulum라고 부른다. 어느 날 미사 중에 무료함을 느낀 갈릴레이는 문득 성당의 천장에 매달린 샹들리에가 열린 창문을 통해 불어오는 부드러운 바람에 의해 흔들리는 것을 보았다. 샹들리에는 높은 성당 천장으로부터 긴 줄로 연결되어 있었다. 갈릴레이는 자신의 맥박을 시계 삼아 샹들리에가 좌우로 움직이는 시간을 측정하고 있었다. 창문을 통해 때때로 강하게 때로는 약하게 바람이 불어왔다. 문득 갈릴레이는 샹들리에가 좌우로 왕복하는 시간이 샹들리에가 흔들리는 폭과 아무 관계가 없다는 것을 발견하였다. 흔들리는 폭이 크다면 당연히 추가 왕복운동하는 거리가 커질 것이므로 더 많은 시간이 걸릴 것이라고 짐작했던 갈릴레이는 놀랐다. 미사가 끝난 후 갈릴레이는 성당관리인에게 부탁하여 샹들리에에서 몇 개의 등불을 치워달라고 부탁한 후 다시 추의 왕복 시간을 측정하였다. 역시 진자의 왕복 시간은 변화가 없었다. 샹들리에를 가볍게 하거나 무겁게 하거나 진자의 왕복 시간은 똑같았다. 이번에는 샹들리에가 매달려 있던 줄의 길이를 길게 해달라고 부탁했다. 갈릴레이는 줄의 길이를 길게 바꾸었더니 진자의 왕복 시간이 늘어나는 것을 발견하였다. 진자의 길이가 길어지면 진자의 운동주기가 느려지고 줄의 길이가 짧아지면 주기 역시 짧아지는 것을 발견하였다. 갈릴레이는 마침내 기계식 시계 제작의 바탕이 되는 단진자 법칙을 "발견"하였다. 단진자 법칙이란 진자의 운동주기는 진폭이나 추의 질량과는 관계없으며 추를 매단 줄의 길이에만 의존한다는 것이다. 이는 아리스토텔레스도 알려주지 않았던 것이었으며 갈릴레이 전에는 아무도 몰랐던 것이었다.

갈릴레이는 이외에도 오늘날 역학실험이라고 알려진 많은 실험을 했다. 완만한 기울기를 가진 서로 마주 보는 빗면에 구슬을 굴리면 구슬은 바닥까지 굴러갔다가 다시 빗면을 타고 오르는데 그 높이가 구슬을 굴리기 시작한 높이와 같다는 사실 역시 갈릴레이에 의해 발견된 것이다. 이를 근거로 갈릴레이는 만약 반대편 빗면이 평평하다면 구슬은 영원히 운동을 지속해야 한다고 생각했으며 실제로 그렇지 못한 이유는 지면이 이상적으로 고르지 않기 때문이라고 생각했다. 사실 에너지 보존법칙의 간단한 예지만 당시에는 아직 운동에 관한 기본적인 개념조차 확립되어 있지 않았던 시기라는 사실을 기억하자. 그 외에도 빗면을 굴러 내려오는 구슬의 운동을 통해 빗면을 굴러 내려온 거리가 운동 시간의 제곱에 비례한다는 것도 발견하였다.

이 중에서 가장 놀라운 것은 갈릴레이가 스스로 망원경을 제작하여 최초로 천체를 관측하는 데 이용했다는 것이다. 어느 날 렌즈가 발명되었다는 소식을 접한 갈릴레이는 렌즈들을 조합하여 배율이 약 40배인 망원경을 제작하였다. 갈릴레이가 망원경으로 하늘에서 발견한 것은 놀라운 것들이었다. 태양 표면에는 거뭇거뭇한 흑점들이 있었으며, 구름인지 별들의 집단인지 아직 그 실체를 제대로 파악하지 못한 은하수의 정체는 헤아릴 수 없을 만큼 많은 별이었다. 달 표면에 지구와 같은 평원과 거대한 구덩이들이 있으며, 게다가 수성과 금성은 달과 같이 식 변화를 하고 있었다. 그중에서 가장 놀라운 것은 목성의 주위를 공전하고 있던 4개의 위성을 발견한 것이었다. 오늘날 갈릴레이 위성이라고 불리는 유로파, 칼리스토, 이오, 가니메데는 가니메데를 제외하고 모두 제우스가 사랑했던 요정들의 이름을 빌려온 것이다. 가니메데에 대해서는 스스로 찾아보는 것도 재미있을 것이다.

갈릴레이는 목성 둘레를 공전하고 있는 위성들을 보면서 이것이야말로 작은 태양계라고 확신했다. 이윽고 그의 머릿속에는 목성의 둘레를 돌고 있는 위성들처럼 태양 둘레를 돌고 있는 수성, 금성, 지구, 화성, 목성, 토성들이 떠올랐을 것이다. 그리고 달의 식 변화가 태양, 지구, 달의 상대적인 위치로부터 이해될 수 있다는 사실로부터 수성과 금성의 식 변화도 이해할 수 있었다. 하지만 행성의 역행이 문제였다. 이 역시 지구보다 느린 속도로 태양 둘레를 돌고 있는 외행성들을 고려한다면 이해할 수는 있지만 왜 그래야 하는지는 그의 역학실험 결과들과 마찬가지로 설명할 방법이 없었다. 단지 지구 역시 태양 둘레를 공전하고 있는 하나의 행성이며, 태양 역시 하늘에 있는 수많은 별 중의 하나라는 확신만을 가지게 되었을 뿐이다.

잘못된 신념을 위한 투쟁

독실한 기독교 신자였던 티코 브라헤Tycho Brahe, 1546~1601 는 현재 스웨덴에 속해있는 스카니아Scania 출신의 덴마크 귀족으로서 신중하고 섬세한 성격이었으며 동시대를 포함해서 가장 많은 별과 행성의 관측 자료를 남긴 것으로 유명하지만 결투에서 코를 잃은 일화로도 유명하다. 그의 생전에는 연금술사로서도 이름이 높았다고 전해진다. 그가 1573년에 쓴 "신성De nova stellar"이라는 책을 통해 갑자기 나타나는 새로운 별들 - 오늘날 신성 또는 초신성이라고 불리는- 을 근거로 플라톤 이래로 아리스토텔레스와 프톨레미가 주장했던 "영구불변한 천구"는 없다고 선언하기도 하였다. 특히 1572년에 발견된 새로운 별nova 에서 연주시차가 관측되지 않는다는 점을 들어 이 별은 지구와 달 사이에 가끔 나타나는 "꼬리가 없는 혜성comet"이 아니라 달보다 훨씬 먼 곳에 있는 천체라고 주장했다. 티코는 당시 덴마크의 프레드릭 2세를 설득하여 지동설을 반박하기 위한 천문대의 건설을 허가받았다. 신앙심이 깊었던 티코는 코페르니쿠스의 지동설이 마치 자신의 종교적 신념을 조롱하는 것처럼 느꼈던 모양이다. 티코는 많은 시간을 바쳐 코페르니쿠스의 지동설을 반박하고자 하였으나 성공하지 못하였지만, 끝내 실패하자 새로운 태양계 모형을 제안하였다. 코페르니쿠스의 지동설에서 얻을 수 있는 기하학적인 장점과 프톨레미의 철학적인 내용을 결합해 자신의 새로운 우주 모형을 만들고자 시도했다. 티코는 코페르니쿠스의 주장처럼 지구가 태양 둘레를 공전한다면 별들의 연주시차를 관측했어야 한다고 주장했다. 따라서 지구는 움직이지 않는다고 생각했다. 하지만 행성들에 대한 관측결과는 행성들이

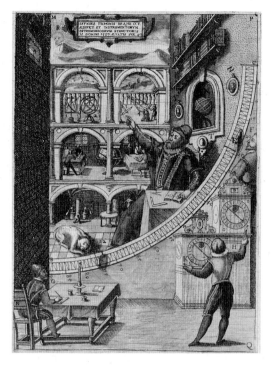

티코 브라헤가 자신의 천문대에서 사분의를 이용하여 행성의 고도를 측정하는 모습. 브라헤는 코페르니쿠스의 지동설을 반박하기 위하여 20여 년 동안 관측에 집중하게 된다.

태양을 중심으로 공전한다는 것을 보여주고 있었다. 이를 근거로 그는 우주의 중심에 지구가 존재하며 마치 행성을 위성처럼 거느린 태양이 지구 둘레를 공전한다고 생각하였다. 이를 티코의 태양계 모형Tychonic system 이라고 한다. 이를 통해 티코가 얼마나 고집이 세고 자아가 강한 인물인지 엿볼 수 있다. 티코가 사망하기 전까지 티코의 조수로 있었던 케플러Johannes Kepler, 1571~1630 는 코페르니쿠스의 지동설이 티코의 관측결과를 잘 설명할 수 있다고 설득하였으나 끝내 실패하였다. 티코는 연주시차를 관측할 수 없으므로 지동설을 받아들일 수 없다고 주장하였지만, 티코는 신앙심이 깊은 인물이었다고 전해지는 것으로 보아 종교적인 신념 때문에 지동설을 끝내 받아들이지 못한 것으로 생각된다.

1601년 티코가 사망한 후, 케플러는 티코의 관측결과를 토대로 하여 행성들의 운동에 대한 일반적인 규칙을 찾는 연구를 시작했다. 복잡한 현상 속에 숨어있는 규칙성을 찾는 작업은 과학자들에게 있어 자연현상의 뒤에 숨어있는 단순하지만 우아한 - 과학자들은 자연은 단순하면서 우아한 본질을 가지고 있을 것이라고 믿는다 - 본질을 찾는 데 사용되어 온 전통적인 그러나 가장 신뢰성 있는 작업이다. 케플러는 다른 행성들과 전혀 다른 운동을 하는 화성을 이해하는데 많은 관심을 기울였다. 그는 화성의 역행을 이해하는 것이 얼마나 중요한 것인가에 대해 다음과 같은 말을 남겼다. "우리가 천문학의 오랜 비밀을 풀 수 있을지의 여부는 화성의 역행을 이해하는 것에 전적으로 달려있다." 수성이나 금성의 역행은 이 행성들의 궤도 반지름이 지구의 것보다 작으므로 자연스럽게 설명되지만, 화성을 포함한 외행성들의 역행은 설명하기 어려운 것이었다. 약 20여 년에 걸친 분석 작업을 통하여 두 권의 책을 발간한 케플러는 그 책들을 통해 오늘날 우리가 알고 있는 행성 운동법칙을 발표하게 된다. 흔히 케플러의 행성 운동법칙으로 부르는 그의 이론적 성과는 그의 스승인 티코의 정교한 천체 관측이 없었다면 불가능한 것이었다. 그는 1609년에 연구결과의 일부분을 "새로운 천문학New Astronomy"이라는 책을 통하여 발표하였다. 이때 발표된 내용을 케플러의 첫 번째 행성 운동법칙과 두 번째 행성 운동법칙으로 부른다. 케플러의 행성 운동법칙 첫 번째는 태양 둘레를 도는 행성은 태양을 하나의 초점으로 하는 타원 궤도를 가지고 있다는 것이다. 케플러가 행성의 공전 궤도가 정원이어야 한다는 그때까지의 선입견을 버리고 행성의 타원 궤도를 받아들이자 그동안 우주 모형에 존재해왔던 행성의 주전원이 한꺼번에 사라져 버렸다. 이심원과 주전원으로 가득했던 태양계 모형이 단지 몇 개의 타원으로 표현되게 된 것이다. 두 번째 행성 운동법칙은 행성이 태양 둘레를 공전할 때 태양의 가까운 곳을 지날 때는 속도가 빨라지며, 태양에서 먼 곳을 지날 때는 행성의 공전 속도가 느려지며, 행성과 태양을 잇는 직선은 같은 시간 간격 동안 같은 면적의 부채꼴을 그린다는 것이다. 그로부터 10년 후 1619년에 그의 세 번째 행성 운동법칙이 담긴 "우주의 조화The Harmonies of the World"라는 책이 출판되었다. 세 번째 행성 운동법칙은 그가 조화의 법칙이라고 이름을 붙일 만큼 중요한 내용을 가지고 있었다. 이 책에서 케플러가 발표한 세 번째 행성 운동법칙은 태양으로부터 먼 곳에 있는 행성은 가까운 곳에 있는 행성보다 태양 둘레를 느린 속도로 공전하며 그 주기는 태양과 행성의 평균적인 거리와 일정한 관계를 맺고 있다는 것이다. 그에 따르면 행성 공전 주기의 제곱은 행성의 궤도 반지름의 세 제곱에 비례한다. 드디어 외행성들의 역행에 숨어있던 비밀이 모습을 드러냈다. 지구의 공전 속도가 외행성들보다 빠르기 때문에 외행성들을 지나칠 때마다, 외행성들이 역행하는 것처럼 보였던 것이다. 케플러가 약 20여 년의 시간 동안 티코가 수집한 많은 양의 관측 자료를 바탕으로 단순화된 세 개의 일반적인 규칙을 찾아냈다는 것 자체가 놀라운 과학적 성과라고 생각할 수 있다. 그에 의해 서로 관련되어 있을 것 같지 않던 무의미한 좌표들이 비로소 서로 연관되기 시작하고 서서히 우주의 비밀을 담은 특정한 구조를 보인 것이다. 케플러는 자신의 성과에 흡족해 했을 것이다. 하지만 이런 만족은 오래가지 못하였다. 이미 무의한 좌표들 속에서 서로 연관된 세 개의 규칙을 찾아낸 경험을 가졌던 케플러는 이 세 개의 행성 운동법칙이 더욱 근본적인 원리에 의해 나타나는 것이라고 믿었다. 자신이 발견한 세 개의 행성 운동법칙을 가능하게 하는 보다 근본적인 원리를 케플러는 끝내 찾지 못했기 때문이다. 이는 케플러의 능력이 부족했기 때문이라기보다는 단지 이를 하나의 근본적인 원리로 통합할 수 있는 도구가 없었기 때문이라고 보는 것이 옳을 것이다. 케플러가 얻어낸 경험적인 행성 운동법칙들을 설명할 수 있는 근본적인 원리를 얻고자 한 노력은 뉴턴Isaac Newton, 1642~1727에 의해 해결될 때까지 거의 백 년 동안 미해결 상태로 남아 있었다.

프랑키피아

오래전부터 사람들은 하늘에 갑자기 나타나는 불길한 징조를 두려워했다. 긴 꼬리를 가지고 있으며 며칠에 걸쳐 하늘을 가로지르는 이상한 천체는 사람들에게 두려움을 안겨주기에 충분했다. 왜냐하면, 이는 아무도 예상하지 못했던 것이며 도무지 이를 설명할 방법을 가지지 못했기 때문이다. 대중을 조종하는 데 있어, 그들의 무지에 기댄 프로파간다만큼 효과적인 것이 없다는 것은 널리 알려진 사실이다. 어느 지역에서는 왕조의 변고를 상징했으며, 또 어떤 지역에서는 무서운 전염병의 발생을 암시하기도 한다고 믿었다. 심지어 꼬리의 개수를 근거로 다가올 무서운 징조를 구분하기도 했었다.

이 천체는 과학자들에게도 좀처럼 이해하기 어려운 천체였다. 심지어 이 천체가 태양 둘레를 공전하는 천체인지조차 알 방법이 없었다. 사실 혜성의 공전 주기는 매우 길어서 보통 사람의 일생을 훨씬 뛰어넘는다. 누군가 자세한 기록을 남기지 않는다면 이 혜성이 주기적으로 나타나는지조차 알 수 없었다.

핼리 Edmund Halley, 1656~1742 는 부유하지는 않았지만, 아들의 호기심을 충분히 충족시켜주는 아버지로부터 많은 영향을 받았다고 한다. 1876년 핼리는 대학을 중퇴하고 적도 아래에 있는 세인트헬레나 섬으로 갔다. 그곳에서 그는 왕성한 천체 관측을 했으며, 남반구의 밤하늘을 장식하는 별자리표를 완성했다. 핼리는 아마 짐작하지 못했겠지만, 이 별자리표는 후에 대항해 시대를 여는 이정표가 되었으며, 서구 문명이 다른 지역으로 퍼져 가는 직접적인 계기를 만들었다.

많은 사람이 과학에 대해 오해하고 있다, 기술과 혼동하기도 하며, 과학의 목표가 사람들의 삶과 직접적인 관계를 맺고 있어야 한다고 믿는 것 같다. 하지만 과학의 목표는 원초적인 것이다. 인간이라면 당연히 가질 수밖에 없는 자연에 대한 순수한 호기심을 만족시키는 것이다. 그리고 자연의 원리를 이해하려는 끊임없는 노력이다. 핼리가 완성한 남반구 하늘의 별자리표는 과학자의 관점에서 남반구 천체를 관찰한 결과였을 뿐이다. 하지만 이 결과를 이용하고 새로운 항해술을 익혀 넓은 미지의 대양을 항해하는 것은 별개의 것이다.

귀국 후 핼리는 작성한 별자리표를 정리한 논문으로 중퇴했던 옥스퍼드 대학의 졸업장을 받을 수 있었으며, 후에 왕립학회 회원과 옥스퍼드 대학의 교

에드문트 핼리. 핼리는 뉴턴의 프랑키피아가 세상에 알려지는데 많은 공헌을 했다. 왕립학회의 재정이 모자라자 핼리는 자신의 사비를 보태 프랑키피아가 출판되도록 도왔다. 핼리의 노력이 없었다면 프랑키피아는 그대로 잊혔을 가능성이 매우 크다.

수로서 연구 활동을 계속했다. 그는 1682년 혜성을 직접 관측하는 순간을 갖는다. 핼리는 이 혜성이 1456년, 1531년, 1607년에 나타났던 혜성과 같으며, 76년의 주기를 갖는 혜성임을 확신했다. 그리고 1758년에 다시 나타날 것이라고 예언했다. 이렇게 일정한 시간 간격을 가지고 혜성이 나타난다는 것은 굉장한 우연이거나 아니면 같은 혜성일 것이고, 같은 혜성이라고 생각하는 것이 타당한 설명이라고 생각했기 때문이었다. 만약 그렇다면 이 혜성은 케플러의 행성 운동법칙의 영향을 받는 우리 태양계의 일원이며, 이 혜성 궤도의 이심률은 다른 행성들과 비교할 수 없을 만큼 매우 클 것이다. 우리가 혜성을 관측할 수 있는 기간이 극히 짧은 것으로 보아 혜성은 태양에 근접하는 경우 그 공전 속도가 매우 빠르다는 것을 의미하고 있으며 태양으로부터 멀어질수록 공전 속도가 느려질 것이다. 케플러가 그랬던 것처럼 핼리 역시 이러한 일들이 어떤 이유로 발생하는지 알고 싶어 했다. 한편 핼리가 사망한 후, 핼리가 다시 나타날 것이라고 예언했던 혜성은 실제로 1758년 다시 나타났다. 바로 핼리혜성이다.

핼리는 로버트 훅Robert Hooke, 1635~1703 과 교류가 있었다. 훅은 여러 분야에서 과학의 발전에 많은 업적을 남긴 인물이다. 하지만 지나치게 자신의 업적에 집착한 나머지 사람들로부터 신뢰를 잃고 영국 왕립학회에 자신의 초상화를 남기지 못한 것으로 유명하기도 하다. 훅은 현미경으로 세포벽을 발견하였으며, 훅의 법칙이라는 탄성에 관한 법칙을 발견하기도 했다. 훅은 뉴턴이 발견한 빛의 스펙트럼 발견에 대해 아주 오랫동안 자신의 업적을 뉴턴이 훔쳐갔다고 주장하였기 때문에 뉴턴과 끝내 좋은 관계를 유지하지 못했다. 이런 훅과 오랫동안 교류가 있었던 것으로 보아 핼리는 관용적인 성격을 가지고 있었던 것으로 보인다. 핼리는 훅이 혜성의 궤도를 수학적으로 설명했다는 이야기를 듣고 기다렸으나 끝내 논문을 받지 못했다.

기다리다 못한 핼리는 캠브리지 대학의 한 과학자를 찾아간다. 훅으로부터 이야기를 들었던 뉴턴이었다. 오랜 시간 뉴턴과 이야기를 나눈 후, 핼리는 뉴

광학 실험을 하는 뉴턴. 뉴턴은 운동법칙을 통해 중력을 포함한 천체역학을 완성하였다. 21세기에도 인류의 역사에 가장 큰 영향을 끼친 인물로 인정받고 있다. 뉴턴은 미분과 적분의 발견을 포함하여 여러 분야에서 많은 업적을 남겼다.

턴이 오랫동안 기다려왔던 케플러의 행성 운동법칙의 원인을 규명했다고 확신했으며, 그의 연구결과를 출판해 달라고 요청했다.

뉴턴은 1642년 크리스마스에 영국의 링컨셔Lincolnshire 부근의 작은 마을에서 태어났다. 태어났을 때 너무 작아서 큰 컵에 넣을 수 있을 정도였다고 한다. 12살부터 17살까지 그랜트햄 왕립학교The King's School, Grantham - 아직도 뉴턴의 서명이 도서관의 창틀에 남아있다고 한다 - 에서 공부하였으며, 1661년 캠브리지 대학의 트리니티 칼리지Trinity College, Cambridge 에 장학생으로 입학하였다. 대학에서는 아리스토텔레스를 비롯하여 고대 그리스 철학들을 교육받았지만 뉴턴은 데카르트Rene Descartes, 1596~1650 를 비롯하여 코페르니쿠스와 갈릴레이, 그리고 케플러의 책들과 같은 현대적인 자연 철학 책들을 공부하는 것을 좋아했다고 한다. 1665년에 뉴턴은 이항전개binomial expansion 에 관한 일반적인 규칙을 발견하였으며 후에 미분의 기초가 되는 무한급수에 대해 연구를 했다. 1665년 학위를 받은 직후, 유럽을 휩쓴 흑사병 때문에 대학이 휴교상태에 들어가자 뉴턴은 고향으로 돌아갔다. 고향에 돌아간 지 2년 동안 급수에 관한 연구를 계속하였으며, 이항정리binomial theorem 를 완성하였다. 후에 미분과 적분의 확립으로 인해 뉴턴은 미적분을 확립한 업적을 라이프니쯔Gottfried Leibniz, 1646~1716 와 나눠 가졌다. 또한, 뉴턴은 프리즘을 이용하여 태양 빛이 여러 가지 색으로 이루어진 빛의 집합이라는 것을 보였으며, 빛의 반사와 굴절에 대한 규칙을 연구하였다. 1667년 뉴턴은 교수로 임용되어 트리니티 칼리지로 돌아왔다. 당시의 교칙에 의하면 트리니티 칼리지의 교수는 사제 서품을 받아야 했지만, 사제 서품을 받아야 하는 기한이 정해지지 않았기 때문에 뉴턴은 이를 영원히 미루었다고 한다. 대학에 돌아온 후 뉴턴은 1670년부터 1672년까지 광학을 강의했다. 프리즘을 이용하여 빛이 여러 가지의 색으로 이루어진 빛으로 이루어져 있음을 보였으며 다시 렌즈를 이용하여 빛을 모으면 원래의 태양 빛과 같은 백색으로 변화함을 보였다. 뉴턴은 빛의 색이 반사나 굴절 때문에 변화하지 않는다는 사실로부터 빛의 색이 빛의 본성의 일부임을 주장하였다. 빛의 반사와 굴절에 대한 그의 연구는 천체망원경의 개량에도 많은 도움을 주었다. 당시 사용되던 굴절망원경은 갈릴레이 시대의 것보다 배율이 증가하긴 했으나 색이 번져 보여서 천체를 관측하는 데 곤란을 겪고 있었기 때문이었다. 뉴턴은 색이 번져 보이는 이유가 빛이 색을 띠고 있는 물체에 반사되었기 때문이 아니고 렌즈를 통과하는 빛의 굴절 때문 - 이를 색수차라고 한다 - 이라는 것을 증명하기 위해 거울을 이용한 천체망원경을 제작하기도 하였다. 이를 뉴턴식 반사망원경이라고 한다.

핼리의 도움을 받아 1687년 뉴턴은 후세 과학자들에 의해 인류역사상 가장 중요한 과학서적이라고 인정받는 한 권의 책을 발표한다. 라틴어로 "Philosophiæ Naturalis Principia Mathematica(Mathematical Principles Of Natural Philosophy)"라는 다소 긴 이름을 가지고 있으며 보통 "프랑키피아"라고 불린다. 프랑키피아에서 뉴턴은 운동법칙을 확립했으며, 운동법

동굴에서 별을 보다

칙을 이용하여 행성의 운동이 중력에 의한 것이며 케플러의 행성 운동법칙들이 자신이 발견한 중력의 자연스러운 결과라는 사실을 보였다. 이후 200여 년 동안 거의 완전한 이론으로 인정받았던 고전역학이 확립되는 순간이었다. 뉴턴의 프랑키피아는 근대적인 물리학의 진정한 시작점이었으며 이후 모든 물리학 이론은 뉴턴의 고전역학으로부터 출발하게 되었다. 프랑스의 수학자였던 라그랑지Joseph-Louis Lagrange, 1736~1813 는 뉴턴을 인류역사상 가장 위대한 천재라고 불렀으며, 영국의 시인인 포프Alexander Pope, 1688~1744 는 뉴턴의 업적에 깊은 감명을 받아 다음과 같은 유명한 뉴턴의 묘비명을 헌정하였다.

Nature and nature's laws lay hid in night;
God said "Let Newton be" and all was light.

뉴턴은 자신의 놀라운 업적에도 불구하고 매우 겸손했던 것으로 보인다. 하지만 끝까지 프랑키피아에 자신에 대한 감사의 글을 요구하던 훅에게 1676년에 보낸 편지에서 "내가 누구보다도 더 멀리 볼 수 있었다면 이는 내가 단지 운이 좋아 거인의 어깨 위에서 볼 수 있었기 때문입니다."라고 말하며 정중히 거절했다고 한다.

뉴턴은 지구의 인력에 의해 물체가 땅으로 떨어지는 이유가 지구가 물체를 땅으로 끌어당기기 때문이라고 알고 있었다. 물론 새로운 생각은 아니었다. 이미 2,000여 년 전에 플라톤이 이야기한 내용이었다. 플라톤은 흙으로 이루어진 지상의 물체는 역시 흙으로 이루어진 땅과 속성이 같으므로 서로 끌어당기며, 지상의 물질과 다른 신성한 다섯 번째의 원소로 이루어진 천체에는 이러한 지상의 규칙이 적용되지 않는다고 가르쳤다. 뉴턴은 하늘의 천체에도 지상의 규칙들이 적용된다면, 즉 지구가 하늘에 떠 있는 천체도 끌어당기고 있다면 왜 천체들이 지구로 떨어지지 않는지 알고 싶었다. 수학에 능숙했던 뉴턴은 천체의 운동을 표현할 수 있는 일반적인 운동에 대한 정의가 필요하다는 사실을 깨달았다. 그 전까지는 운동에 관한 정의조차 없었던 것이다.

정지해있는 물체에 힘을 작용시키면 물체는 움직이기 시작한다. 가벼운 물체는 쉽게 움직이며, 무거운 물체는 움직이기 어렵다. 뉴턴은 이를 물질이 갖는 본성이라고 보았으며 관성 inertia 이라고 정의하였다. 관성이란 물체가 외부에서 힘이 작용하지 않는다면 원래의 운동상태 - 정지해있거나, 또는 일정한 속도로 움직이거나 - 가 변화하지 않으려는 성질이라고 뉴턴은 정의했다. 뉴턴의 운동에 관한 첫·번째 법칙은 관성에 대한 정의이다. 이 관성의 정의로부터 질량을 구할 수 있게 되었다. 무거운 물체의 운동상태를 변화시키는 것이 가벼운 물체의 운동상태를 변화시키기보다 어렵기 때문에 동일한 힘을 주어 두 물체의 운동상태 변화를 측정함으로써 관성의 비를 얻어낼 수 있을 것이다. 이를 뉴턴은 질량 mass 이라고 새롭게 정의했다. 즉 질량이란 관성의 상대적인 크기이다. 두 번째 법칙은 운동의 변화와 관련된 것이다. 뉴턴은 운동의 변화를 일으키는 원인을 힘 force 이라고 정의하였다. 따라서 어떤 물체에 힘을 가한다면 해당 물체의 운동상태는 변화할 것이다. 그렇다면 운동상태란 무엇인가? 질량은 같지만 서로 다른 속도로 운동하는 두 물체가 있다고 생각하자. 어떤 물체를 멈추는 것이 더 쉬운지 살펴보자. 당연히 느린 속도로 움직이는 물체일 것이다. 따라서 관성의 양인 질량과 속도는 운동의 양과 직접적으로 관련되어 있다. 뉴턴은 질량과 속도의 곱을 운동량 momentum 이라고 정의한 후, 외부에서 물체에 힘을 작용시키면 이 힘의 크기가 운동량의 시간에 대한 "변화율"과 같고 그 방향은 작용시킨 힘의 방향을 따른다고 정의하였다. 마지막으로 뉴턴의 제3법칙은 작용과 반작용에 대한 것이다. 모든 작용에는 그 크기가 같고 방향이 반대인 반작용이 작용한다는 것이다. 이 법칙은 로켓의 원리이기도 하다.

그렇다면 케플러가 가지지 못했던 수학적 도구란 무엇일까? 바로 변화율이라는 것이다. 오늘날 미분이라고 알려진 것이며, 해석학이라고 부르기도 한다. 우리는 이미 변화율이라는 개념에 익숙하다. 아마 미분에 익숙하다고 이야기했다면 이상하게 들렸을 것이다. 이미 여러분들은 속도라는 것을 알고 있다. 그리고 아마 가속도라는 것도 알고 있을 것이다. 속도는 이동 거리에 대한 시간 변화율이고 가속도는 속도의 시간 변화율이다. 지금도 있는지 모르지만, 한때 수학 없는 과학이라는 것이 유행했던 적이 있다. 하지만 피타고라스와 유클리드 이후 수학 없는 과학이란 존재하지 않는다. 과학이 오늘날과 같은 보편성과 합리성을 가진 분야로 발전한 바탕에는 수학이라는 기호를 바탕으로 한 논리가 자리를 잡고 있기 때문이다. 따라서 이 책에도 많은 수학 식이 등장할 것이다. 사실 이야기만을 전하고자 하는 목적으로 쓰인 책이 아니기 때문이다. 대부분의 독자는 이 정도의 수학은 충분히 이해할 수 있는 지식이 있다고 믿는다. 이미 "기예"에 가까운 수학 문제들을 풀고 있는 중학생들과 고등학생, 심지어 초등학생(!!)까지 본 적이 있기 때문이다. 혹시 그래도 수학이 문제가 된다고 하더라도 걱정할 필요가 없다. 수학은 기호를 바탕으로 한 논리이기 때문이다. 약간의 생각할 시간을 통해 논리의 전개를 이해할 수 있다면 충분하다.

세계의 역사를 바꾼 세 개의 사과가 있다고 한다. 성경에 등장하는 에덴동산의 사과, 지중해의 패권을 가른 트로이 전쟁의 원인이 되었던 헬렌의 사과, 그리고 뉴턴이 중력을 발견할 수 있게 만든 뉴턴의 사과라는 것이다. 뉴턴이 사과나무 아래에서 우연히 떨어지는 사과를 보고 중력을 발견했다고 믿는 사람은 없을 것이다. 사실 뉴턴은 떨어지는 사과를 보고 의문을 품었던 것이 아니라 지구로 추락하지 않는 달을 보고 운동에 대한 법칙을 연구하기 시작했다. "왜 달은 지구로 추락하지 않는가?" 이것이 뉴턴의 진정한 질문이었다. 아리스토텔레스는 여기에 대한 답을 이미 오래전에 알려줬었다. 하늘의 천체는 지상의 것과 다른 것이며 따라서 그 속성이 다르므로 땅으로 추락하지 않는다고 제자들을 가르쳤다. 말하자면 "신성한 것은 하늘에"라는 것이다.

달이 추락하지 않는 것에 대한 의문을 가진 사람은 뉴턴이 유일한 인물은 아니었다. 갈릴레이도 그중의 하나였다. 이미 앞에서 영원히 굴러가는 구슬에 관해 이야기한 적이 있다. 땅 위에서 대포를 쏘면 포탄은 일정한 거리를 이동하다가 땅으로 떨어진다. 만약 점점 많은 양의 화약을 장전해서 대포를 발사하면 포탄은 더 멀리 이동할 것이다. 왜 그럴까? 답은 포탄의 속도가 점점 빨라졌기 때문이다. 갈릴레이는 높은 산꼭대기에서 발사하는 대포를 상상했다. 포탄의 속도가 점점 빨라지면 포탄의 이동 거리는 점점 늘어날 것이다. 이제 상상의 실험을 해보자. 이를 "사고실험"이라고 한다. 독일어로 게당켄엑스페리먼트Gedankenexperiment 라고 하는 것은 과학의 개념이나 실체를 확립하기 위하여 극한의 상황을 가정하고 특정 실험의 결과를 현재의 과학적 사실에 기반을 두어 예상하는 과정이다. 여러분들이 잘 알고 있는 "슈뢰딩거의 고양이"도 사고실험의 일종이다. 포탄의 속도가 점점 빨라지면 포탄의 이동 거리는 점점 늘어날 것이고 지구가 둥글어서 어느 속도가 되면 포탄은 영원히 땅에 추락하지 않고 지구의 둘레를 영원히 공전하게 될 것이다. 그리고이 속도보다 빨라지면 이 포탄은 지구 밖으로 사라져 갈 것이다.

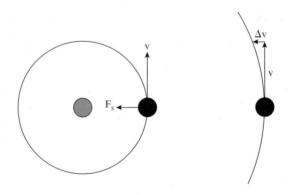

시간에 대한 물리량의 변화율이라는 수학적 도구를 직접 확립한 뉴턴은 이제 천체가 땅에 떨어지지 않는 조건을 연구할 준비가 되어 있었다. 지구 둘레를 공전하는 달을 고려해보자. 위의 그림은 지구 둘레를 공전하는 달에 대한

동굴에서 별을 보다

것이다. 달은 공전 궤도의 접선 방향으로 속도 v로 운동하면서 지구 쪽으로 Δv 만큼의 속도로 낙하하게 된다. 이런 과정을 계속 반복해야만 달은 지구 둘레를 계속 회전할 수 있을 것이다. 이 과정은 다음 그림과 같이 간략화시켜 표현할 수 있다. 달의 위치가 $\vec{r}_1$일 때의 속도를 $\vec{v}_1$이라고 하고 $\vec{r}_2$에서 달의 속도를 $\vec{v}_2$이라 하자. 달의 공전 속도가 일정하고 공전 반지름이 같다고 가정하면 $|\vec{v}_1| = |\vec{v}_2| = v$, $|\vec{r}_1| = |\vec{r}_2| = r$과 같은 관계식을 얻을 수 있다. 한편 $\vec{r}_2 - \vec{r}_1 = \Delta\vec{r}$이 이루는 삼각형과 $\vec{v}_2 - \vec{v}_1 = \Delta\vec{v}$가 이루는 삼각형이 닮은꼴이기 때문에 다음과 같이 달의 회전운동에 대한 구심가속도를 구할 수 있다.

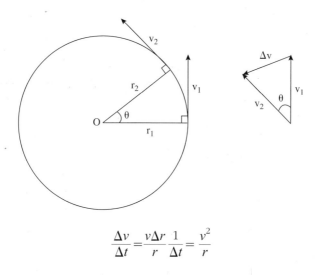

$$\frac{\Delta v}{\Delta t} = \frac{v\Delta r}{r}\frac{1}{\Delta t} = \frac{v^2}{r}$$

속도와 반지름의 관측결과는 케플러의 행성 운동법칙에 나와 있다. 케플러가 밝혀낸 행성 운동에 관한 조화의 법칙에 의하면 행성의 공전 반지름과 공전 주기에 $T^2 \propto R^3$과 같은 관계가 있다. 따라서 반지름이 r인 행성의 공전 주기가 T라면 공전 속도 $v = 2\pi r/T$의 관계식으로부터 아래와 같은 표현이 가능하다.

$$\frac{v^2}{r} = \left(\frac{2\pi r}{T}\right)^2\frac{1}{r} = \frac{4\pi^2 r}{T^2} \propto \frac{4\pi^2}{r^2}$$

상수를 제외하면 달의 구심가속도가 $1/r^2$에 비례함을 알 수 있으므로 지구가 달에 작용하는 힘은 아래와 같을 것이다.

$$F_{\mathrm{moon}} \propto \frac{m_{\mathrm{moon}}}{r^2}$$

뉴턴의 제3법칙은 작용 반작용에 관한 법칙이므로 달이 지구에 작용하는 힘은

$$F_{\mathrm{earth}} \propto \frac{m_{\mathrm{earth}}}{r^2}$$

이며 그 크기가 같으므로 두 천체 사이에 작용하는 힘은

$$F \propto \frac{m_{\mathrm{moon}} m_{\mathrm{earth}}}{r^2}$$

임을 알 수 있다. 이것이 바로 뉴턴이 발견한 중력이다. 혹시 학교에서 만유인력을 공부할 때, 왜 "거리의 제곱이어야 하는지 또는 왜 거리의 세제곱 또는 멱수가 정수가 아닌 값은 아닌지" 궁금했던 적이 있었다면 아마 그 호기심을 푸는 데 많은 도움이 되었을 거라고 믿는다.

뉴턴은 이를 전우주적인 인력법칙이라는 의미로 만유인력 universal law of gravity 이라고 불렀으며 줄여서 중력 gravity 이라고 한다. 이 중력이 케플러가 행성 운동법칙의 배후에 숨어있는 근본적인 원리로 생각했었으며 간절히 찾고 싶었던 바로 그것이었고, 핼리가 가졌던 호기심에 대한 답이었다. 뉴턴의 중력법칙은 "질량"을 가진 모든 물체에 적용할 수 있으며 지상의 법칙과 하늘의 법칙이 모두 하나의 공통된 원리를 따른다는 것을 보여준 일대 사건이었다. 뉴턴의 중력에 관한 법칙은 뉴턴에 의한 고전역학의 시작이었으며 근대 과학의 진정한 시작이었다. 신성한 것은 하늘에 있지도 않았으며, 하늘에 있는 어떤 누군가의 의지도 아니라는 것을 증명한 것이다.

천체역학

　　　뉴턴의 중력과 운동법칙을 토대로 확립된 천체역학을 이용하여 행성들의 모든 운동을 수학적으로 규명할 수 있게 되었다. 그런데 수성과 토성의 궤도는 약간 이상했다. 뉴턴의 중력에 기초한 궤도에서 약간 벗어나 있는 것이다. 과학자들은 이런 발견에 열광한다. 아직 규명되지 않은 무엇인가가 남아있으며, 그들의 지적 노력을 기꺼이 지불할 수 있는 대상이 아직 있다는 것에 안도한다. 내행성인 수성의 경우, 관측시간이 매우 한정되어 있기 때문에 우선 토성의 궤도에 집중하기로 하자. 가능성은 뉴턴의 역학이 틀렸거나 아니면 다른 무엇인가가 토성의 궤도를 방해하는 것이었다. 첫 번째 가능성은 금성, 지구, 달, 화성, 그리고 목성의 궤도 운동을 뉴턴의 역학을 통해 완벽하게 설명할 수 있으므로 제외할 수 있다. 남은 가능성은 토성의 궤도에 영향을 미치는 질량을 가진 무엇인가의 존재를 가정하는 것이다. 바로 새로운 행성이다. 1781년 허셸William Herschel, 1738~1822 은 토성 궤도 밖에서 자신의 망원경을 통해 새로운 혜성을 발견했다고 보고했으나, 곧바로 꼬리가 없으며 혜성과 같이 큰 이심률을 보이지 않는다는 점에서 행성으로 정정되었다. 바로 천왕성이다. 토성의 궤도 운동으로부터 천왕성의 질량을 계산하는 것이 가능했으며, 이 천왕성으로부터 토성 궤도의 이상을 설명할 수 있었다. 천왕성은 공전 주기가 84년이나 되는 외행성이다. 하지만 정밀한 관측은 이 천왕성이 토성과 마찬가지로 뉴턴 역학의 결과와 미세한 차이를 보인다는 것을 보여주었다. 이는 천왕성 궤도 바깥쪽에 또 다른 행성이 존재한다는 직접적인 증거였으며, 이번에는 새로운 행성의 위치까지 예상할 수 있었다. 1846년 마침내 새로운 행성을 르베리에Urbain Le Verrier, 1811~1877 가 계산했던 지점에서 발견했다. 바로 해왕성이다.

　하지만 수성의 궤도는 뉴턴 역학의 여러 성공에도 불구하고 여전히 의문이었다. 수성의 근일점 운동이라고 하는 현상은 수성이 태양 둘레를 공전하는 과정에서 수성의 근일점이 일정한 주기를 가지고 태양 둘레를 이동하는 현상이다. 이 현상은 오랫동안 과학자들을 괴롭혔으나, 유감스럽게도 아인슈타인이 등장하기 전까지는 끝내 해결하지 못했다.

뉴턴의 중력이론은 행성들의 운동을 설명하는 데 성공을 거두었으며, 그의 운동법칙의 발견은 근대 과학의 시작을 알리는 것이라고 이야기한 바 있다. 이로 인해 여러 현상을 논리적이고 합리적으로 바라보려는 움직임이 나타나기 시작했으며, 그 원인을 탐구하려는 움직임이 나타나기 시작했다. 자연이 숨기고 있던 거대한 비밀을 오로지 인간의 지성으로 들춰내었을 뿐만 아니라 이를 이용할 수 있게 된 것이었다. 그러나 문제가 하나 있었다. 인간이 별들을 관측한 이후 별들은 적어도 영구불변한 것이었다. 젊은 연인들이 별에 자신들의 사랑을 맹세할 만큼이나 별들은 영원하며 변하지도 않는 대상이었다. 뉴턴의 중력이론을 접한 신학자 벤틀리 Richard Bentley, 1662~1742 는 1692년에 뉴턴에게 편지를 보낸다. 만약 뉴턴의 중력이론이 하늘의 모든 천체에 작용한다면 아직은 중력에 의한 평형상태가 유지되고 있으므로 안정적으로 보이는 우주라 할지라도 약간의 흔들림만 발생한다면 천체들은 중력에 의해 서로 인력을 작용시키게 되고 결국 우주의 어느 한 점에서 거대한 충돌을 일으키게 되어 파국을 면하지 못하리라는 것이었다.

뉴턴은 벤틀리의 편지가 무엇을 의미하는지 잘 알고 있었다. 우주는 천체 간에 작용하는 중력의 평형을 통해 안정된 상태를 유지할 것이다. 만약 우주에 가장자리가 있다면 가장자리에 있는 별들은 중력에 의해 더는 그 자리에 존재할 수 없을 것이며 우주 안쪽으로 운동하게 될 것이다. 따라서 우주의 가장자리는 없어야 했다. 그리고 무한히 넓은 우주라 하더라도 아주 약간의 변동 - 예를 들면 별의 위치가 바뀐다거나 하는 - 이 발생한다면 중력에 의한 균형을 더는 기대할 수 없을 것이다. 뉴턴은 신의 의지가 우주의 파멸을 막고 있을 것이라는 내용의 답장을 신학자인 벤틀리에게 보냈다. 그리고 과학자들에게는 끝이 없는 무한한 우주 공간을 남겼다.

동굴에서 별을 보다

그러나 무한한 우주라는 생각에는 한 가지 분명한 역설이 있다. 따라서 확실하고 적절한 대답을 마련해야 한다. 무한한 우주 공간 내에 무수히 존재하는 별로부터 방출되는 별빛을 모두 더하면 밤하늘도 낮과 같이 밝아야 한다. 하지만 밤이 오면 하늘이 어두워지는 것을 우리는 잘 알고 있다. 케플러는 이와 같은 의문을 품었던 최초의 사람으로 알려져 있다. 케플러가 유한한 우주를 생각했던 것은 바로 이 역설에 대한 해답이었던 셈이다. 뉴턴과 벤틀리 이후, 사람들은 무한히 넓은 우주에 무수히 많은 별의 존재를 받아들였다. 그렇다면 밤하늘이 어두운 이유는 무엇인가? 모든 별빛이 모두 더해지면 밤 역시 낮처럼 밝아야 할 것이다. 합리적인 추론이며 주장이다. 하지만 밤은 어둡다. 이것은 관측 사실이다. 어디엔가 잘못된 것이 있다. 아니면 무엇인가가 처음부터 잘못되어 있는 것이다. 1826년 올버스Heinrich Olbers, 1758~1840 가 이 역설을 처음으로 언급했기 때문에 이를 올버스의 역설이라고 한다.[2]

올버스는 잇달아 소행성들을 발견함으로써 소행성들이 밀집되어 있을 소행성대의 존재를 제안했으며 이 소행성대는 행성의 파괴로 만들어졌을 것이라고 주장했던 과학자였다. 그리고 13P/Olbers라는 혜성을 발견할 만큼 탁월한 관측가이기도 했다. 그는 무한한 우주의 신봉자였기 때문에 이를 설명할 수 있는 이유에 대해 많은 생각을 했다. 마침내 그는 밤하늘이 어두운 이유로서 별들 사이에 존재하는 먼지를 밤하늘이 어두운 원인이라고 주장했다. 우주 공간에 가득한 거대한 구름이 멀리 있는 별빛을 가리기 때문이라는 주장은 마치 구름 낀 밤하늘에서 별들을 볼 수 없다는 것처럼 훌륭한 설명이었다. 문제는 이 구름은 걷히질 않는다는 것이다. 영겁의 시간 동안 별빛을 쬔 구름은 마침내 서서히 뜨거워질 것이다. 그리고 열적 평형상태에 다다른 후에는 자신이 흡수한 별빛의 양만큼 빛을 방출해야 한다. 우주는 이런 과정이

---

2 1576년 영국의 디기스(Thomas Digges)에 의해 이미 제기되었던 문제였지만 이 역설의 이름은 올버스의 역설로 불려진다. 이는 잘못 명명된 수많은 규칙이나 법칙(misony)의 한 예일 뿐이다.

일어날 만큼 영겁의 시간 동안 있었다. 좋은 시도였으나 정답은 아니었다. 사실 여기에 대한 답은 우주의 공간과 진화에 관련된 것으로서, 이 역설이 해결되기까지는 많은 시간이 필요했다.

2

별의 지문

분광학

　　과학자들은 태양처럼 도저히 도달할 수 없는 곳에 있는 별의 내부를 직접 탐사할 수는 없다. 설령 도착한다고 하더라도 너무 가혹한 환경에 노출될 것이다. 마치 범죄가 발생하는 순간, 현장에 있을 수 없는 수사관이나 탐정과 같다. 과학자들은 먼 곳에 있는 별을 연구하는데 분광학spectroscopy 이라는 독특하고 복잡한 방법을 사용한다. 분광학은 빛을 파장별로 분해하여 분석한다는 의미가 있다. 파장별로 분해된 빛을 스펙트럼spectrum 이라고 하는데 아마 익숙한 단어라고 생각한다. 뉴턴은 광학에서도 많은 업적을 남겼는데 그중의 하나가 태양 빛을 프리즘을 이용해서 분해한 것이다. 태양 빛을 프리즘으로 통과시키면 무지개색을 볼 수 있다. 이때 보이는 여러 색깔의 빛이 우리가 볼 수 있는 모든 색이며 이를 가시광선이라고 한다. 빛이 유리와 같은 매질을 통과하면, 빛의 파장에 따라 매질을 통과하는 속도가 서로 다르기 때문에 스펙트럼이 나타난다. 인간의 시각 신경은 가시광선 영역의 바깥에 있는 빛은 볼 수 없지만, 자연은 다른 방법을 통해 가시광선 밖에도 여전히 빛이 있음을 보여준다. 예를 들어 난로의 따뜻한 열기를 "눈"으로 확인할 수 없지만, 우리의 피부를 통해 그 온기를 느낄 수 있다. 바로 적외선이다.

어떤 시료를 통과한 빛의 스펙트럼을 분석하여, 어떤 파장의 빛에 변화가 생겼는지를 관찰하고 그 원인에 대해 연구하는 분야가 분광학이다. 스위스의 로잔에서 태어난 발머Johann Jacob Balmer, 1825~1898는 교사였다가 후에 바젤Basel 대학교에서 물리학을 강의한 물리학자이다. 발머는 수소가스를 통과시킨 빛을 프리즘을 통해 파장별로 분리하는 실험을 통해 특정한 파장의 빛들이 스펙트럼에서 빠져있음을 발견하였다. 이 결과는 해당 파장의 빛을 수소가스가 흡수한 것으로 이해할 수 있으며, 수소의 흡수 스펙트럼이라 한다. 발머는 이와 같은 흡수 스펙트럼이 왜 발생하는지를 이해하지는 못했지만, 수소의 흡수 스펙트럼선의 파장 사이에 다음과 같은 간단한 상관관계가 있음을 1885년에 발표하였다.

$$\frac{1}{\lambda} = R\left(\frac{1}{2^2} - \frac{1}{n^2}\right) \quad (n = 3, 4, 5, \cdots)$$

여기에서 R은 리드베르그Rydberg 상수이며, 수소에 대해서 $1.097 \times 10^{-7}\,\mathrm{m}^{-1}$의 값을 가지고 있다. 이후 많은 학자 사이에서 원자의 흡수 스펙트럼에 관한 연구가 유행하기 시작했으며, 그리고 곧바로 원자의 흡수 스펙트럼은 원자의 고유한 특성이라는 것이 알려졌다. 이는 여러 원자가 섞여 있는 기체의 성분을 분석하는데 분광학을 이용 할 수 있다는 것을 의미하였다. 발머가 발견한 수소의 흡수 스펙트럼은 가시광선 영역이었다. 어쩌면 적외선이나 자외선 영역에서도 수소의 흡수 스펙트럼이 발견될 가능성이 컸다. 마침내 1906년 리만Theodore Lyman, 1875~1954에 의해 자외선 영역에서 새로운 수소의 흡수 스펙트럼이 발견되었으며 이때 리만이 발견한 수소의 흡수 스펙트럼선들을 발머의 것과 구분하기 위해 리만계열Lyman series 이라고 불렀다. 적외선 영역에서는 1908년 파션Fredrich Paschen, 1865~1947 에 의해 수소의 흡수 스펙트럼선에서 파션계열이 발견되었으며, 1922년에는 브라켓Fredrich Sumner Brackett, 1896~1988 에 의해 브라켓계열이 발견되었다. 이들의 발견을 토대로 수소 원자에 대한 각 계열의 흡수 스펙트럼선들은 다음과 같이 하나의 식으로 표현될 수 있었다.

$$\frac{1}{\lambda} = R\left(\frac{1}{m^2} - \frac{1}{n^2}\right) \qquad (n = 3, 4, 5, \cdots)$$

이때 각각의 m 값에 대해 리만($m = 1$), 발머($m = 2$), 파션($m = 3$), 브라켓($m = 4$)계열이 대응된다. 물론 이 관계식에서 n은 m보다 항상 커야 한다.

왜 이와 같은 흡수선이 발생하는지 알 수는 없었지만 이후 여러 원소에 대한 흡수선들을 분석하자 이 흡수선들의 위치는 기체의 종류에 따라 리드베르그 상수만 서로 다를 뿐, 수소의 흡수 스펙트럼에서 보이는 규칙성은 여전하다는 것을 발견하였다. 이것은 자연이 우리에게 주는 일종의 수수께끼였다. 규칙성이 나타나는 원인에 대한 해명을 하기 위해서는 다시 고대 그리스 시대까지 되돌아가야 한다.

우리는 이제 상당한 양의 페이지에서 눈에 익지 않은 수학식들을 보게 될 것이다. 이 들이 필요한 이유는 단순히 말이나 설명만으로 불충분할 수밖에 없는 과학적 발견들을 제대로 이해할 수 있도록 하는 목적 이외에도 앞으로 이야기할 내용을 설명하는 데 있어서 중요한 내용이기 때문이다. 잠깐의 지면을 통해 양자역학과 상대성이론을 설명할 것이다. 사실 양자역학에 관한 이야기는 분광학이 어떻게 별들을 이해하는 데 도움을 주었는지, 그리고 그 분광학을 통해 우리가 알 수 있는 것은 무엇인지를 이해하는 데 있어, 원자의 구조가 중요하기 때문이다. 그리고 아인슈타인의 상대성원리는 별들이 에너지를 만들어 내면서 어떻게 일생을 살아가는지를 이해하는 데 중요하며 더

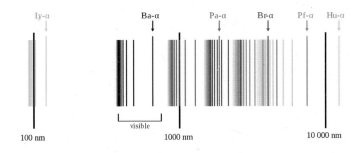

수소의 특성 스펙트럼. 각 계열에 대한 스펙트럼 영역이 그림 상단에 쓰여 있다.

나아가 우주 공간과 물질 사이에 어떤 연관 관계를 맺고 있는지를 보여준다. 만약 수식을 읽는 것이 불편하다면 그 의미만을 기억하는 것도 책을 읽는 데 도움이 될 것이다.

기본원소

2,700여 년 전 고대 그리스 자연 철학자들은 "세상은 무엇으로 이루어졌는가?" 하는 물음에 논리적으로 답하기 위하여 고심했었다. 그리스 자연 철학은 탈레스Thales, 624~545 BC 로부터 시작되었다고 일반적으로 생각한다. 탈레스는 기원전 600년경에 오늘날 아시아의 서쪽 끝을 의미하는 소아시아의 밀레투스Miletus 지방에 살던 인물이다. 그를 따르던 대부분 철학자가 이 지역에 거주하고 있었거나 혹은 탈레스로부터 직접적인 영향을 받았었기 때문에 이들을 밀레투스 학파라고 부른다. 탈레스는 오늘날 우리가 알고 있는 삼각형의 합동에 관한 정리를 만든 사람이며 올리브 농사를 통해 연구에만 집중할 수 있는 충분한 양의 재산을 가지고 있었다고 알려져 있다. 탈레스는 우리가 일상적으로 경험하는 자연현상들은 우리 눈에 보이지 않는 근원적인 본질로부터 비롯된다고 믿고 있었다. 모든 물질은 우리 눈에 보이지 않는

기본적인 원소로 구성되어 있으며, 그 기본적인 원소들 사이에 작용하는 상호작용의 결과로부터 우리가 경험하는 다양한 현상이 발생한다고 생각했던 것이다. 그는 물이 생명 활동에 중요하다는 이유로 그는 물이 물질을 이루는 기본적인 원소 중의 하나라고 믿었다. 탈레스의 이와 같은 생각은 전혀 새로운 것은 아니었다. 몇몇 고대의 창조신화 속에서 물이 가장 기본적인 물질 중의 하나로 그려져 왔기 때문이었다. 그러나 탈레스의 접근방법은 다른 것이었다. 신과 초자연적인 존재를 도입하는 대신에 자연현상의 배후에 숨어있을 기본원소에 대해 의문을 가졌던 것이다. 그리고 이 기본원소를 통해 자연현상을 논리적으로 설명할 수 있다고 믿었던 거의 첫 번째 인물로 평가할 수 있을 것이다.

물론 탈레스의 생각은 확실한 증거를 토대로 하지 않았기 때문에 논쟁의 여지가 있는 것이었다. 곧바로 아낙시맨드로스Anaximandros, 610~546 BC 는 세상은 아페이론apeiron, 즉 우리가 규정할 수 없는 영원히 운동하는 물질을 아르케(arche, 원리 또는 시초라는 뜻의 그리스어)로 인식하였으며, 아페이론들의 대립(또는 분리)과 조화(또는 결합)를 통해 만물이 만들어졌다고 주장하였다. 또한, 그의 제자인 아낙시메네스Anaximenes, 585~525 BC 는 곧바로 세상은 공기로 이루어져 있다고 주장하기도 하였다. 공기의 밀도에 따라 만물의 다른 형태를 설명할 수 있으며 성질을 이해할 수 있다는 의미였을 것이다.

한편 음의 높낮이에 따른 화음을 일정한 수학적인 관계로 표현할 수 있음을 발견한 피타고라스Pythagoras, 580~500 BC 와 그의 제자들은 만물은 수數 로 이루어져 있다고 이야기하였다. 피타고라스는 숫자야말로 우주의 가장 기본적인 실체이며 10이 가장 완전한 수라고 주장하였다. 그는 정오각형의 서로 이웃하지 않는 꼭짓점을 잇는 선들이 독특한 모양을 이루는 것을 통해서 인간의 눈에 가장 아름답게 보이는 황금률과 정수의 비로 표현할 수 없는 무리수를 발견하기도 하였다. 그의 주장이 비록 올바른 것이 아니지만, 피타고라스는 자연을 이해하는 언어로서 수학의 중요성을 거의 최초로 인식했던 인

물이었다. 헤라클리투스Heraclitus of Ephesus, 535~475 BC 는 변화가 우주의 본질이라고 이야기하였다. 그는 같은 강물에 두 번 발을 담글 수는 없다는 말로 자기 생각을 설명했다. 또한, 그는 오솔길 하나를 보더라도 보는 방향에 따라 오르막길과 내리막길이 결정된다는 논리를 들어 서로 반대되는 현상의 본질이 사실은 같은 것이라고 주장하기도 하였다. 그래서 그는 우주는 항상 변화하고 있고 이 변화를 일으키는 근원은 로고스(Logos, 이성)라고 주장하였다. 헤라클리투스는 당시에는 "어둠에 싸인 사람" 또는 "눈물을 흘리는 철학자"라고 알려져 있었는데 그의 사고가 항상 이해하기 힘든 수수께끼로 가득 찬 시를 통해 전해졌기 때문이다. "행복한 철학자"라고 불린 데모크리투스Democritus, 470~360 BC 와는 반대되는 평가였다. 20세기의 위대한 물리학자 중의 한 명인 하이젠베르그Werner Heigenberg, 1901~1976 는 헤라클리투스의 견해가 사실은 매우 현대적인 것이었다고 그의 저서인 "물리학과 철학Physics and Philosophy"에서 이야기하였다. 한편, 헤라클리투스와 반대되는 견해를 가진 엘레아(Elea, 이탈리아 남부에 있었던 고대 그리스의 식민도시) 학파의 파르메니데스Parmenides, 515~445 BC 에게 있어서 세상은 변화하지 않는 것이었다. 그는 "변화하는 것은 존재하지 않는 것"이라 생각하고 있었기 때문에 세상의 변화라는 것은 처음부터 논리적으로 불가능하다고 주장하였다. 그에게 있어 변화는 단지 환상일 뿐이었다.

이처럼 그리스의 자연 철학자들은 실증적이진 않았지만, 그들 나름대로 자연에 대한 질서를 이해하고자 그 질서 뒤에 숨어있는 보편적인 진리를 탐구하고자 노력했다. 비로소 인류가 눈에 보이지 않는 자연의 보편적인 진리의 존재를 인식하게 되고 그 진리를 탐구하고자 하는 다양한 사고의 방법을 제시했다는 점에서 의의가 있다고 할 수 있을 것이다. 그러나 많은 인식체계가 여러 자연 철학자들을 통해 제시되고 그들 사이에 소모적인 논쟁들이 이어져 갔다. 왜냐하면, 아무런 증거가 없었기 때문이었다. 증거 또는 사실을 기반으로 하지 않는 자연의 본질에 대한 논쟁이야말로 지극히 소모적인 것이다.

자연 철학자들은 자연 철학의 발전을 위해서는 변화의 문제를 해결할 수 있는 실마리를 찾아야 했다. 기원전 5세기 내내 여러 가지 해결방법이 제시되었다. 첫 번째의 시도는 엠페도클레스Empedocles, 490~430 BC 에 의해 만들어졌다. 그는 피타고라스를 포함해서 파르메니데스와 아낙사고라스Anaxagoras, 500~428 BC 등으로부터 영향을 받은 것으로 전해진다. 엠페도클레스는 대단히 복잡한 자연현상을 "자연을 이루는 기본원소"와 "그들 사이에 존재하는 상호 관계"로 이해할 수 있다고 주장하였다.[3] 그는 기본원소로서 흙, 불, 물, 공기를 들었으며, 이 원소들이 자연의 물질을 구성하고 다양한 현상을 일으킨다고 주장하였다. 그는 호기심이 매우 왕성해서 화산에서 분출되는 용암을 연구하기 위해 용암 속으로 걸어 들어감으로써 생을 마쳤다고 전해진다. 사실 엠페도클레스는 종교적인 신비주의자였다. 그는 이 원소들은 투쟁과 조화라는 도덕적인 힘으로 서로 결합하거나 분리된다고 생각하였다. 현대적인 표현을 사용한다면 인력과 반발력이라고 부를 수 있을 것이다. 아낙사고라스는 모든 물질은 더는 쪼갤 수 없는 눈에 보이지 않는 무한히 작은 씨앗seeds 으로 만들어졌다고 생각하였다. 그와 엠페도클레스에게 있어 자연은 연속적continuum 인 것이며 그래서 물질을 아주 작은 것으로 무한히 나눌 수 있다고 생각한 것이다. 한편 데모크리투스는 다른 견해를 가지고 있었다. 그는 세상이 비연속적discrete 인 것이라고 믿었다. 물질을 일정 수준 이상으로 작게 나누면 더는 쪼갤 수 없는 상태가 되는데 모든 물질은 이처럼 눈에 보이지 않는 더는 쪼갤 수 없는 매우 작은 입자들로 구성되어 있다는 것이다. 이를 더는 작게 나눌 수 없다는 그리스 말인 아톰a-tom 이라고 불렀다. 즉, 원자이다. 이 입자들은 서로 다른 모양과 무게를 가졌으며, 진공 중을 운동하면서 새로운 물질들로 결합한다는 것이다. 하지만 데모크리투스가 자신의 주장에 대한 어떤 증거를 가지고 있는 것은 아니었지만 매우 현대적인 관점이라

---

3 엠페도클레스는 이들을 뿌리 또는 근원(roots)이라고 불렀다고 한다.

동굴에서 별을 보다

는 사실을 생각해보면 그의 통찰력, 또는 영감에 놀랄 일이다.

데모크리투스의 원자론은 17세기 근대 과학의 태동으로 다시 생명력을 얻게 된다. 이처럼 근대 과학의 틀 안에서 무신론적인 데모크리투스의 원자론이 생명력을 가지기 위해서는 여전히 위력적인 신학의 틀에 맞추어져야 했다. 실제로 대부분의 그리스 철학자들은 원자론을 받아들이지 않았다. 이는 원자론이 원자와 원자 사이에 존재해야만 하는 진공이라는 개념을 전제한 것이기 때문이다. 데모크리투스의 원자설은 에피쿠루스Epicurus, 341~270 BC 에 의해 기원전 4세기경에 다시 등장하게 된다. 그는 원자가 진공 중을 날아다니면서 서로 충돌하거나 결합하면서 물질을 구성한다고 주장하였다. 기원전 1세기경에 로마의 철학자였던 루크레티우스Titus Carus Lucretius, 99~55 BC 는 "De Rerun Natura(물질의 본질에 대하여)"라는 시를 통하여 원자를 이야기하였다. 그는 에피쿠루스의 원자에 대한 견해를 처음으로 라틴어로 번역하여 후세에 알린 사람이었으며 그의 시를 통하여 전 유럽으로 에피쿠루스의 원자설이 퍼져나가게 되었다. 이 무신론적 세계관은 물질의 기본원소를 이해하는 새로운 가능성을 열어주었지만, 신의 존재를 부정할 만한 어떤 과학적인 증거를 발견하거나 이론이 논의되지 않았다. 본격적인 원자설은 프랑스의 신부이자 철학자인 가상디Pierre Gassendi, 1592~1655 에 의해 되살아났다. 그는 에피쿠루스의 업적을 연구하고, 에피쿠루스의 원자설에서 무신론적인 요소를 제거하였다. 신이 원자를 창조하였지만, 실제적인 물질의 성질들은 진공 속에서 원자와 원자들 사이의 작용과 운동에 의해 결정된다고 주장하였다.

화학의 발전

프랑스의 화학자 라보아지에Antoine-Laurent de Lavoisier, 1743~1794 는 정밀한 화학적 정량에 바탕을 둔 실험을 통하여 과학적으로 원자론

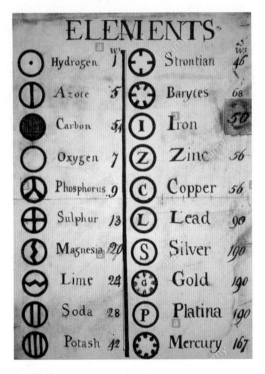

달턴이 작성한 원자의 리스트. 20개의 원자가 질량 순서로 나열되어 있다. 오늘날 우리가 알고 있는 원자와 다른 질량을 가지고 있으며 이름도 다르다. 예를 들어 azote는 질소(nitrogen)이다.

을 연구할 수 있는 길을 열었다. 정치적으로 당시 프랑스 민중의 인권개선을 위해 헌신하기도 했던 그는 두 개 이상의 원소들이 어떤 방법으로 결합하는 지에 대한 중요한 법칙을 찾아냈다. 즉, 화학반응 전후 반응에 참여한 물질의 총량, 즉 질량은 변화하지 않는다는 것이다. 라부아지에는 사실 원자론에 반대되는 견해를 가지고 있었던 사람이다. 그는 원소의 실제적인 정의를 주장하였으며 그 본성에 관한 연구는 형이상学metaphysics 의 세계에 속한다고 생각하였다. 다른 한편에서는 또 다른 프랑스의 화학자인 게이뤼삭Joseph Gay-Lussac, 1778~1850 이 수소와 산소가 결합하여 물이 발생할 때, 두 원소의 질량 결합비가 항상 일정하다는 사실을 발견하였다. 사실 이 발견은 원소가 물질을 이루는 기본적인 물질일 수 있다는 매우 구체적인 신호였다.

1803년 돌턴John Dalton, 1766~1844 은 사물을 이루는 기본물질에 관한 생각의 틀을 마련하였다. 그는 서로 다른 원소material elements 는 각각 그들 고유의 형태를 지닌 원자를 가지고 있으며 같은 원소의 원자들은 그 성질이 같다는 것이다. 그는 원자가 당구공처럼 단단해서 깨질 수 없다고 생각했으며 원소들이 서로 결합함으로써 후에 아보가드로Amedeo Avogadro, 1776~1856 가 분자molecule 라고 이름을 붙인 화합물을 구성한다고 생각했다. 이와 같은 생각은 서로 다른 원소들의 관계를 이용하여 원자의 중량weight 을 계산할 수 있다는 것을 의미한다. 달턴은 여러 원소에 대해 일정한 조건에서 해당 원소들의 질량을 측정하여 오늘날 원자량atomic weight 이라고 부르는 표를 작성하였다. 달턴의 이론은 과학자들로부터 격렬한 논쟁을 불러 일으켰다. 당시 대부분의 화학자들은 여전히 원자가 실제로는 그 개념자체가 필요하지 않는 지극히 관념적인 것이라고 주장하였다. 원자는 눈에 보이지 않는 것이며 따라서 눈에 보이지 않는 원자에 대한 이론은 의미가 없는 것이라는 이유 때문이었다. 특히, 영국의 화학자인 데비Sir Humphrey Davy, 1778~1829 가 이끌던 화학자 그룹은 달턴의 원자가 서로 다른 속성을 가진 것이라는 견해를 강하게 비난하였다. 데비는 모든 물질은 동일한 원자로 구성되어 있으며 진정한 원소의 개수는 엠피도클레스의 그것처럼 적은 수의 것이어야 한다고 주장하기도 하였다. 그러나 당시 달턴은 이미 최소한 20여 개의 원자에 대한 원자량을 측정하였으며 시간이 지나면서 많은 화학자들의 노력에 의해 원자의 개수가 증가하기 시작했다.

과학자들은 점점 증가하는 원자의 복잡성에서 그 배후에 숨어있는 어떤 규칙을 찾으려고 노력하였다. 특히 서로 다른 원소인 기체 불소fluorine, 액체 브롬bromine, 고체 요오드iodine 와 같이 물리적으로 다른 형태를 가지고 있는 원소들이 동일한 화학적 성질을 갖는다는 것은 강한 호기심의 대상이었다. 모두 수소와 격렬하게 반응한다는 특징을 가지고 있었다. 이와 같은 의문은 러시아의 화학자인 멘델레프Dmitri Ivanovich Mendeleyev, 1834~1907 에게 새

ОПЫТЪ СИСТЕМЫ ЭЛЕМЕНТОВЪ.

ОСНОВАННОЙ НА ИХЪ АТОМНОМЪ ВѢСѢ И ХИМИЧЕСКОМЪ СХОДСТВѢ.

```
                        Ti = 50     Zr = 90     ? = 180.
                        V = 51      Nb = 94     Ta = 182.
                        Cr = 52     Mo = 96     W = 186.
                        Mn = 55     Rh = 104,4  Pt = 197,1.
                        Fe = 56     Rn = 104,4  Ir = 198.
                     Ni = Co = 59   Pl = 106,6  O = 199.
        H = 1                       Cu = 63,4   Ag = 108   Hg = 200.
           Be = 9,4 Mg = 24 Zn = 65,2 Cd = 112
           B = 11   Al = 27,4 ? = 68  Ur = 116   Au = 197?
           C = 12   Si = 28  ? = 70   Sn = 118
           N = 14   P = 31   As = 75  Sb = 122   Bi = 210?
           O = 16   S = 32   Se = 79,4 Te = 128?
           F = 19   Cl = 35,6 Br = 80 I = 127
  Li = 7 Na = 23    K = 39   Rb = 85,4 Cs = 133  Tl = 204.
                    Ca = 40  Sr = 87,6 Ba = 137  Pb = 207.
                    ? = 45   Ce = 92
               ?Er = 56      La = 94
               ?Yt = 60      Di = 95
               ?In = 75,6 Th = 118?
```

Д. Менделѣевъ

멘델레프가 처음으로 작성한 원소주기율표. 러시아어로 윗줄에 "원소 주기율 실험", 아랫줄에는 "원소의 질량과 화학적 유사성을 바탕으로"라고 쓰여 있다.

로운 영감을 주었다. 1869년 그는 새로운 분류표를 고안해 냈다. 원소주기율표periodic table 라고 알려진 그 분류표에는 원자량에 따라 원자들이 나열되어 있다. 그는 원자의 질량에 따라 차례로 표에 기입하면서 같은 화학적 성질을 갖는 원자가 같은 열에 속하도록 분류표를 작성하였다. 그는 이 분류표를 통해서 원자들의 화학적 성질들이 일정한 주기를 가지며 반복된다는 것을 발견했다. 그의 분류표에는 몇 개의 빈칸이 존재하였으며, 아직 발견하지 못한 원자가 있음을 보여주는 것이었다. 멘델레프가 빈칸으로 남겨 놓은 곳에서 게르마늄germanium, 갈륨gallium, 스칸듐scandium 이 곧바로 발견되었다. 이는 원소주기율표가 원자의 실제적인 속성을 보여주고 있으며 달턴이 생각했던 원자가 실재한다는 것을 강력하게 지지하는 것이었다. 그리고 물질의 기본원소를 이해하려는 지난 2,000여 년 동안의 자연 철학자들의 질문에 구체적인

동굴에서 별을 보다

답을 주는 순간이기도 하였다. 그러나 여전히 중요하고 핵심적인 중요한 문제가 남아있었다. 어떤 이유로 원자는 주기적인 성질을 갖는 것일까? 그리고 흡수 스펙트럼선들의 독특한 성질은 또 어떻게 설명할 것인가? 다시 과학은 닐스 보어 Niels Bohr, 1885~1962 를 비롯한 현대물리학의 영웅들이 등장하기까지 다시 60여 년을 더 기다려야 했다.

전자의 발견과 원자모형

멘델레프가 발견한 원소주기율표는 원자가 아직 밝혀지지 않은 대칭성 symmetry 의 지배를 받고 있다는 것을 의미했다. 대칭성은 전통적으로 과학자들이 자연의 배후에 숨어있는 진실을 밝혀낼 때마다 매우 중요한 역할을 하곤 했다. 대칭성이란 규칙성을 의미하며 그 규칙성의 조합에 따라 복잡한 현상을 설명할 수 있다. 이를 수학적으로 표현하는 도구를 군론 group theory 이라고 한다. 원자의 대칭성이 무엇에서 비롯되는지를 이해하기 위해서는 직접적인 실험적 증거가 필요했다. 1897년 영국의 톰슨 Joseph John Thomson, 1856~1940 은 진공관의 양끝에 전극을 설치하고 높은 전압을 걸어주면 음극으로부터 그때까지는 볼 수 없던 미지의 선이 방출된다는 사실을 발견하였다. 음극 쪽을 향한 형광 스크린 위에서 반짝이는 점들은 분명히 음극에서 방출되는 무엇이 있음을 분명히 보여주는 것이었다. 음극에서 이 선은 장애물을 통과하지 못했으며 자기장에 의해 그 진행 방향이 영향을 받는 것으로 보아 빛이 아닌 전하를 가진 입자라는 것을 알 수 있다. 톰슨은 이 입자가 음극으로부터 방출되기 때문에 그 전하를 "음(negative, −)"이라 정의하고 전자 electron 라고 불렀다. 톰슨의 발견은 원자의 구조에 관한 심각한 의문을 제기하는 것이었다. 원자는 깨지지 않는 전기적으로 중성인 기본원소였다. 전기적으로 중성인 원자의 내부에 음전하를 가진 입자가 존재한다는 직

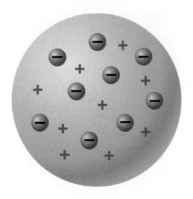

톰슨의 원자모형. 소위 푸딩모형이라고 부르기도 한다. 톰슨은 양으로 대전된 물질의 종류에 따라 물질의 다양한 성질들이 설명될 것이라는 생각을 했다.

접적인 증거를 얻었기 때문에, 원자 내부에 양전하가 어떻게 있어야 하는지 궁금했다. 이제 원자는 양전하를 가진 부분과 전자로 구성된 복합체였다. 원자가 하부구조를 가지고 있다는 사실이 밝혀지자 많은 과학자는 원자의 구조에 대해 연구를 시작했다. 전자를 발견함으로써 원자가 하부구조를 가졌다는 사실을 발견한 톰슨은 물질의 굴절률이나 여러 광학적인 특징을 바탕으로 푸딩pudding 원자모형을 발표하였다. 즉, 원자는 양으로 대전된 푸딩과 같은 물질 내부에 건포도처럼 전자들이 촘촘히 박혀있다는 것이다. 이는 당시 사람들이 원자에 대해 품고 있던 대부분의 생각과 일치한 것이었으며, 또 당시 영국 과학계에서 톰슨은 적지 않은 존경을 받고 있었기 때문에, 톰슨의 원자모형이 사실일 것으로 생각하는 견해가 많았다.

과학자들은 톰슨의 원자모형에 대해 확실한 검증이 필요하다는 것에 공감했다. 당시 영국의 식민지였던 뉴질랜드의 한 젊은 물리학자는 영국의 대과학자인 톰슨이 자신의 원자모형을 시험할 수 있는 뛰어난 재능을 가진 과학자를 수소문하고 있다는 소식을 들었다. 그는 톰슨에게 런던까지의 뱃삯과 영국에서의 생활비를 보조해 준다면, 기꺼이 톰슨의 원자모형을 검증할 자신이 있으며, 아이디어도 가지고 있다는 편지를 보냈다. 말하자면 이력서와 자

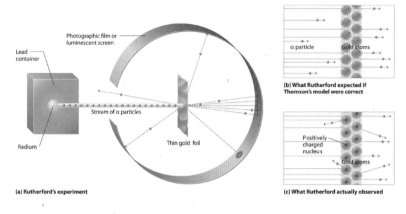

러더퍼드 α-입자 산란실험. 오른쪽에 톰슨의 원자모형과 러더퍼드 원자모형에 의한 결과를 비교해 놓았다. 톰슨의 원자모형으로는 큰 각으로 산란하는 α-입자를 설명할 수 없다.

기소개서를 보낸 것이다. 톰슨의 연구실로 건너온 러더퍼드 Ernest Rutherford, 1871~1937 는 원자의 내부를 들여다볼 수 있는 유용한 도구를 가지고 있었다. 바로 당시에 그 존재가 알려지기 시작한 자연 방사선이었다. 러더퍼드는 납으로 차폐된 상자 내부에 헬륨 원자핵인 α-입자를 방출하는 자연 방사성 원소를 두었다. 그리고 상자에 작은 틈을 만들어 놓았다. α-입자는 이 틈을 통해서 일정한 방향으로만 방출된다. 러더퍼드는 얇은 금박에 이 α-입자들을 쪼였다. 그리고 금 원자에서 튕겨 나오는 α-입자를 검출기를 이용하여 관찰하였다. 검출기는 황화아연 ZnS 을 바른 스크린으로서 α-입자가 스크린에 도달하면 그 점에서 빛을 내게 된다. 러더퍼드는 그 빛을 캄캄한 실험실에서 망원경을 통해 관찰하였다. 러더퍼드는 이처럼 힘든 실험을 수행한 후 얻은 자신의 연구결과를 좀처럼 믿기 힘들다는 것을 알았다. α-입자는 대부분 입사방향과 거의 같은 방향으로 산란하였지만 때로는 입사된 방향으로 되튀기기도 했다. 이는 원자 내부에 α-입자만큼이나 무거운 무엇이 존재한다는 것을 강하게 암시하는 것이었다. α-입자는 전자보다 약 8,000배나 무거운 입자이다. 따라서 원자의 내부에서 α-입자가 되튕겨 나오는 것이 전자에 의한 것이라면 이는 설명할 수 없는 현상인 것이었다.

마치 안개 속에 던진 돌멩이가 안개의 수증기와 부딪혀 다시 튕겨 나오는 것과 같은 것이다. 러더퍼드는 차분히 자신의 실험결과를 정리했다. 첫째, 대부분의 α-입자는 거의 산란하지 않는다. 둘째, 약 1/8,000의 확률로 90° 이상의 각도로 산란한다. 러더퍼드는 첫 번째의 결과로부터 원자의 내부는 거의 텅 빈 곳이라고 주장했다. 이는 단단한 원자를 생각하고 있던 사람들을 놀라게 했다. 또 그는 두 번째 결과로부터 원자의 내부에 원자질량 대부분을 가진 크기가 매우 작은 원자핵이 존재한다고 주장했다. 러더퍼드는 α-입자의 산란각의 분포를 연구함으로써 원자핵이 양전하를 띄고 있으며 그 크기가 약 10^{-14} m 정도 된다는 것을 계산을 통해 알아냈다. 러더퍼드는 자신의 견해를 증명하기 위해서 금 원자핵에 의해 산란하는 α-입자의 산란각 분포를 계산하였으며, 그 계산 결과가 실험 사실과 일치한다는 사실을 증명하였다. 러더퍼드는 양전하인 원자핵과 음전하를 띠고 있는 전자가 원자의 크기를 유지하고 안정된 원자를 구성하게 하도록 양전하와 음전하 사이에 존재하는 전기력에 의한 인력을 상쇄시킬 원심력을 전자에 부여하였다. 러더퍼드의 이와 같은 원자모형은 다음과 같은 식을 통해 이해할 수 있다.

$$ k \frac{Ze^2}{r^2} = \frac{m_e v^2}{r} $$

여기에서 Z는 원자번호이고 m_e는 전자의 질량이다. k는 힘의 세기를 결정하는 상수로서 $1/4\pi\epsilon_0$로 표현되며 ϵ_0는 자유공간에서의 유전율permittivity 이다. 이 식의 왼쪽은 쿨롱법칙에 의한 인력을 나타내며, 오른쪽은 전자의 원운동에 의한 원심력을 나타낸다. 이 모형에 의하면 전자는 이 관계식을 만족하는 어떤 궤도 반지름이라도 가질 수 있다는 것을 알 수 있다. 결국, 태양 둘레를 공전하고 있는 행성과 같은 원자모형을 제안하게 된 것이다. 이를 행성 원자모형이라 한다. 하지만 자신의 α-입자 산란실험 결과를 설명하고 원자의 크기를 유지할 수 있는 러더퍼드의 원자모형은 한 가지 단점을 가지고 있었다. 전하를 띄고 있는 전자의 회전은 원자의 안정성을 심각하게 훼손한다는 것이다. 즉, 회전하는 우산 끝에서 떨어지는 물방울처럼 회전하는 전하는 자신의 에너지를 빛의 형태로 방출하게 되는데 이를 싱크로트론 복사synchrotron radiation라고 한다. 러더퍼드의 원자모형에 의하면 전자가 자신의 에너지를 싱크로트론 복사로 방출하고 결국 원자핵으로 빨려 들어가는데 걸리는 시간은 불과 10^{-7}초에 불과하다. 과거의 사람들이 영구불변한다고 믿었을 만큼 안정된 원자의 수명이 불과 천만 분의 일 초라는 사실은 러더퍼드의 원자모형에 중대한 결점이 있다는 것을 의미한다. 문제는 러더퍼드의 원자모형이 α-입자의 산란실험 결과를 완벽하게 설명한다는 것이었다. 이 때문에 과학자들은 러더퍼드 원자모형 틀 안에서 원자의 안정성을 설명해야 했지만, 기

루이 드브로이. 제1차 세계대전 때 프랑스 포병장교로 참전했으며, 후에 아인슈타인의 에너지-질량 등가원리를 바탕으로 입자의 파동성과 관련된 과감한 제안을 하였다. 그가 제안한 입자의 파동성은 전자 회절실험을 통해 확인되었으며, 보어가 원자모형을 제안할 때 중요한 단서를 제공하였다.

존의 과학으로는 불가능한 것이었다. 톰슨은 자신의 원자모형이 틀린 것이라는 것을 밝힌 러더퍼드를 자신이 근무하던 캠브리지 대학의 캐번디시 연구소의 정식 연구원으로 추천하였다. 그 후 러더퍼드는 여러 우수한 젊은 물리학자들과 중성자 발견 등을 포함한 많은 실험적 성과를 거두었다. 뉴질랜드는 100달러 지폐에 러더퍼드의 초상화를 그려 넣음으로써 그의 조국이 그를 얼마나 자랑스러워하는지를 보여주었다. 과학자의 초상화를 지폐에 넣은 나라들이 또 있다. 한번 직접 찾아보는 것도 또 다른 여행의 재미를 줄지도 모를 일이다.

물질의 이중성

보어는 이 문제를 간단하게 이해하려 했다. 보어는 전자가 원자핵 둘레를 공전하는 러더퍼드 원자모형 틀은 그대로 받아들이면서 원자의 안정성을 위해 획기적인 제안을 하였다. 즉, 원자핵 둘레를 돌고 있는 전자가 싱크로트론 복사를 할 필요가 없는 조건을 도입한 것이다. 이를 보어의 양자화 조건이라 한다. 고전 물리학에 기초한 원자모형으로는 원자 세계를 이해하는데 한계가 분명히 있음을 인정한 것이었다. 당시에 새로운 물리학의 패러다임이었던 양자론을 원자를 이해하는데 도입한 것이었다.

보어의 원자모형은 전자가 원자 정도의 작은 세계에서는 마치 파동처럼 행동한다는 것을 전제로 하고 있다. 이 생각은 사실 보어의 독창적인 아이디어가 아니라 드브로이 Louise de Broglie, 1892~1987 로부터 온 것이다. 아인슈타인과 플랑크의 광자에 관한 연구를 토대로 물질의 이중성 duality of matter 을 연구하고 있던 드브로이는 1924년에 출간된 그의 박사학위 논문에서 운동량이 p인 입자는 다음과 같이 표현되는 파장 λ 를 가진다고 주장하였다.

$$\lambda = \frac{h}{p}$$

드브로이는 질량이 없는 빛에 대해 아인슈타인의 다음과 같은 에너지 운동량 관계식으로부터 이 물질파에 대한 아이디어를 얻었다. 이 식에 대해서는 따로 설명하기로 한다.

$$E^2 - p^2c^2 = m^2c^4$$

이 식에서 빛은 질량이 없으므로

$$E = pc$$

로 표현되며 운동량은 $p = E/c$ 이다. 빛의 에너지는 플랑크의 이론에 의하며 $E = h\nu$ 이므로

$$p = \frac{h\nu}{c} = \frac{h}{\lambda}$$

이다. 즉 빛의 경우, 파장은 $\lambda = h/p$ 로 표현되는데 이 관계식이 질량을 가지는 입자의 경우에도 그대로 적용된다는 아이디어였다. 만약 이 아이디어가 과학적으로 확인되지 않는다면 그대로 폐기되었을 것이다. 드브로이는 이를 물질파matter wave 라고 하였다. 드브로이의 이 과감한 가설은 보어의 원자모형을 통해 그 유용성이 증명되었으며 전자의 회절현상을 통해 전자의 물질파 파장이 드브로이의 아이디어를 따른다는 것이 실험을 통해 증명되었다. 이는 물리학에 새로운 분야를 개척하는 계기가 되었으며, 물질의 이중성이라는 새로운 관점을 제공하였다. 드브로이는 이 공로로 박사학위를 받은 지 5년 후, 1929년 노벨물리학상을 수상하였다.

보어는 드브로이 물질파 개념을 도입하여 원자처럼 미시적인 세계에서 전자는 입자로서 행동하지 않고 마치 파동처럼 행동하며 이 전자의 파동이 원자핵 둘레에서 정상파를 이루게 되면 전자가 에너지를 방출할 필요가 없다고

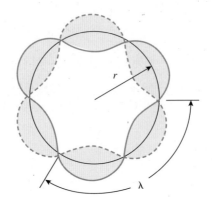

보어의 제1 양자화 조건. 주 양자수 $n=3$에 해당하는 궤도이다.

주장하였다. 이는 다음과 같이 정리될 수 있다.

$$n\lambda = 2\pi r_n \quad (n = 1, 2, 3, \cdots)$$

이때 전자의 파장 λ 는 드브로이에 의해 주어지는 물질파의 파장이므로

$$\lambda = \frac{h}{m_e v}$$

로 주어지며, 전자의 속도는 러더퍼드의 원자모형에서 전기적 인력과 균형을 이루는 원심력으로부터 구할 수 있다. 따라서 전자의 파장 λ 는 다음과 같이 표현될 것이다.

$$\lambda = \frac{h}{e}\sqrt{\frac{4\pi\epsilon_0 r_n}{Zm_e}}$$

위 식을 이용하면 원자번호 Z인 원자에 대해 다음과 같은 보어의 원자반지름 r_n과 에너지 E_n이 구해진다.

$$r_n = \frac{n^2 h^2 \epsilon_0}{\pi m_e Z e^2}$$

동굴에서 별을 보다

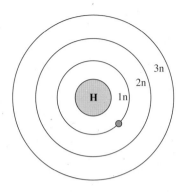

보어의 원자모형. 보어의 원자모형에 의하면 전자의 궤도 반지름은 n값에 의해 결정되며, 이를 "주 양자수"라고 부른다. 이 모형을 제안할 당시 보어는 한 궤도에 들어갈 수 있는 전자의 수에 대해서는 알지 못하였다. 후에 양자역학이 확립되면서 주 양자수 n에 해당하는 궤도에 최대 $2n^2$개의 전자가 배치될 수 있다는 것이 밝혀졌다. 전자가 궤도 사이를 이동할 때, 원자는 궤도 에너지 차이에 해당하는 빛을 방출하거나 흡수한다.

$$E_n = -\frac{m_e Z^2 e^4}{8\epsilon_0^2 h^2}\left(\frac{1}{n^2}\right) \qquad (n = 1, 2, 3, \cdots)$$

이 결과는 매우 특이한 표현이다. 위 두 식은 모두 상수들로 표현되며, 오로지 정수 n에 의해 서로 다른 값을 갖는 것이다. 그리고 특성 스펙트럼선을 설명할 때 보았던 눈에 익은 $1/n^2$이 보인다. $1/n^2$ 앞의 계수는 $Z = 1$일 때, $1.097 \times 10^7 \, \mathrm{m}^{-1}$의 값을 가지며 수소의 흡수 스펙트럼에서 발견되었던 리드베르그 상수와 같은 값이다! 이는 원자핵의 종류가 결정되면 - 즉 원자번호 Z - 주위를 회전하는 전자의 반지름이 n이라는 정수에 따라 미리 정해진 반지름만을 가지게 된다는 사실을 의미한다. 이때 n을 주 양자수principal quantum number 라고 한다. 원자 내에서 전자의 에너지가 원자핵으로부터의 반지름으로부터 결정되기 때문에 주 양자수에 따라 전자가 가질 수 있는 에너지가 된다는 것을 의미한다. 이제 원자 스펙트럼이 발생하는 원인을 살펴볼 준비가 되었다. 전자가 정해진 자신의 궤도를 바꿀 때, 외부로부터 궤도에 할당된 에너지의 차이를 빛의 형태로 흡수하거나 방출하게 되는데, 이것이 바로 원자 스펙트럼의 원인이다. 즉, 수소 원자에서 전자가 자신의 궤도에서 다른 궤도

로 이동할 때-즉 서로 다른 주 양자수를 갖게 될 때-다음과 같은 에너지를
갖는 빛의 출입이 있어야 한다는 것이다. 에너지를 흡수하게 되면 흡수 스펙
트럼이, 그리고 에너지를 방출하게 되면 발광 스펙트럼이 나타나는 것이다.

$$E_\gamma = \frac{hc}{\lambda} = E_m - E_n = \frac{m_e e^4}{8\epsilon_0^2 h^2}\left(\frac{1}{n^2} - \frac{1}{m^2}\right)$$

이것이 발머 등이 발견한 수소의 흡수 스펙트럼에 대한 "거의" 완벽한 설명
이다. "거의"라는 말은 이보다 복잡한 과정이 원자의 미세한 스펙트럼에 포
함되어 있다는 것을 의미한다. 이 내용은 수소의 21 cm 선에 대한 설명까지
미루도록 한다. 보어는 자신의 원자모형을 이용하여 원자 스펙트럼을 이해
하는데 매우 중요하지만, 경험적인 값이었던 리드베르그 상수가 자신의 원자
모형을 이용해서 자연스럽게 유도될 수 있음을 증명하였고, 원자 스펙트럼이
원자의 고유한 특성이라는 사실도 이론적으로 설명하였다. 보어가 제안한 원
자모형은 지금도 유효하며, 특별한 경우가 아닌 한 원자 세계를 이해하는데
아직도 그 시작점이 되기도 한다.

흑체복사

19세기 말과 20세기 초, 물리학자들은 거시적인 세계에 대한 물리
학의 성과를 인정하는데 주저하지 않았다. 그들은 자신들이 가지고 있던 뉴
턴의 역학과 패러데이Michael Faraday, 1791~1867 와 맥스웰James Clerk Maxwell,
1831~1879 의 전자기학 및 볼츠만Ludwig Boltzmann, 1844~1906 의 통계역학이
가지고 있는 정교함과 놀라운 통찰력에 대해 만족하고 있었으며, 갈릴레이가
이야기한 "신이 우주에 써놓은 암호"를 완벽하게 이해했다고 믿었다. 즉, 그
들은 자연을 완벽하게 이해할 수 있는 모든 도구를 가지고 있다고 믿었다. 거

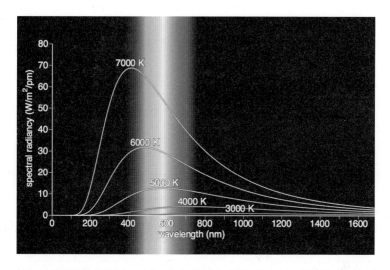

흑체로부터 방출되는 복사의 세기를 온도와 파장에 따라 나타내었다. 온도가 상승함에 따라 가시광선 영역에서 차지하는 특정 색깔의 빛 강도가 달라짐에 따라 온도가 상승하면서 물체의 색이 바뀐다는 것을 알 수 있다. © Linda Shore, Paul Doherty and Tory Brady from www.exo.net/~pauld/workshops/Stars/Stars.htm

시적인 세계의 운동에 대한 역학 체계의 탁월함과 전기와 자기적인 현상을 이해하는 데 있어 전자기학의 유용성을 의심하지 않았으며, 통계적 법칙에 어긋나는 어떠한 현상도 발견하지 못함으로서 통계역학의 정교함을 인정하였다. 물론 주의 깊은 과학자들은 자신들의 이론체계에 심각한 문제가 있을 수 있다는 가능성을 인정하는데 주저하지 않았다. 그중에 고체의 비열 specific heat 과 관련된 문제가 있었다. 비열이란 어떤 물체 1 g을 1°C 만큼 올리는데 필요한 열량이다. 열량의 단위 중의 하나는 cal로서, 물 1 g을 1°C 만큼 올리는데 필요한 열량을 1 cal로 정의한다. 당시의 과학에 의하면 어떤 온도의 고체라도 자신의 온도를 1°C 만큼 올리는데 필요한 열량은 모두 같아야 했다. 예를 들면, 20°C의 철 1 g을 21°C로 올리는데 필요한 열량이나 30°C의 철 1 g을 31°C로 올리는데 필요한 열량이 서로 달라야 할 아무런 이유가 없는 것처럼 보였지만 고체 온도가 낮은 경우 고체의 비열은 더는 상수가 아니었다. 또한, 전기와 자기 현상이 사실은 하나의 본질로 부터 비롯된 서로 다른 현상이라는 사실을 이론적으로 증명한 맥스웰은 전하electric charge 와 원자가 어떤 관계를 맺고 있는지에 대해 자신들의 이론이 아무런 대답을 할 수 없다는 사실을 잘 알고 있었다.

이처럼 당시의 과학으로 해결할 수 없었던 또 다른 문제가 열에너지를 가진 물체의 전자기 복사 문제였다. 모든 물체는 온도가 오르기 시작하면 빛을 내놓는다. 한 가지 예를 통해서 이 문제를 살펴보자. 촛불에 철사를 놓아두면 철사 온도가 올라감에 따라 철사는 처음에 아무런 빛을 내놓지 않다가 빨갛게 달아오르기 시작한다. 온도가 점점 올라감에 따라 철사는 노란색으로 달아오르게 되고 만약 촛불이 더 많은 열에너지를 철사에 전달할 수 있다면 철사는 푸르스름한 빛을 낼 것이다. 물론 철사가 빨갛게 달아오르기 전이라도 철사에 손을 접근시키면 따뜻함을 느낄 수 있을 것이다. 우리 눈에 보이지 않는 적외선을 방출하고 있기 때문이다. 이 예는 어떤 물체 온도가 올라감에 따라 물체가 내놓는 복사에서 가장 많은 세기로 방출되는 복사의 파장이 점점 감소한다는 것을 말해주고 있다. 19세기와 20세기 초반의 과학자들은 이 문제를 수학적으로 표현하고 싶어 했다. 그들은 문제를 단순화하기 위해 모든 열에너지를 흡수할 수 있으며, 자신이 가진 모든 열에너지를 복사의 형태로 방출할 수 있는 가상적인 물체인 흑체black body 를 도입하였다. 그들은 흑체를 구현하는 데 있어 다음과 같은 방법을 사용하였다. 우선 사방이 벽으로 둘러싸인 일정한 부피를 고려하고 벽의 한 면에 작은 구멍이 있다고 가정하였다. 그리고 그 구멍을 통해서 복사가 방출된다고 가정하고 문제를 풀기 시작하였다. 이와 같이 잘 정의된 문제는 쉽게 풀릴 것으로 생각되었다. 정해진 부피 안에 존재하는 전자기파의 수를 계산하는 것은 매우 쉬운 문제였다. 그들은 우선 전자기파, 광자의 수를 계산하였다. 그들에 의하면 진동수가 v 와 $v+dv$ 사이에 있는 광자의 밀도는 다음과 같다. 단순히 빛의 개수를 세는 것과 같다고 여기면 된다.

$$G(v)dv = \frac{8\pi}{c^3}v^2dv$$

그들은 각각의 광자에 할당될 수 있는 에너지를 계산하였다. 그리고 각각의 광자에 할당된 에너지의 경우, 통계역학의 결과에 따라 같은 에너지를 부여받는 것으로 고려하면 문제가 없을 것으로 보였다. 온도가 T일 때 이 온도에 해당하는 에너지는 볼츠만에 의해 κT라는 것이 알려져 있었으므로 하나의 광자가 각각 κT 만큼의 에너지를 가지게 하면 다음과 같은 에너지 밀도 u를 얻을 수 있다. 여기에서

$$u(v)dv = \frac{8\pi v^2}{c^3}\kappa Tdv$$

κ는 볼츠만 상수이다. 이를 레일리-진스의 복사 법칙이라 한다. 하지만 결과는 달랐다. 레일리Lord Rayleigh, 1842~1919 와 진스James Jeans, 1877~1946 는 자신들의 계산 결과가 파장이 긴 영역에서는 잘 들어맞지만, 파장이 짧은 쪽에서는 실험과 커다란 차이를 보이는 것에 놀랐다. 실제 이 식이 올바른 것이라면 온도가 0이 아닌 한 진동수가 커지면 커질수록 진동수의 제곱인 v^2에 비례해서 엄청난 복사가 발생한다는 것을 의미하고 있었다. 말하자면, 약간의 열에너지만으로도 물체는 엄청난 빛을 방출한다는 것을 의미하며, 당연히 사실과 다른 것이었다. 이제 어디가 잘못되었는지를 살펴봐야 할 때가 되었다. 그들이 계산과정에서 오류를 범했을 가능성을 살펴보았다. 하지만 그동안 자신들이 신봉하던 물리학의 성과를 바탕으로 계산된 이 방법에서 오류가 숨어있을 가능성은 전혀 없었다. 플랑크Max Planck, 1858~1947 는 레일리와 진스의 계산 결과와 실험값의 차이가 어디에서 발생하는지에 대해 연구하였다. 광자의 밀도를 구하는 것은 너무나 단순한 계산이었기 때문에 오류가 아닌 것은 분명했다. 따라서 광자가 갖는 평균 에너지가 κT가 아닌 다른 값을 가져야만 한다는 것을 알았다. 즉, 레일리와 진스의 계산에서 전자기파의 평균 에너지

막스 플랑크. 막스 플랑크는 사망할 때까지 자신이 제안한 광자의 평균 에너지를 이해하지 못했다고 한다. 그는 새로운 이론이 이해와 설득을 통해 받아들여지는 것이 아니라 새로운 이론에 익숙한 새로운 세대가 등장하고 옛 세대들이 모두 사라질 때 비로소 가능하다고 하였다.

를 다른 방식으로 이해해야 한다는 것을 의미하는 것이다. 플랑크는 진동수가 v와 $v + dv$인 전자기파의 평균 에너지를 다음과 같이 할당할 때 실험으로부터 얻어 낸 흑체복사 분포와 일치한다는 사실을 알았다.

$$\epsilon = \frac{hv}{e^{hv/\kappa T}-1}$$

새롭게 구한 평균 에너지를 이용하여 에너지 밀도 u를 다시 표현하면 다음과 같다.

$$u(v)dv = \frac{8\pi h}{c^3} \frac{v^3}{e^{hv/\kappa T}-1}dv$$

이를 플랑크의 복사 법칙이라고 한다. 플랑크가 제안한 평균 에너지는 전자기파가 진동수 v에 따라 다음과 같은 에너지를 갖는다고 가정할 때 얻을 수 있다.

동굴에서 별을 보다

사티엔드라 보스. 보스는 광자와 같이 어떤 입자들이 아무런 제한 없이 한 에너지 상태에 있는 경우에 대한 새로운 통계역학에 관한 논문을 아인슈타인에게 보냈다. 아인슈타인은 논문의 중요성을 바로 알아보고 보스의 논문을 번역하여 세상에 알렸다. 이로 인해 그의 새로운 통계역학 법칙을 보스-아인슈타인 통계라고 부른다.

$$E = nh\nu \qquad (n = 1, 2, 3, \cdots)$$

여기에서 h는 플랑크 상수이며 6.6×10^{-34} Js의 값을 가지고 있으며, n은 $h\nu$의 에너지를 가진 빛의 개수를 의미한다. 플랑크 상수의 단위가 각운동량의 단위를 갖는다는 것은 주목할 만한 것이다. 플랑크는 $E = h\nu$의 에너지를 갖는 전자기파를 에너지 양자energy quanta 라고 불렀으나 왜 이러한 일이 가능한지에 대해 이해하지 못했다. 후에 이는 1924년 보스Satyendra Nath Bose, 1894~1974 에 의해 스핀이 정수배인 입자계에 적용되는 보스-아인슈타인 통계의 결과라는 것이 밝혀졌다. 플랑크의 에너지 양자 발견은 20세기 초에 등장하게 될 양자역학의 출발을 알리는 신호가 되었으나 플랑크 자신은 자연이 왜 이런 방식을 따라야 하는지 끝내 이해하지 못했다고 한다.

파동방정식과 슈뢰딩거의 고양이

    슈뢰딩거Erwin Schrodinger, 1887~1961 는 1926년 플랑크의 양자론과 보어의 원자모형을 통합시켜 원자 내부에서 전자의 운동을 표현할 수 있는 일반화된 방정식을 발표하였다. 슈뢰딩거는 전자가 파동의 성질을 가지고 있으므로 전자의 모든 물리량에 대한 정보를 가지고 있는 파동함수wave function Ψ를 다음과 같이 표현할 수 있다고 생각했다.

$$\Psi(x,\,t) = e^{i(kx-\omega t)}$$

이 식에서 k는 파수wave number 라고 불리는 물리량이며 $2\pi/\lambda$로 표현된다. 또한 ω는 각 진동수angular frequency 라고 불리는 물리량이며 $\omega = 2\pi\nu$로 표현된다. 드브로이의 물질파와 플랑크의 양자론으로부터 k와 ω는 각각 다음과 같다.

$$p = hk/2\pi = \hbar k$$

$$E = \frac{h\omega}{2\pi} = \hbar\omega$$

여기에서 $\hbar = h/2\pi$이다. 이를 이용하여 파동함수 $\Psi(x,\,t)$를 다시 표현하면 다음과 같다.

$$\Psi(x,\,t) = Ae^{i(kx-\omega t)} = A^{i(px-Et)/\hbar}$$

이 $\Psi(x,\,t)$에 각각 다음과 같은 미분 연산자를 도입하면

$$p_{op} = -i\hbar\frac{\partial}{\partial x}$$

$$E_{op} = i\hbar\frac{\partial}{\partial t}$$

    파동함수의 운동량과 에너지는 이 연산자를 이용하여 구할 수 있다.

$$p_{op}\Psi(x, t) = -i\hbar\frac{\partial}{\partial x}Ae^{i(px-Et)/\hbar} = \hbar k\Psi(x, t) = p\Psi(x, t)$$

$$E_{op}\Psi(x, t) = i\hbar\frac{\partial}{\partial t}Ae^{i(px-Et)} = E\Psi(x, t)$$

원자 내에서 전자의 총에너지는 운동에너지 T와 퍼텐셜 에너지 V의 합으로 표현되기 때문에 $E = T + V$로 표현된다. 이때 운동에너지는 $T = p^2/2m$이므로 전자의 총에너지는 다음과 같다.

$$E = \frac{p^2}{2m} + V$$

슈뢰딩거는 이 에너지 보존법칙에서 운동량 p와 에너지 E가 미분 연산자 p_{op}와 E_{op}로 치환되고 이 미분 연산자가 파동함수 $\Psi(x, t)$에 다음과 같이 적용하면 이 파동방정식의 해가 퍼텐셜 에너지 V의 영향을 받는 전자의 운동을 표현한다고 가정하였다.

$$E_{op}\Psi(x, t) = \frac{p_{op}^2}{2m}\Psi(x, t) + V\Psi(x, t)$$

$$i\hbar\frac{\partial}{\partial t}\Psi(x, t) = -\frac{\hbar^2}{2m}\frac{\partial^2}{\partial x^2}\Psi(x, t) + V\Psi(x, t)$$

이를 슈뢰딩거 방정식 Schrodinger equation 이라고 하며 이 방정식의 해가 퍼텐셜 에너지 V에 의해 달라지기 때문에 다양한 환경에서 이 방정식의 유용성을 시험할 수 있게 해주었다. 수소 원자($Z = 1$) 내에서 운동하는 전자의 경우 이 방정식에 $V = -ke^2/r$을 대입하면

$$i\hbar\frac{\partial}{\partial t}\Psi(x, t) = -\frac{\hbar^2}{2m}\frac{\partial^2}{\partial x^2}\Psi(x, t) - k\frac{e^2}{r}\Psi(x, t)$$

의 표현을 얻게 되며 이 방정식의 해가 수소 원자 내에서 운동하는 전자의 운동을 표현하게 된다. 약간 복잡한 방정식의 풀이를 통해 얻은 결론은 이 방정식의 수학적인 해가 보어의 원자모형을 포함하고 있으며 보어의 원자모형이

가지고 있지 않았던 전자의 궤도 운동에 대한 각운동량의 효과까지 보여줌으로써 그 정당성을 인정받았다. 원자와 같은 매우 작은 세계에서는 입자들이 파동처럼 행동하며 그 운동은 파동방정식을 통해 이해할 수 있다는 슈뢰딩거의 이론은 순식간에 물리학의 중심에 서게 되었다. 바로 양자역학quantum mechanics 의 시작이었다. 한편 파동함수 자체는 아무런 단위를 가지지 않는 단순한 복소수이다. 그런데도 슈뢰딩거 방정식은 작은 세계에서 일어나는 물리현상을 이해하는 핵심적인 이론이 되었다. 슈뢰딩거 방정식의 수학적인 해인 파동함수 $\Psi(x, t)$를 어떻게 해석할 수 있을까? 보른Max Born, 1882~1970 은 파동함수의 절댓값의 제곱, $|\Psi(x, t)|^2$이 위치 x와 시간 t에서 해당 입자를 발견할 수 있는 확률이라는 견해를 밝혔다. 즉, 양자역학은 통계학의 지배를 받는, 미시적인 세계를 이해하는 기본방정식 - 거시적인 세계에서의 뉴턴 운동방정식과 같은- 이 된 것이다. 양자역학의 확률적 거동은 뉴턴 이래로 믿어온 결정론적 세계관을 뒤흔들었으며 당시에 많은 논쟁을 불러일으켰다. 실제로 아인슈타인은 "신은 주사위 놀이를 하지 않는다."는 말로 양자역학의 확률적 속성을 강하게 거부하였다. 양자역학의 확률적 거동이 그 설명에 있어 많은 오해를 불러 일으킬만한 내용을 담고 있는 것은 사실이다. 초기 조건을 주면 결과를 정확하게 계산할 수 있는 뉴턴의 운동방정식과는 다른 속성 때문에 양자역학을 처음 공부하는 학생들은 수학적 풀이의 어려움보다는 개념을 이해하는데 어려움을 호소하기도 한다. 하지만 양자역학은 원자 정도의 미시적인 세계에 적용되는 물리법칙이다. 미시적인 세계에서 물질의 운동이 파동에 의해 표현되고 이 파동에 대한 물리법칙이 설령 거시적인 세계에서의 그것과 다르다고 해서 이상할 것은 없다. 더군다나 우리가 다루는 원자 정도의 미시적인 세계는 많은 표본을 대상으로 하는 물리계라는 것을 고려한다면 양자역학의 확률적 거동 또는 요동에 대한 이해가 쉬워질 것이다. 미시적인 세계의 운동을 이해하는 데 있어 미분방정식을 이용하는 방법 이외에 불확정성원리를 발견한 하이젠베르크에 의해 제안된 행렬역학이 있으며, 파인

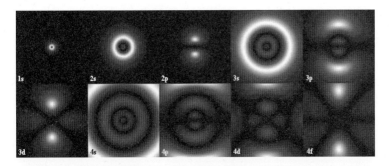

슈뢰딩거 방정식을 풀었을 때 얻을 수 있는 수소의 전자 확률분포. 각 그림 아래에 적혀있는 숫자는 주 양자수를 의미하며, 알파벳은 흔히 오비탈이라고 부르는 궤도 양자수(orbital quantum number)를 의미한다. ⓒ Paul Nylander

만Richard Phillips Feynman, 1918~1988 에 의해 제안된 경로 적분 방법이 있음을 밝혀둔다. 양자역학에서는 이를 표현representation 이라고 부른다.

한 가지 질문을 던지고자 한다. "전체 입자의 10%가 이곳에 있다."라는 주장이 "어떤 입자가 이곳에 있을 확률은 10%이다."라는 표현과 같은 것인가? 앞의 질문은 고전 물리학의 세계관을 담고 있는 것이며 뒤의 질문은 양자역학적 세계관을 반영한 것이다. 실제 하나의 입자에 대해 양자역학은 답을 하지 않는다. 다만 확률적 거동만을 이야기할 뿐이다. 같은 초기 조건에서 각각의 확률을 갖는 서로 다른 상태만을 이야기한다. 하지만 많은 수의 표본을 다룬다면 그때야 비로소 각각의 상태를 점유한 입자들의 수가 양자역학에서 말해주는 확률과 직접적인 관계를 맺고 있다는 것을 알게 될 것이다. 막대한 양의 표본은 어느 정도의 표본이어야 할까? 1몰이 아보가드로수에 대응되는 숫자라는 것을 고려하면 어마어마한 표본의 크기를 짐작할 수 있을 것이다. 흔히 일반인들이 알고 있는 슈뢰딩거의 고양이는 이를 재미있게 풀어놓은 것이다. 양자역학에 대한 재미있는 해설은 가모프가 쓴 "Mr. Tompkins in Wonderland"라는 책에 잘 나와 있다.

3

시공간과 중력

특수상대성이론

아인슈타인의 상대성이론 principle of relativity 은 물리학을 전공하
지 않은 사람들조차 한 번쯤은 들어봤을 만큼 유명하지만, 그 의미를 제대로
이해하고 있는 사람은 매우 드물다. 익숙하다고 해서 이해한 것은 아니기 때
문이다. 1905년 아인슈타인은 맥스웰 방정식이 등속 운동하는 기준계에 대
해서도 그 방정식의 표현이 불변 invariance 이어야 한다는 근거를 가지고 특수
상대성이론 special relativity 의 가설을 발표하게 된다. 그의 가설은 첫째, 모든
관성 기준계 reference frame of inertia 에서는 물리학의 이론들이 같은 꼴로 표
현되어야 하며, 둘째, 빛의 속도는 관측자나 광원의 운동과 관계없이 항상 일
정하다는 것으로 이루어져 있다. 그의 가설에서 관성 기준계라는 것은 외부
에서 힘이 작용하지 않는 기준계로서 항상 일정한 속도로 등속 운동하는 기
준계를 의미한다. 기준계가 항상 일정한 속도로 운동한다는 특별한 조건이

붙어있기 때문에 이를 특수상대성이론이라고 부르는 것이다. 이렇듯 간단한 가설이지만 이 가설의 결과는 놀라운 것이었다. 상대성이론이라는 것이 아인슈타인이 처음 생각한 개념은 아니었다. 뉴턴은 자신의 역학적 원리에 대한 상대성이론을 이미 고려하고 있었다. 이를 뉴턴의 상대성이론 또는 갈릴레이의 상대성이론이라고 하며 뉴턴의 역학방정식은 갈릴레이 변환Galilean transformation 에 대해 불변이다. 갈릴레이 변환의 특징은 서로 등속 운동하는 두 기준계에서의 시간은 같다는 것이다. 당시의 사람들에게 시간은 공간과 전혀 별개의 것이었으며 시간과 공간을 같이 취급해야 할 아무런 이유가 없었다.

아인슈타인의 첫 번째 가설은 물리학자들에게 일반적으로 받아들여 오던 내용을 다시 한번 반복한 것에 지나지 않지만, 물리법칙에 대해 중요한 제한을 준다. 서로 다른 조건에서 실험하거나 측정을 하는 여러 명의 과학자를 생각해보자. 이들이 실험이나 측정을 하는 곳이 아무런 힘이 작용하고 있지 않은 기준계라면 왼쪽으로 향하거나 오른쪽으로 향하거나, 또는 아침에 실험이나 측정을 하거나 한밤중에 실험이나 측정을 한다고 하더라도 결과는 변화가

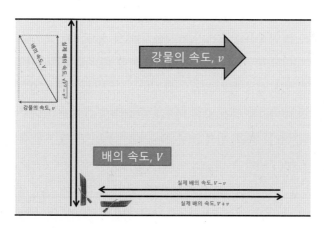

마이컬슨—몰리 실험의 아이디어. 배는 빛을 의미하고 강물은 에테르를 의미한다. 배의 속도는 정지해 있는 강물에 대해 정의된 것이다. 이 두 배가 동시에 나루터를 출발해서 왕복했다 하더라도 동시에 출발점에 도착할 수 없다는 것이 이 실험의 주요한 아이디어였다.

없어야 한다. 이를 "물리량은 좌표 변환에 불변이어야 한다."라고 말한다. 두 번째 가설은 시간과 공간의 본질에 대한 깊은 내용을 담고 있다. 이를 이해하기 위하여 먼저 19세기 말 또는 20세기 초까지 물리학자들이 찾고자 했던 빛의 전달 매질인 에테르ether 에 대해 알고 있어야 한다. 일반적으로 파동은 매질의 진동 때문에 에너지를 전달하는 것이라고 정의된다. 즉, 우리가 파동을 정의하는 것은 매질의 진동을 정의하는 것과 같은 것이다. 맥스웰에 의해 빛의 본질이 파동이라는 것이 알려진 후, 물리학자들은 빛을 전달하는 매질인 에테르를 검출하기 위해 노력해 왔다. 별빛 등이 지구에 도달하는 것을 본 물리학자들에게 "우주에 가득 차 있는 에테르"라는 생각은 놀라운 것이 아니었다. 이 에테르의 바닷속을 지구가 헤엄치고 있는 것이다. 따라서 지구에서 관측할 때, 에테르는 지구와의 상대운동에 의해 지구 공전 방향과 반대로 흘러가고 있는 것으로 관측될 것이다. 마치 잔잔한 호수 위를 이동하는 배 위에서 호수를 바라본다고 생각하면 이해가 쉬울 것이다.

1887년 마이컬슨Albert A. Michelson, 1852~1931 과 몰리Edward W. Morley, 1838~1923 는 에테르의 운동 방향과 평행하게 운동하는 빛과 수직하게 운동하는 빛의 경로 차이를 측정함으로써 에테르의 존재를 증명하려 했다. 이는 v의 속도로 일정하게 흘러가는 강물 위에서 속도 V로 운동하는 나룻배의 예로서 설명할 수 있다. 강의 폭이 L이라 할 때, 나룻배가 건너편의 마주 보는 나루를 왕복하는 시간은 $t_1 = 2L/(V^2 - v^2)^{1/2}$으로 주어질 것이다. 이는 나룻배의 뱃머리를 약간 상류 쪽으로 향해야만 마주 보는 나루에 도착할 수 있기 때문이다. 한편, 강의 하류 쪽으로 거리 L만큼 운동한 후, 다시 상류 쪽으로 거리 L만큼을 거슬러 올라온 경우, 시간은 $t_2 = L/(V + v) + L/(V - v) = 2LV/(V^2 - v^2)$으로 주어진다. 두 운동 경로에 대한 소요시간의 비는 $t_1/t_2 = \sqrt{1 - v^2/V^2}$로 주어진다. 만약 강물이 흘러가는 속도 v가 나룻배의 속도 V 보다 빠르다면 나룻배가 강물을 거슬러서 상류 쪽으로 올라올 수 없으므로 이 식은 $v \leq V$일 때만 의미가 있는 식이 될 것이다. 따라서

t_1/t_2는 항상 1보다 작은 값을 갖는다. 마이컬슨과 몰리의 실험과 비교해 보면 V는 빛의 속도 c와 같은 역할을 하게 되며, v는 지구의 공전 속도로 바꾸어 생각할 수 있다. 그들은 이 소요시간의 비를 통해 에테르의 존재를 증명하려 했다. 서로 수직으로 운동하는 빛은 에테르가 존재할 경우 시간 차, $\Delta t = t_2 - t_1 = \Delta l/c$을 가지게 된다. 따라서 빛의 경로 차, Δl은 검출기에서 만들어지는 간섭무늬를 이용하여 측정할 수 있다. 하지만 현실적으로 두 경로의 거리를 정확히 똑같은 길이로 만들 수 없기 때문에, 그들은 실험 장치를 90°만큼 회전시켜서 회전 전후의 결과를 비교해 보기로 하였다. 이 방법을 사용하면, 실험 장치의 경로 오차를 해결할 수 있다고 생각했기 때문이다. 만약 에테르가 존재한다면, 실험 장치를 90° 회전시켰을 때 간섭무늬의 변화가 나타날 것이다.[4] 하지만 그들은 실험 장치를 회전시키는 동안 간섭무늬의 변화를 관측하지 못하였다. 이 결과는 실험 시작 전, 마이컬슨과 몰리가 찾으려고 했던 에테르의 존재를 부정하는 것이었다. 그들은 만족할 만한 실험결과를 얻기 위하여 시간과 계절에 따라, 또는 실험 장치의 위치를 변화시켜가면서 실험을 하였으나, 결과는 아무것도 없었다. 그들의 실험결과를 설명하기 위해서는 오직 하나의 가설만이 가능했다. 에테르는 없다는 것이다. 빛은 전자기파이지만 매질이 필요하지 않는다는 독특한 파동이라는 것이다. 놀라운 결과였다. 즉, 빛은 매질이 없으므로 매질에 대한 상대속도로서 빛의 속도를 정의할 수 없다는 것이다. 이 때문에 빛의 속도는 관측자나 광원의 운동상태와 관계없이 항상 일정한 것이다. 이것이 아인슈타인의 두 번째 가설이다.

이 가설은 검증을 거쳐야만 비로소 사실로 받아들여 질 것이다. 이제 모든 관성 기준계에서 빛의 속도가 항상 일정하다는 가설이 시간과 공간의 문제에 있어 어떻게 중요한 결과를 낳게 되는가를 살펴볼 차례이다. 서로 마주 보고

---

4 오늘날 마이컬슨과 몰리가 고안했던 장치는 아주 미세한 거리를 측정하는 장치로써 사용되며 이를 마이컬슨 간섭계(Michelson interferometer)라고 부른다.

있는 두 개의 거울이 있다고 하자. 이 거울이 거리 L만큼 떨어져 있다고 하면, 거울이 정지해 있는 경우, 빛이 거울을 왕복하는 시간은 $2L/c$이다. 빛이 거울을 왕복하는 시간을 τ라고 하고 이를 거울의 정지계에서 측정한 시간이라고 하자. 만약 이 거울이 일정한 속도 v로 평면 위에서 운동하고 있다면 한쪽의 거울에서 출발한 빛이 반대편 쪽 거울에 도달하기 위해서는 거울이 정지했을 때보다 훨씬 먼 거리를 이동해야 한다. 이 시간을 계산해보면 특수상대론에서 시간과 공간이 어떤 관계를 맺는지 명확하게 이해할 수 있을 것이다. 두 명의 관측자를 생각해보자. 한 명은 거울과 같이 움직이고 있고, 다른 한 명은 땅 위에 서 있다고 생각하자. 거울이 지면에 서 있는 관측자에 대해 속도 v로 운동하기 때문에, 시간이 t만큼 지난 후 땅 위의 관측자에 대해 거울은 vt만큼 이동했을 것이다. 따라서 땅 위의 관측자가 볼 때, 빛의 총 이동 거리는 $\sqrt{4L^2 + v^2t^2}$이 된다. 이를 빛의 속도 c로 나누어 주면 $\sqrt{4L^2/c^2 + v^2t^2/c^2}$이 되며, 이를 거울이 움직이고 있는 기준계 - 즉, 관측자에 대해 운동하고 있는 - 에서의 시간이라고 하자. 이 식에서 $2L/c$은 거울이 정지해있는 기준계에서의 시간 τ이다. 이 시간을 고유시간proper time 이라 한다. 즉 거울과 같이 움직이고 있는 사람이 측정한 시간인 것이다. 이를 정리해 보면 다음과 같다.

$$t = \sqrt{\frac{4L^2}{c^2} + \frac{v^2t^2}{c^2}}$$
$$= \sqrt{\tau^2 + \frac{v^2}{c^2}t^2}$$

이 식을 t에 대해 정리하면 $t = \tau/\sqrt{1-v^2/c^2}$으로 표현할 수 있다. v^2/c^2이 1보다 작은 경우, $t \leq \tau$라는 사실을 알 수 있다. 거울을 왕복하는 빛의 문제는 사실 시간을 측정하는 문제와 같다. 이제 어떤 기준계에서 관측자가 측정한 시간 t와 움직이고 있는 시계와 같이 움직이고 있는 관측자가 측정한 시간 τ 사이에 어떤 관계가 있는지 명확해졌다. 움직이고 있는 시계는 정지해있는 시계의 시간보다 시간이 느리게 흘러간다는 것이다! 이를 시간 확장time dilation 효과라고 한다.

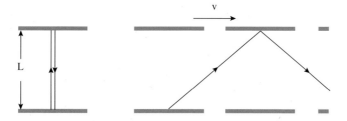

정지해 있는 시계와 일정한 속도로 운동하는 시계. 관측자에 대해 운동하는 시계는 느리게 움직인다. 특수상대성이론은 자신에 대해 상대운동하는 기준계에서 측정된 물리량과 자신이 측정하는 물리량에 대한 관계를 알려주는 이론이다.

마이컬슨-몰리 실험을 설명할 때, 에테르의 흐름에 수직인 경우에는 빛의 속도에 아무런 영향을 미치지 않았다는 사실을 기억한다면 상대운동에 대해 수직으로 운동하는 경우는 상대성이론의 영향을 받지 않음을 알 수 있을 것이다. 이는 뒤에서 상대론적 운동량을 통해 질량이 변화하는 것을 보일 때 중요한 논점이 된다.

이 결과를 물체의 길이를 측정하는 문제에 적용해보면 재미있는 결과들을 얻을 수 있다. 먼저 막대의 길이를 두 기준계에서 측정해보자. 막대의 길이 측정은 두 기준계에서 정의되는 공간에 대한 문제이다. 먼저 정지상태에서 측정한 막대의 길이를 고유길이proper length L_0라고 하자. 이제 땅 위에 기준점을 새겨놓고 이 막대를 v의 속도로 운동시켜 보자. 땅 위에 있는 관측자가 막대가 기준점을 통과한 시간을 측정하면 이 시간은 관측자에 대해 정지해 있는 시계를 이용하여 측정하였으므로 τ이기 때문에 땅 위의 관측자는 막대의 길이를 $L = v\tau$라고 계산할 것이다. 이 막대의 정지상태의 길이는 막대와 같이 움직이는 관측자가 측정해야 한다. 막대와 같이 움직이는 관측자가 막대의 앞쪽 끝이 기준점을 통과할 때의 시간을 측정하고 막대의 뒤쪽 끝이 기준점을 통과할 때의 시간을 측정한다고 하자. 우리가 알고 싶어하는 막대의 고유길이는 막대와 같이 움직이는 사람이 측정한 것이므로 이 시간을 상대속도 v를 이용하여 계산해야 한다. 막대와 같이 움직이고 있는 사람이 측정한 시간이 t라면 이 막대와 같이 움직인 사람이 측정한 막대의 길이는 $L_0 = vt$가 된다. 우리가 관심이 있는 것은 두 관성 기준계에서 측정한 막대의 길이이다. 막대와 같은 속도로 움직이는 관측자가 측정한 시간 t가 땅 위에 있는 관측자가 관측한 시간 τ와 어떤 관계가 있는지 알아보는 것이다. $\tau = t\sqrt{1 - v^2/c^2}$이므로 $L = L_0\sqrt{1 - v^2/c^2}$이다. 이는 일정한 속도로 운동하고 있는 막대의 길이 L이 정지상태의 막대 길이보다 항상 작다는 것을 의미한다. 이를 길이수축length contraction 효과라고 한다. 이 경우 역시 길이수축은 운동 방향으로만 발생한다는 것을 알 수 있을 것이다. 만약 막대를 세워서 운동시켰다면 막대의 길이는 변화가 없지만, 막대의 폭이 줄어드는 것을 보게 될 것이다. 말하자면 운동 방향으로 공간이 수축한다는 것이다!

이 길이수축 효과는 우주선cosmic ray 에 의해 지구 대기권의 상층부에서 생성된 수명이 극히 짧은 입자들이 지표면에서 관측되는 현상을 통해 그 정당성을 증명할 수 있다. 고에너지 우주선들은 지구 대기권 상층부에서 공기분자들과 충돌하여 많은 수의 이차 입자들을 만들어 낸다. 이 입자들은 대부분 $10^{-6} \sim 10^{-23}$ s 정도의 수명을 가진다. 그중에서 μ(뮤온이라고 읽는다)이라는 입자는 수명이 2.2×10^{-6} s이다. 이 입자가 빛의 속도로 운동한다고 하더라도 이 입자의 이동 거리는 $2.2 \times 10^{-6} \times c = 660$ m에 불과하다. 그런데도 μ은 수십 km를 이동해서 지구표면 근처에서 발견된다. 이를 길이수축 효과를 이용하여 이해해 보자. 만약 μ이 빛의 속도의 99.9%의 속도로 비행한다고 하자. μ 자신은 실제로 660 m를 이동한다고 생각한다. 하지만 이는 정지해 있는 μ에 대해 빛의 속도 99.9%로 상대운동하는 막대의 길이와 같다. 한편, 지상의 관측자는 $660/\sqrt{1 - v^2/c^2} = 660/\sqrt{1 - 0.999^2} \sim 14{,}600$ m 만큼의 길이를 이동했다고 측정할 것이다. 이 거리가 고유길이이다. 이 정도의 거리는 충분히 지상까지 μ이 이동할 수 있는 거리가 된다.

이상은 다양한 특수상대론적 효과를 이해하는데 필요한 시간과 공간에 관한 내용이었다. 사실 아인슈타인의 특수상대성이론 중에서 가장 유명한 것은

알버트 아인슈타인. 독일 울름(Ulm)에서 태어난 그는 유태인이었다. 취리히 공과대학 졸업 후 스위스 베른에 있는 특허국에서 심사관으로 있었으며, 이 시기에 특수상대성이론에 관한 논문을 썼다. 특수 상대성이론으로 명성을 얻자 1912년 모교인 취리히 공과대학의 교수로 초빙되었다. 1933년 강연차 미국 방문 중에 히틀러의 집권 소식을 듣고 미국으로 망명하였다. 그는 1921년 광전효과의 해명에 대한 공로로 노벨상을 받았다. 참고로 그의 바이올린 연주 실력은 물리학만큼 뛰어난 실력은 아니었다고 전해진다.

에너지-질량 등가원리이다. 이미 여러분들이 잘 알고 있는 $E = mc^2$ 공식에 관한 이야기이다. 이 원리는 힘과 에너지의 정의로부터 직접 구할 수 있다. 정지해 있는 물체에 힘을 작용시켜 물체를 운동시키면 운동하는 물체는 작용하는 힘 F로부터 운동에너지 T를 얻는다. 거리 s만큼 이동하는 동안 힘을 작용했다면 그 물체가 얻는 운동에너지는 다음과 같다.

$$T = \int_0^s F\, ds$$

F는 뉴턴의 운동법칙으로부터 $F = dP/dt = d(mv)/dt$이며, 힘을 가하는 시간 동안 물체의 질량이 변화하지 않기 때문에, 여러분이 잘 알고 있는 $F = ma$와 같은 표현이다. 여기에서 P가 운동량이라는 것은 이미 알고 있을 것이다.

상대론적 운동량

　　특수상대성이론이 적용된다면 힘이 작용했을 때 물체의 운동은 어떻게 표현될 것인지 살펴볼 때가 되었다. 운동량의 변화가 힘이라고 정의되었기 때문에 운동량은 힘보다 근본적인 물리량이다. 운동량은 질량과 속도의 곱이며 속도는 임의의 거리를 이동하는데 걸리는 시간을 통해 구할 수 있다. 두 관성 기준계의 상대운동 방향에 대해 수직으로 운동하는 물체를 생각해보자. 상대운동 방향에 수직인 운동이므로 수직 방향으로 길이수축 현상은 발생하지 않는다. 하지만 시간은 다르다. 서로 속도 v로 상대운동하는 두 기준계 S와 S' 계를 생각해보자. 여기에서 S'은 S계의 $+x$방향으로 운동하고 있다. 일단 S'에서 $+y$방향으로 일정한 속도 V'로 운동하는 질량 m인 물체를 생각해보자. 이 물체를 S에서 관측한다면 이 물체는 사선 방향으로 운동할 것이며 그 각도는 $\theta = \arctan(V/v)$일 것이다. 상대운동 방향에 대해 수직인 방향으로 물체가 운동하고 있으므로 y방향으로는 길이수축이 발생하지 않는다. 이제 두 기준계에서 이 물체의 운동량을 표현해보자. S에서는 이 물체의 y방향 운동량은 $p = m\Delta y/\Delta t$이다. 한편 S' 계에서 측정한 y방향의 운동량은 $p' = m\Delta y'/\Delta\tau$이다. 여기에서 Δy와 $\Delta y'$은 길이수축이 없으므로 같은 값이다. 따라서 p와 p'은 서로 다른 값을 가지게 된다. 서로 다른 기준계에서 측정한 운동량이 다른 것이다! 서로 다른 기준계에서 측정한 값을 비교해보자. 다음의 식을 보자.

$$p = m\frac{\Delta y}{\Delta t} = m\frac{1}{\sqrt{1 - v^2/c^2}}\frac{\Delta y}{\Delta\tau} = \frac{m}{\sqrt{1 - v^2/c^2}}\frac{\Delta y}{\Delta\tau}$$

　　아직은 명확하지 않을 수 있지만 이미 결과는 얻어졌다. 이 식이 사실 서로 일정한 속도로 상대운동하는 기준계에서 수직 방향으로 운동하는 기준계에서 각각 관측하는 운동량의 상관관계를 나타낸다는 사실을 기억하자. 만약 S'에서 질량 m인 물체가 정지해 있었다면 이는 정지해 있는 물체의 질량, m_0라고 표현할 수 있다. 이를 S에서 관측한다면 이 물체는 $+x$방향으로 일정한 속도 v로 운동하는 물체일 것이다. 두 기준계에서 $+y$방향으로는 운동하고 있지 않기 때문에 이 식은 다음과 같이 질량에 관한 식으로 표현된다.

$$m = m_0 / \sqrt{1 - v^2/c^2}$$

따라서 속도 v로 운동하는 물체의 질량은 정지했을 때보다 증가한다는 것을 알 수 있다. 말하자면 운동하는 물체의 질량은 증가한다는 것이다. 만약 질량 m_0의 속도 v가 빛의 속도 c에 접근하면 그 효과가 커진다는 것을 바로 이해할 수 있을 것이다. 심지어 $v = c$라면 질량은 무한대가 된다. 물론 이런 일은 발생하지 않기 때문에 빛의 속도로 운동하는 입자나 물체는 정지 질량이 "0"일 때만 가능하다는 것을 알 수 있을 것이다.

사실 상대성이론의 흥미로운 결과 중의 하나가 질량에 관한 것이다. 질량은 뉴턴에 의해 관성의 양으로 정의됐으며, 물질의 고유한 성질 중의 하나였으나 그것은 단지 정지해 있는 경우에만 한정된다는 것이다. 이제 우리는 상대론적인 운동량표현을 가지게 되었다. 이를 이용하여 우리가 찾고 싶어 하던 에너지-질량 등가원리를 살펴보도록 하자.

에너지-질량 등가 법칙

고전적인 경우 질량은 물체의 운동에 영향을 받지 않는 상수였지만 상대론적인 경우 질량이 더 이상 상수가 아니고 속도에 따라 변화하는 물리량이기 때문에, 다음과 같이 정리할 수 있다.

$$T = \int_0^s \frac{d(mv)}{dt} ds = \int_0^s \frac{ds}{dt} d(mv) = \int_0^{mv} v \, d(mv)$$

$$= \int_0^v vd\left(\frac{m_0 v}{\sqrt{1-v^2/c^2}}\right)$$

운동에너지 T는 다음과 같은 과정을 통해 얻을 수 있다.

$$T = \frac{m_0 v^2}{\sqrt{1-v^2/c^2}} - m_0 \int_0^v \frac{v\, dv}{\sqrt{1-v^2/c^2}}$$

$$= \frac{m_0 v^2}{\sqrt{1-v^2/c^2}} + m_0 c^2 \sqrt{1-v^2/c^2}\,\big|_0^v$$

$$= \frac{m_0 v^2}{\sqrt{1-v^2/c^2}} - m_0 c^2$$

$$= mc^2 - m_0 c^2$$

정리하면, $mc^2 = T + m_0 c^2$이기 때문에, mc^2을 운동하는 물체의 총에너지는 E이다. 만약 물체가 정지해 있는 경우, $T=0$이기 때문에 정지해 있는 물체의 에너지는 $E = m_0 c^2$임을 알 수 있다. m_0는 정지해 있는 물체의 질량이기 때문에 이를 정지 질량 에너지rest mass energy 라고 부르기도 한다. 이 관계식은 m_0의 질량을 갖는 물질을 만들기 위하여, $m_0 c^2$의 에너지가 필요하다는 사실을 보여주고 있으며 그 반대의 경우도 가능하다는 것을 보여주고 있다. 이를 아인슈타인의 에너지-질량 등가원리라 하고 아래와 같이 표현한다.

$$E = m_0 c^2$$

에너지-질량 등가원리는 에너지와 질량이 같다는 것을 의미한다. 질량이 에너지로 바뀔 수 있다는 것을 의미하며, 또 반대로 에너지가 질량, 즉 물질을 만드는 것도 가능하다는 것을 보여준다. 우리는 20세기를 통해 질량을 에너지로 바꿈으로써 막대한 에너지를 얻고 있다. 바로 원자력발전이다. 이 등가원리는 에너지를 가진 빛이 입자-반입자 쌍을 발생시키는 과정을 통해 직접 확인할 수 있으며 핵분열과 핵융합을 통해 에너지를 얻을 수 있는 원리를 제공한다. 따라서 질량 보존 법칙이 에너지 보존 법칙의 다른 표현이라는 것을 알 수 있으며, 에너지 보존 법칙의 다른 측면이라는 것을 알 수 있다.

시간과 공간이 더 이상 서로 별개의 것이 아니고 기준계의 상대운동과 관련되어 있기 때문에, 그동안 우리가 믿어왔던 시간과 공간의 차별성은 무의미한 것이다. 시간과 공간이 서로 다른 기준계의 상대운동에 의해 어떻게 연관되어 있는지를 보여주는 변환관계식을 로렌츠변환이라고 한다. 여기에서 한 가지 의문이 있을 수 있다. 그렇다면 뉴턴 시대의 과학자들은 왜 시간과 공간이 서로 연관되어 있다는 사실을 인식하지 못하였을까? 하는 것이다. 결론은 간단하다. 빛의 속도가 너무 빠르므로 빛의 속도보다 훨씬 느리게 운동하는 우리 주변의 물리적인 현상들에서 상대론적 효과들을 검출하기가 매우 어려웠기 때문이다.

특수상대성이론은 일정한 속도로 서로 상대운동하는 기준계에 대한 것이었다. 일정한 속도로 운동한다는 것은 가속도 운동의 특별한 경우이다. 임의의 기준계가 일정한 속도로 운동하기 위해서는 해당 기준계에 힘이 작용하지 않는 특별한 상태가 되어야 한다. 만약 기준계에 힘이 작용하고 가속도 운동을 하는 기준계에 대해서도 같은 원리를 적용할 수 있을까? 결론부터 말하자면 특수상대성이론의 내용을 적용할 수 없다. 일반상대성이론general relativity 은 힘을 받아서 가속운동하는 기준계에 대한 것이다. 예를 들면 중력이 작용하는 기준계 역시 가속운동하는 기준계이다.

일반상대성이론

아인슈타인은 1915년 가속운동하는 관측자는 자신이 느끼는 힘이 중력에 의한 것인지 아니면 가속운동하는 기준계에 의한 것인지 구분할 수 없다는 등가원리principle of equivalence 를 발표한다. 임의의 가속도를 가지고 위로 운동하는 엘리베이터를 생각해보자. 이 엘리베이터의 작은 틈을 통해 빛이 새어들어 온다면 이 빛은 아래쪽으로 곡선을 그리는 궤적을 가지게 될 것이다. 관측자는 가속운동하는 엘리베이터 내부에서 마치 엘리베이터의 중력이 작용하는 것처럼 아래 방향으로 작용하는 힘을 느끼게 될 것이다. 엘리베이터 내부의 관측자가 외부로부터 완벽하게 고립되어 있다면 이 관측자는 이 힘이 엘리베이터(기준계)의 가속운동에 의한 것인지 또는 중력에 의한 것인지 구분할 수 없게 된다. 다시 말하면 기준계의 가속운동과 중력은 같은 효과를 주게 된다. 엘리베이터 내부의 관측자가 관측한 곡선을 그리는 궤적의 빛은 중력에 의해 영향을 받은 것으로 생각될 것이다. 빛은 최소 작용의 원리least action principle 로 알려진 법칙에 따라 진행경로를 결정한다. 빛의 굴절현상은 최소 작용의 원리에 따라 진행하는 빛의 경로를 아주 단순한 방법으로 보여주고 있다. 즉 빛은 공간에서 임의의 두 점을 잇는 무수히 많은 가능한 경로 중에서 시간이 가장 작게 필요한 경로를 선택한다는 것을 보여준다.

일정한 속도로 운동하는 임의의 물체가 두 점을 잇는 경로 중에서 최단시간이 걸리는 경로를 선택하는 방법은 하나밖에 없다. 직선을 선택하는 것이다. 공간에서 빛은 직선의 경로를 선택한다. 그렇다면 중력 또는 가속도가 작용하는 곳에서 빛의 경로가 휘어있다는 것은 무엇을 의미하는 것일까? 실제로 빛은 여전히 중력이 작용하는 공간에서 직선의 경로를 선택한다. 다만 그 공간이 휘어져 있을 뿐이다. 이런 이유로 중력에 의해 빛의 진행경로가 휜다는 것은 중력장 내에서는 직선이 곡선으로 왜곡된다는 것과 같다는 것을 의미한다. 이 효과를 관측하기 위해서는 매우 큰 중력이 필요하다. 아인슈타인은 태양처럼 무거운 질량을 가진 천체의 중력에 의해 왜곡된 공간을 별빛이 통과한다면 중력에 의해 왜곡된 공간을 확인할 수 있다고 주장하였다. 즉, 무거운 질량에 의해 형성된 시공간의 왜곡 때문에 별빛의 방향이 바뀐다는 것을 예언한 것이다. 그렇다면 아인슈타인이 이야기한 것처럼 태양이 없을 때의 별의 위치를 확인하고 이를 태양이 있을 때 별들의 위치와 비교해 본다면 그의 일반상대성이론이 옳은 것인지를 확인할 수 있을 것이다. 물론 태양의 빛이 강렬하므로 평상시에는 태양 근처의 별들을 관측할 수는 없지만, 개기일식이 일어나면 짧은 순간이지만 태양 근처의 별들을 관측할 수 있다고 제안하였다. 마침내 1919년 5월 29일 아프리카의 기니만bay of Guinea 에 있는 프린시페Principe 섬에서 개기일식이 일어났다. 영국의 천문학자이자 물리학자인 에딩턴Sir Arthur Eddington, 1882~1944 경은 아인슈타인의 이론을 확인하기 위해 탐사대를 조직해서 현지로 출발했다. 생각해보면 1915년은 제1차세계대전이 한참일 때였다. 아인슈타인은 독일의 과학자였고, 에딩턴은 영국의 과학자였다. 만약 전쟁 당시, 적성국의 과학자 이론을 검증하려 한다면 어떠한 일이 일어날 수 있을까? 그냥 상상에 맡겨두는 편이 의미 없는 논쟁을 만들지 않을 것이라고 확신한다.

짧은 개기일식 동안에 촬영된 많은 사진이 수개월에 걸쳐 분석되었으며 그 결과가 1919년 11월 6일 영국 왕립학회와 왕립천문회의 주관으로 열린 회의에서 발표되었다. 이날 참석자 중의 한사람이었던, 철학자이자 수학자인 화이트헤드Alfred N. Whitehead, 1861~1947 는 후에 "발표회장은 그 자체가 매우 극적이었다. 뉴턴의 사진을 배경으로 한 회의에서 인류역사상 가장 위대한 과학 법칙이 무려 2세기 만에 최초의 수정을 받게 되었다."라고 회상하였다. 아인슈타인의 반응은 "자신의 이론은 틀리지 않았기 때문에, 에딩턴의 관측이 공간의 왜곡을 확인하지 못했다면 관측에서 실수한 에딩턴에게 매우 미안했을 것"이라고 말하기도 하였다.

이외에도 일반상대론이 거둔 성과는 또 있다. 수성은 태양에 가장 근접한 행성으로서 태양에 의해 변형된 시공간에 가장 가깝게 접근할 수 있다. 따라서 수성의 운동은 편평한 공간에 적용할 수 있는 뉴턴의 운동방정식 풀이와는 다른 운동 형태를 보일 수 있을 것이다. 이는 다음과 같은 예를 통해서 이해할 수 있다. 땅 위에 약간 깊은 구멍을 판 후에 멀리서 이 구멍을 향해 구슬을 굴린다고 하자. 이 구멍을 향하는 구슬의 방향에 따라 구슬의 운동은 여러

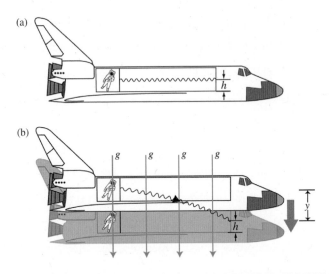

중력에 의해 휘는 빛의 또 다른 예. (a) 자유낙하하는 우주선 내부의 관측자는 힘이 작용하지 않는 관성 기준계에 있으므로, 직선운동하는 빛을 관측할 것이다. (b) 중력에 의해 자유낙하하는 우주선 외부의 관측자는 중력에 빛이 휘었다고 판단한다. ⓒ Ta-Pei Cheng, Relativity, Gravitation and Cosmology, Oxford University Press (2005).

가지 형태를 보일 수 있을 것이다. 구멍의 중심 가까이 행한 구슬은 구멍 속으로 빨려들어 갈 것이다. 또한, 구멍의 가장자리를 통과하는 구슬은 구멍의 가장자리를 따라 운동한 다음 다시 구멍 밖으로 나올 수 있을 것이다. 만약 우리 눈에 보이는 것이 구슬뿐이라면 우리는 이런 구슬의 운동 형태로부터 우리 눈에는 보이지 않지만 땅 위에 구멍이 있다는 사실을 알 수 있을 것이다. 해왕성을 발견한 르베리에는 수성의 운동을 관측하면서 수성이 태양에 가장 가깝게 접근하는 근일점perihelion 의 위치가 조금씩 변화한다는 사실을 발견하였다. 르베리에는 당시 천왕성의 운동궤도 변화로부터 해왕성을 발견했던 경험을 토대로 수성 주위에 또 다른 내행성이 존재할지도 모른다고 생각하였다. 물론 그런 일은 일어나지 않았기 때문에 천문학자들은 이 문제를 해결하는 데 어려움을 겪고 있었다. 수성의 근일점 이동을 정확하게 이해할 수 있는 유일한 단서는 일반상대론에서 제안하는 중력에 의한 시공간의 왜곡이다. 아

동굴에서 별을 보다

인슈타인은 자신의 일반상대론을 이용하여 수성의 근일점 이동을 정확하게 설명할 수 있었다. 마치 하늘에 얇은 구멍이 뚫려있는 것처럼 수성이 그 구멍의 가장자리를 통과하면서 근일점이 조금씩 이동하고 있었다.

특수상대성이론에서는 두 관측자의 상대속도에 의해 두 관측자가 있는 시공간에 차이가 있음을 알았다. 이 두 공간은 로렌츠 변환이라는 수학적 변환 관계를 통해 서로 다른 기준계에서 관측되는 사건을 이해할 수 있음을 보여주었다. 그렇다면 일반상대성원리에서 중력이 시공간을 왜곡시킨다면 이 영향은 어떠한 형태로 나타나게 될까? 먼저 시간에 대해 살펴보자. 결론부터 이야기하자면 중력장 내에서는 시간이 느리게 흘러간다. 중력장 내에서 시간이 느리게 흘러간다는 것을 설명하는 것은 쉬운 일이 아니지만 간단한 사고실험을 통해 확인해 볼 수는 있다. 어떤 별의 중력에 의해 꼬리부터 낙하하는 우주선을 생각해보자. 물론 이 우주선 안에 있는 우주인은 무중력상태를 경험하게 될 것이다. 즉, 우주선 내부에서 힘의 합력은 정확하게 "0"이며, 아무런 힘도 작용하지 않는 관성 기준계가 되는 것이다. 이제 이 우주선의 바닥에 빛을 방출하는 광원이 있다고 하자. 그리고 우주선의 천장에는 이 빛을 검출할 수 있는 검출기가 높이가 h인 곳에 설치되어 있다. 광원에서 진동수가 v인 빛을 방출한다고 하자. 우주인은 $\Delta t = h/c$ 후에 검출기에서 관측되는 빛의 진동수는 당연히 광원에서 방출된 빛의 진동수와 같을 것이다.

하지만 우주선 외부에 어떤 관측자에게는 이 우주선은 중력에 의해 자유낙하하고 있다. 우주선의 바닥에 있는 광원에서 빛이 방출되는 순간 우주선이 자유낙하를 시작했다고 하자. 이 빛이 천장에 도달하는 동안 우주선의 천장은 아래 방향으로 $g\Delta t$의 속도로 낙하하는 것이다. 검출기가 광원 쪽으로 낙하하는 것이다. 따라서 천장에 있는 검출기에서 빛을 관측한다면 도플러효과를 경험하게 된다는 것이다. 검출기가 광원 쪽으로 이동하고 있으므로 청색편이를 경험하게 될 것이고 우주선의 자유낙하 속도가 작으므로 다음과 같은 크기의 진동수 변화를 경험해야 한다.

$$\left(\frac{\Delta \nu}{\nu}\right)_{\text{Doppler}} = \frac{g\Delta t}{c}$$

하지만 이 우주선 내부는 관성 기준계이기 때문에 이런 청색편이를 관측할 수 없다. 진동수는 기준계에 따라 변화되는 값이 아닌 숫자이다. 따라서 또 다른 요인에 의한 진동수 변화를 이용하여 상쇄시켜야 한다. 그리고 그 크기는 도플러효과에 의한 진동수 변화와 정확하게 같아야 한다. 고려할 수 있는 다른 요인으로는 중력 이외에 없기 때문에, 중력에 의해 빛이 적색편이 되었다고 생각할 수밖에 없다. 이를 중력 적색편이gravitational redshift 라고 한다.

$$\left(\frac{\Delta \nu}{\nu}\right)_{\text{gravity}} = -\frac{g\Delta t}{c}$$

적색편이라는 것은 빛의 진동수가 감소했다는 것을 의미하며 단위 시간당 빛의 진동횟수이다.

$$\nu = N/\Delta t$$

진동횟수 N이 관측자에 따라 변화할 수 없으므로, 중력에 의한 시간 확장을 통해서만 설명할 수 있다. 중력가속도 g가 있을 때, 수직 방향의 이동에 의한 중력의 크기 변화는 중력 퍼텐셜 Φ를 이용하여 다음과 같이 표현할 수 있다.

$$g\Delta t = \frac{gh}{c} = \frac{\Delta \Phi}{c}$$

이 결과를 이용하면 다음의 결과를 자연스럽게 얻을 수 있다. 아래의 식에서 첨자 s와 r는 각각 바닥에 있는 광원과 천장에 설치된 검출기를 의미한다.

$$\left(\frac{\Delta \nu}{\nu}\right)_{\text{gravity}} = \frac{t_r - t_s}{t_r} = -\frac{g\Delta t}{c} = -\frac{\Delta \Phi}{c^2} = \frac{\Phi_r - \Phi_s}{c^2}$$

이 식을 이용하여 중력에 의한 시간 확장을 살펴보자. 광원이 검출기보다 아래 방향에 있으므로 더 강한 중력을 경험하게 된다. 중력이 $-1/r^2$에 비례한다는 사실을 기억하자. 따라서 t_s에 대해 식을 정리하면 다음과 같이 된다.

$$t_s = t_r\left(1 - \frac{\Phi_r - \Phi_s}{c^2}\right)$$

이는 큰 중력 퍼텐셜이 큰 곳에 있는 시계가 더 빠르다는 것을 말해준다. 그렇다면 광원과 검출기 중 어느 곳의 중력 퍼텐셜이 큰가? 이 질문에 대한 답은 퍼텐셜 에너지를 설명함으로써 명확해질 것이다.

흔히 퍼텐셜 에너지는 위치에너지로 번역된다. 틀린 번역은 아니지만 정확한 표현은 아니다. 퍼텐셜 에너지란 문자 그대로 다른 형태의 에너지로 전환될 수 있는 잠재적인 에너지이다. 예를 들어 중력 퍼텐셜 에너지를 생각해보자. 중력 퍼텐셜 에너지는 다음과 같이 표현된다.

$$U = -G\frac{mM}{r}$$

이 식은 두 질량의 곱에 비례하고 거리에 반비례하는 중력 퍼텐셜 에너지를 나타내고 있다. 만약 M이 어떤 별의 질량이고 m은 일종의 시험 질량test mass 이라면 퍼텐셜 에너지는 시험 질량의 크기에 따라 달라진다. 만약 시험 질량의 효과를 없애고 오로지 중력 퍼텐셜 에너지의 크기만을 결정하고 싶다면 중력 퍼텐셜 에너지를 시험 질량의 크기로 나누어 주면 다음과 같은 중력 퍼텐셜을 얻을 수 있다.

$$\Phi = \frac{U}{m} = -G\frac{M}{r}$$

이를 전기 퍼텐셜 에너지에 적용하면 전기 퍼텐셜이 되며, 그 단위는 여러분들이 잘 알고 있는 볼트(V)이다.

이제 "어느 곳의 중력 퍼텐셜이 큰가?"에 대한 질문의 답으로 가보자. 임의의 천체로부터 멀어지면 거리 r이 증가하기 때문에 중력 퍼텐셜은 커지게 된다. 여기에서 중력 퍼텐셜과 퍼텐셜 에너지가 음수로 표현된다는 것에 주의할 필요가 있다. 이는 더 높은 곳에서 낙하시킨 물체의 속도가 더 빠르다는 것을 떠 올려보면 쉽게 이해할 수 있을 것이다. 따라서 천장 쪽에 있는 검출기에서의 시간 흐름이 바닥에 있는 광원에서 더욱 빠르다는 것을 의미한다. 즉 $t_r > t_s$ 임을 의미한다. 이상의 결과가 중력에 의한 시간 확장 효과이다.

1959년 파운드Robert Pound, 1919~2010 와 레브카Glen Rebka, 1931~2015 는 높은 건물의 바닥 층과 꼭대기 층에 설치한 원자시계를 이용하여 두 시계의 시간 흐름을 측정하였다. 물론 바닥 층의 시계가 더 느렸다. 파운드와 레브카의 실험을 정확하게 이해하려는 독자들은 실제 이론을 검증하기 위한 실험들이 얼마나 복잡한 여러 효과를 일일이 고려해야 하는지 놀랄 것이다. 사실 파운드와 레브카의 실험은 매우 높은 측정 정밀도를 요구하기 때문에 고려해야 할 사항이 매우 많았던, 수준 높은 실험이었다는 것만 알려 주기로 한다. 만약 이 실험을 지구가 아닌 태양과 같은 큰 중력장 내에서 수행했더라면 그 차이는 더욱 컸을 것이다.

아인슈타인의 일반상대성이론이 가지고 온 결과는 여러 가지였으며, 특히 중력을 연구하는데 많은 영향을 미쳤다. 그중 하나가 미리 예견된 중력렌즈gravitational lens 효과이다. 우주에는 은하와 같은 거대한 질량을 가진 천체들이 있다. 이러한 천체들은 은하 뒤쪽에서 오는 빛을 태양과는 비교할 수 없을 정도로 휘게 만든다. 혹시 굴절이라는 물리현상에 대해 잘 이해하고 있는 독자라면 빛이 서로 다른 굴절률을 가진 매질을 통과할 때, 매질에서 빛의 속도 차이에 의해 굴절 현상이 발생한다는 것을 이해하고 있을 것이다. 일반적인 유리 내부에서의 빛의 속도는 진공에서의 속도보다 2/3로 줄어든다. 이 때문에 유리면을 비스듬히 통과하는 빛은 굴절을 경험하게 된다. 임의의 매질에 대한 굴절률은 c/v로 표현되며 v는 매질 내에서의 빛의 속도이다. 따라

동굴에서 별을 보다

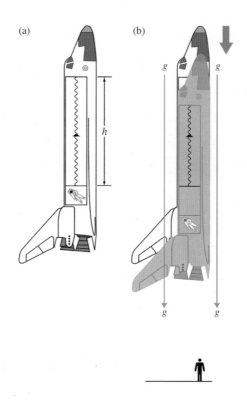

중력에 의한 적색편이. (a) 자유낙하하는 우주선 내부의 관측자는 힘이 작용하지 않기 때문(관성 기준계)에 파장의 변화를 검출할 수 없다. (b) 우주선 외부에 있는 관측자 역시 진동수의 변화를 검출할 수 없어야 한다. 따라서 낙하 때문에 발생하는 청색편이는 중력에 의한 적색편이에 의해 그 효과가 상쇄되어야 한다. ⓒ Ta-Pei Cheng, Relativity, Gravitation and Cosmology, Oxford University Press (2005).

서 유리의 굴절률은 약 1.5가 된다는 것을 알 수 있다. 중력장의 외부에서 관측할 때 중력에 의해 휘는 빛은 빛의 속도가 줄어드는 효과와 같은 것이다. 렌즈는 빛의 굴절 현상을 이용하여 만든 것이다. 따라서 중력에 의해 빛의 속도가 줄어들거나 공간이 휘는 현상은 큰 중력장 주변에 거대한 렌즈가 설치된 것과 같은 효과를 만들어 낸다. 이를 중력렌즈 효과라고 부른다. 중력이 클수록 공간이 많이 휘기 때문에 중력렌즈 효과는 커질 것이다. 이는 더 큰 중력에 의해 빛의 속도가 더욱 줄어든다는 것을 보여주며, 마치 중력에 의해 빛의 속도가 줄어드는 것처럼 보인다. 만약 매우 강한 중력을 가진 천체가 존재해서 빠져나갈 수 없는 일도 가능할 것이다. 블랙홀black hole 이 여기에 해당한다. 만약 빛조차 빠져나올 수 없는 강력한 중력을 가진 천체가 존재한다면 이는 하늘에 커다란 검은 구멍처럼 보일 것이라는 의미에서 이름이 붙여졌다. 과연 이러한 천체가 실제로 존재할 것인가? 존재한다면 어떻게 관측할 수 있을까?

결론부터 말한다면 천문학자들은 이미 수많은 블랙홀을 관측하고 있다. 심지어 대부분 은하의 핵에는 엄청난 질량의 블랙홀이 존재한다는 강력한 증거가 있다. 블랙홀 주변에 있는 먼지와 같은 성간물질들도 블랙홀로 빨려들어 간다. 강한 중력에 의해 블랙홀로 빠르게 빨려들어 가면서, 성간물질들은 이온화되고 전하를 띄게 된다. 그리고 블랙홀 내부로 가속운동하면서 강력한 싱크로트론 복사를 방출하게 되는데, 이 강력한 복사가 블랙홀이 있다는 것을 알려준다.

장, 힘을 표현하는 방법

책을 읽다 보면 곳곳에서 중력장이라는 단어를 접하게 된다. 여기에서 장場이란 마당을 의미한다. 영어의 "field"라는 단어를 번역한 것이다. 아마 전기장이나 자기장이란 단어에 익숙한 독자도 있을 것이다. 장이란 힘으로 물든 공간이라는 의미이지만, 힘 그 자체는 아니다. 뉴턴의 중력이론을 생각해보자. 질량을 가진 두 물체 사이에는 중력이라는 힘이 작용하며 힘의 방향은 서로를 향하는 인력이다. 그렇다면 공간에 질량을 가진 물체가 하나만 존재한다면 어떤 일이 생기게 될까? 아직은 공간의 한 지점에 질량을 가진 물체가 있을 때 어떤 일이 발생하는지 알 수 없다. 그 물체의 근처에 또 다른 질량을 가진 물체 - 편의상 이 물체를 시험 질량이라고 하자 - 를 가져다 놓게 되면 두 물체 사이에는 중력이 작용하게 될 것이고, 우리는 비로소 중력의 존재를 알게 될 것이다. 그렇다면 시험 질량을 가져오기 전, 하나의 질량을 가진 물체만이 존재했을 때, 그 공간에는 어떠한 일이 발생했을까?

사실 중력의 작용 방법에 대한 두 가지 서로 다른 관점이 존재했었다. 질량을 가진 두 물체 사이에 힘이 직접 작용한다는 관점이 있었다. 마치 눈에 보이지 않는 단단한 막대 같은 "무엇"인가를 통해 두 물체 사이에 직접 중력을 작용시킨다는 것이다. 이를 "직접 작용설" 또는 "원격 작용설"이라고 한다. 반면에 질량을 가진 물체 주변에 중력으로 물든 공간이 만들어지고, 또 다른 물체는 중력으로 물든 공간과 상호작용한다는 관점이었다. 이 중력이라는 힘으로 물들어 있는 공간이 중력장이다. 이 두 관점 중에서 어떤 생각이 옳은 것인지 구분하는 것이 당시에는 쉽지 않았다. 만약 직접 작용설이 맞는다면 한 물체를 움직였을 때, 다른 쪽 물체에는 시간 지연 없이 즉각적인 힘의 변화가 있어야 한다. 하지만 중력장 개념이 맞는다면, 한 물체를 움직이면 주변의 중력장에 변화가 생기고 그 중력장의 변화 때문에 다른 물체에 작용하는 힘의 변화가 만들어질 것이다. 이때는 힘의 변화가 발생하기까지 시간이 걸

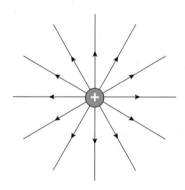

하나의 양전하에 의해 발생하는 전기장을 역선을 이용하여 시각화한 것이다. 화살표는 힘의 방향을 의미하며, 힘의 세기는 단위면적당 역선의 밀도에 비례한다.

리게 될 것이다. 이 힘으로 물든 공간이라는 개념을 시각화시킨 사람이 있다.

　패러데이 Michael Faraday, 1791~1867 는 본격적으로 수학을 배운 적이 없는 인물이었다. 따라서 복잡한 방정식을 사용하기보다는, 사람들이 쉽게 이해할 수 있는 방법으로 전기와 자기 현상을 표현하고 싶어 했다. 우리가 알고 있는 전기와 자기에 관한 내용은 대부분 패러데이의 실험으로부터 확립된 것이다. 그는 전하나 자석에 의해 발생하는 힘의 방향과 세기를 표현하는 방법으로 역선 力線, line of force 이라는 것을 이용했다. 그는 쿨롱 Charles-Augustin de Coulomb, 1736~1806 의 법칙을 역선의 밀도를 통해 이해하는 법을 알고 있었다. 이 역선은 공간상에 하나의 전하만 존재해도 만들어지는 것이다. 말하자면 쿨롱 힘, 또는 전기력으로 물든 공간 - 전기장이라고 한다 - 을 시각화한 것이다. 앞의 그림은 하나의 양전하에 의해 발생하는 전기장을 역선으로 표현한 것이다. 이 공간에 또 다른 시험 전하를 가져오면, 이 전기장과 반응하여 비로소 쿨롱 힘을 경험하게 된다.

　사실 패러데이의 역선은 매우 효과적이면서도 직관적으로 힘에 대한 심상을 보여준다. 맥스웰은 패러데이의 결과들을 수학적인 방정식으로 표현했다. 맥스웰 방정식은 전기와 자기 현상의 본질이 전하에 의한 전기장과 자기장이며, 시험 전하가 전기장 또는 자기장과 상호작용한다는 것을 보였다. 그리고

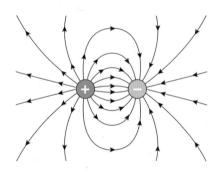

두 전하 사이에 작용하는 쿨롱 힘을 역선을 이용하여 시각화한 것이다. 힘의 방향은 역선에 접선인 방향이다.

동굴에서 별을 보다

이 힘의 전달 속도가 빛의 속도와 같다는 것을 증명하였다.

중력도 마찬가지이다. 질량을 가진 물체가 공간상에 하나만 존재할 때, 그 질량 주변에 중력장이 생긴다. 그리고 시험 질량이 이 중력장에 존재하면 이 중력장과 질량이 상호작용하는 것이다. 그렇다면 중력의 전달 속도는 어떤 값을 갖는가? 단서는 쿨롱 힘과 중력이 모두 두 질량 또는 전하 사이의 거리 제곱에 반비례한다는 것이다. 이는 중력의 전달 속도 역시 빛의 속도라는 것을 의미한다.

현대과학에서는 양자장론quantum field theory 관점에서 상호작용은 힘을 전달하는 입자에 의해 발생한다는 해석을 한다. 이때 힘을 전달하는 입자를 게이지 보존gauge boson 이라고 한다. 전자기력을 매개하는 입자는 광자이며, 중력을 매개하는 입자는 중력자graviton 라고 한다. 이들 힘은 무한한 거리까지 작용하기 때문에 질량이 없으며, 힘의 전달 속도가 빛의 속도와 같다. 반면에 원자핵을 구성하는 힘[5]이나 약한 상호작용은 힘이 미치는 범위가 극히 짧은 거리에 불과하므로 짧은 수명의 질량을 가진 게이지 보존이 힘을 매개한다고 이해한다. 이는 뒤에서 다시 다루기로 한다.

---

5 유카와에 의해 제안된 π(파이온)을 의미하는 것이다. 글루온(gluon)과 혼돈하지 않기를 바란다.

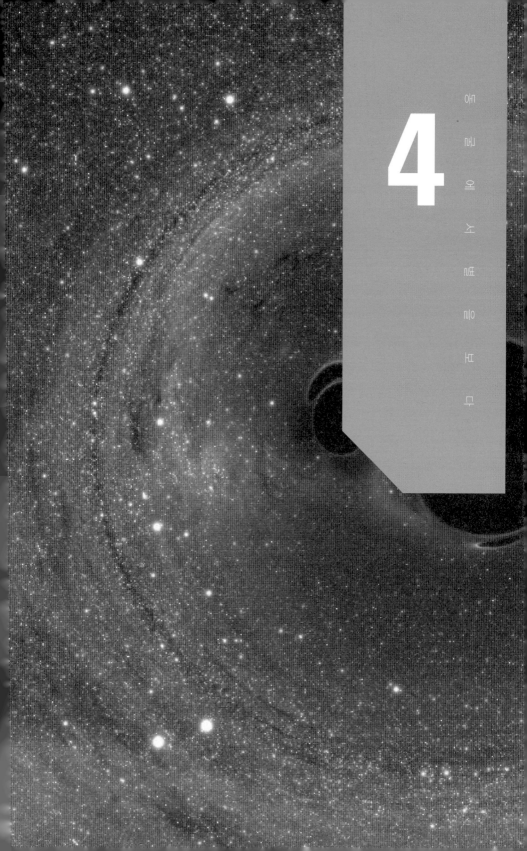

태양과
그 형제들

한동안 태양과 그 주변을 공전하는 행성들이 우주의 전부일 때가 있었다. 지구를 제외하고 수성, 금성, 화성, 목성, 그리고 토성은 고대로부터 잘 알려진 행성들이다. 지구가 우주의 중심이었으며, 우주의 중심을 행성과 태양이 공전하는 우주를 고대의 자연 철학자들은 자연스럽게 받아들였다. 그러나 잘 알다시피 수많은 관측결과를 바탕으로 한 증거들을 통해 태양계의 중심에 태양이 위치하게 되고, 태양 역시 하늘의 수많은 별과 같은 평범한 별이라는 사실을 알게 되었다. 태양은 우리 은하 내에 있는 별 중에서 밝지만 평범한 별에 속한다. 태양은 우리 은하에서 상위 20% 이내에 속하는 밝기를 가지고 있으며 지구에 가장 가까운 별이기 때문에 별을 연구하는 데 있어 중요한 관측 대상이 되기도 한다. 따라서 우리 지구가 속한 태양계에 관한 연구는 별의 형성 과정을 포함하여 행성계의 형성을 포함한 여러 의미 있는 과학적 질문에 대한 단서를 제공할 것이다. 이제 태양계를 구성하는 여러 천체를 단편적으로 살펴보고 이를 토대로 태양계가 어떻게 형성되었을지에 대한 단서를 찾아보자.

달

　　달은 지구에서 가장 가까운 천체이며 인류와 밀접한 관계를 맺고 있다. 달의 식 변화를 통해 지구, 달, 그리고 태양의 상대적인 위치와 운동에 대한 단서를 얻었으며, 이를 확장해서 맨눈으로 보이는 행성들의 운동까지 이해할 수 있었다. 또한, 바다의 밀물과 썰물을 일으키는 조석력의 원인이며, 위상변화를 통해 대부분 문명이 일 년을 12개의 시간 단위로 나눌 수 있게 했다.

　　달은 지구 질량의 약 1/80이다. 지름은 3,747 km이며 지구 중력의 약 1/6이기 때문에 기체의 탈출속도escape velocity 는 지구의 1/5 정도에 불과하다. 따라서 가벼운 기체 원소를 자신의 중력으로 가두기에는 충분하지 않기 때문에 달에는 대기가 없다. 탈출속도는 바로 뒤에서 다루기로 한다. 지구의 평균밀도는 약 5.5 g/cm^{3}이다. 달의 밀도는 달의 지름과 중력의 크기로부터 구할 수 있는데 약 3.3 g/cm^{3}로서 지구보다 작다. 이는 달의 평균밀도가 규산염 암석의 밀도와 거의 같다는 것을 보여주고 있다. 달에서 가져온 암석 표본에는 수소나 헬륨 같은 휘발성 기체 성분이 없었다. 따라서 달은 지구의 지각과 맨틀을 구성하는 규산염 성분으로 대부분 이루어져 있으며 내부에는 금속핵이 없다는 것을 의미한다. 자기장을 가지지 않는 것으로 보아 지구 자기장이 액체 금속 핵의 회전으로부터 기원한다는 것을 보여주는 간접적인 증거라 할 수 있다. 달의 평균밀도는 달의 기원에 대한 단서를 제공하기도 한다. 지구 형성 초기에 지구 질량의 1/10 정도의 물체가 지구와 비스듬히 충돌했다면 달이 지구의 맨틀과 지각의 구성 물질과 거의 유사한 물질밀도를 가질 수 있다는 것을 설명할 수 있으며, 이때 튕겨 나간 물질들이 중력에 의해 다시 모여 달을 형성했다는 가설을 생각해 볼 수 있다. 이를 거대 충돌 가설giant impact hypothesis 이라 한다.

　　달은 대략 지금으로부터 45억 년 전에 형성되었으며, 지구의 나이와 거의 같다. 달의 나이를 측정하는 방법은 방사성 동위원소를 이용한 연대측정과 달 표면에 있는 크레이터의 수를 이용해서 계산하는 방법이 있다. 달 표면에 있는 크레이터는 혜성이나 기타 소형 천체와의 충돌을 통해 만들어진 것이다. 당연히 혼란스러운 태양계 형성 초기에는 잦은 충돌을 통해 크레이터들이 형성되었을 것이고 시간이 지나면서 충돌은 점차 잦아들었을 것이다. 따라서 크레이터의 수는 달이 형성된 이후 얼마만큼 시간이 지났는지를 알려주는 지표가 된다. 이는 달에 대기가 없어서 크레이터의 흔적들이 침식되지 않기 때문에 가능하다. 다행히 두 방법으로 측정한 달의 나이는 거의 같다. 이 크레이터 수를 이용하여 천체의 연대를 측정하는 방법은 기체로 이루어진 거대 "목성형 행성"의 연대를 밝히는 데도 이용된다. 설령 목성형 행성들이 혜성이나 소형 천체들과 충돌하였다 하더라도 아주 오랜 시간에 걸쳐 그 흔적을 남기는 일은 없다. 그러나 거대행성들이 가지고 있는 지각을 가진 위성들의 경우는 다르기 때문이다.

2009년 LCROSS Lunar Crater Observation and Sensing Satellite 탐사선이 달의 남극 부근에 있는 카베우스Cabeus 크레이터의 영원히 햇빛이 비치지 않는 응달에 충돌했다. 시속 9,000 km에 달하는 충돌속도로 얻은 막대한 양의 운동에너지로 인해 달 표면에서 수증기와 여러 화합물이 분출되었다. 과학자들은 이 분출물을 분석한 후, 크레이터의 응달에 얼음 형태로 존재하는 물의 양이 수천억 톤에 이를 것으로 계산했다. 이는 가까운 장래에 달에 유인기지를 세우거나 물을 분해하여 수소와 산소를 만들어 우주선의 연료로 사용할 가능성을 확인한 것이다. 이러한 시도들은 화성을 포함한 태양계의 다른 행성을 탐사하는 데 있어 매우 유용할 것이다.

탈출속도

돌멩이를 집어 들어서 하늘을 향해 던진다고 생각해보자. 돌멩이는 얼마 지나지 않아 땅으로 다시 떨어질 것이다. 이제 좀 더 빠른 속도로 다시 돌멩이를 던진다고 해보자. 아마 아까보다 시간이 좀 더 흐른 뒤에 다시 땅으로 떨어질 것이다. 돌멩이의 속도를 점점 높여서 하늘로 던진다면 돌멩이가 땅에 떨어질 때까지의 시간은 점점 길어질 것이다. 만약 매우 빠른 속도로 던져서 돌멩이가 영원히 땅에 떨어지지 않을 수 있을까? 당연히 가능하다. 영원히 땅에 떨어지지 않기 위하여 얼마의 속도가 필요한지 계산해 보자. 계산은 의외로 간단하다. 돌멩이의 운동에너지가 중력 퍼텐셜 에너지보다 크거나 같으면, 돌멩이는 중력의 영향을 벗어나게 될 것이다. 따라서

$$\frac{1}{2}mv^2 \geq G\frac{mM}{r}$$

으로부터

$$v \geq \sqrt{\frac{2GM}{r}}$$

을 얻을 수 있다. 여기에서 m은 돌멩이의 질량이고 M은 천체의 질량, r은 천체의 반지름이다. 이 속도를 탈출속도라고 한다. 이 탈출속도가 돌멩이의 질량과 아무런 관계가 없다는 사실로부터 어떤 천체의 중력을 벗어나고자 할 때, 해당 천체의 크기와 질량에만 영향을 받는다는 것을 보여준다.

수성

　　수성은 태양에 가장 가까운 행성이다. 따라서 대단히 짧은 공전주기를 가지고 있으며 지구보다 태양에 가까운 행성이기 때문에 새벽이나 초저녁이 아니면 좀처럼 관측하기 불가능하다. 수성의 질량은 지구의 1/8 정도이고 지름은 4,880 km 정도로서 달보다 약간 크다. 수성의 평균밀도는 5.4 g/

cm^3 정도로서 달보다 훨씬 높기 때문에 달보다 규산염이 상대적으로 적다는 것을 의미한다. 이는 수성이 금속과 같은 무거운 물질로 이루어져 있다는 것을 암시하고 있으며 약한 자기장이 존재하는 것으로 보아 적어도 핵 일부는 액체상태의 금속일 것이다. 수성은 중력이 지구의 2/5 정도로 달보다는 크지만, 태양에 너무 가까운 탓에 대기가 없을 것으로 기대했다. 그러나 1985년 수성의 대기에서 아주 옅은 나트륨 가스가 분광학적인 방법을 통해 관측되었다. 이 나트륨 가스는 수성의 중력에 의해 수성의 탈출속도보다 큰 속도로 운동하기 때문에 항상 새롭게 만들어져야 한다는 것을 암시한다.[6] 따라서 가장 가능성이 있는 설명은 태양풍이 수성의 지면에 충돌하여 수성의 표면으로부터 나트륨 원자를 "떼어 낸다"라는 것이다.

수성의 표면을 처음으로 근접해서 촬영한 것은 1974년의 일이다. 마리너Mariner 10호가 수성 표면 9,500 km까지 접근해서 약 2,000여 장의 사진을 지구로 전송하였다. 이때의 해상도는 대략 150 m 정도였다. 그 후 2004년에 발사된 메신저MESSENGER 호는 지구와 금성의 근접 비행flyby 을 통해 궤도를 바꾸어서 2011년 수성 궤도에 안착하였다. 메신저호는 마리너 10호 때와는 비교되지 않을 정도의 고해상도 사진을 지구로 보내주었으며 2015년 수성과 충돌하라는 통제소의 명령에 따라 수성에 추락함으로써 그 생애를 마감했다.

수성은 겉으로 보기에 달의 표면과 비슷한 모습을 가지고 있다. 지름이 1,300 km에 이르는 거대한 구덩이도 가지고 있으며, 거대한 절벽이 크레이터 주변에 형성되어 있다. 이는 크레이터가 만들어진 다음에 절벽들이 형성되었다는 것을 보여주는 것이다. 한편 수성의 극지방 근처에 있는 크레이터에서는 얼어붙은 상태의 얼음이 발견되어 과학자들을 흥분시키기도 했었다. 그렇다면 달이나 수성의 극지에 있는 얼음 형태의 물은 어디에서 유래했을까? 가장 가능성 있는 설명은 바로 혜성이다. 달이나 수성의 극지에 충돌한

---

6 온도 T에서 질량 m인 기체의 평균속도는 $v = \sqrt{\dfrac{3\kappa T}{m}}$로 주어진다. 여기에서 κ는 볼츠만 상수이다.

혜성을 통해 공급된 물은 곧바로 얼어붙어 지금까지 남아있다는 것이다. 만약 이런 가설이 사실이라면 지구에 풍부한 물의 근원 역시 어렵지 않게 추정할 수 있을 것이다.

관측결과와는 달리 수성의 형성에 대해서 금성이나 지구 그리고 화성과 같이 금속과 규산염의 비율이 같아야 한다고 생각하는 과학적인 근거가 있다. 이는 태양계 형성과 관련된 것으로 소위 지각을 가진 지구형 행성들이 모두 같은 조건에서 태양계가 만들어지던 초기에 형성되었다고 믿기 때문이다. 그렇다면 수성이 어떻게 지각과 맨틀을 구성하는 주요 성분인 규산염을 잃게되었을까? 아마 가장 설득력 있는 설명은 수성 형성 초기에 수없이 많은 거대 충돌들을 경험하는 과정에서 지각과 맨틀 부분이 우주 공간으로 흩어졌다는 설명일 것이다.

금성과 화성

달과 수성은 지질학적으로는 이미 죽은 천체라고 할 수 있지만, 금성과 화성은 다르다. 금성과 화성은 지구의 형제별로 불리며 지구와 가까워서 밝게 빛나며, 탐사선을 보내는 일이 비교적 수월하다. 따라서 많은 탐사선을 통해 집중적인 연구를 할 수 있었다. 이 행성들은 모두 대기가 있으며 금성의 질량 밀도는 $5.3\,g/cm^3$로서, 지구의 질량 밀도와 거의 같다. 이는 금성과 지구가 거의 같은 화학적 원소로 구성되었다는 것을 의미하며 내부 역시 지구와 매우 유사할 것으로 생각하고 있다. 금성은 내행성이기 때문에 달과 같이 식 변화를 하지만 초저녁이나 새벽이 아니면 볼 수 없으나, 금성은 지구에 가장 가깝게 접근할 수 있는 행성이다. 최근접 거리는 겨우 4천만 km에 불과하며 매우 밝아서 "샛별"이라고 부르기도 한다. 그 반면에 화성은 밀도가 지구의 2/3 정도인 $3.9\,g/cm^3$이고 지구에 가장 가깝게 접근할 때가 5천6

백만km 정도이다.

금성의 기본적인 성질을 살펴보면, 질량은 지구의 80% 정도이며 중력은 지구 중력의 약 90% 정도이다. 탈출속도는 지구에서의 탈출속도의 10/11으로서 거의 같다. 금성에는 다른 어떤 행성보다 많은 탐사선을 보냈다. 금성에 처음으로 근접한 우주선은 마리너Mariner 2호로서 최초의 행성 근접비행flyby 을 시험하기 위하여 금성에 접근했으며, 1962년 12월 14일 금성의 표면으로부터 약 35,000 km 상공을 통과하는 데 성공하였다. 금성을 탐사할 목적으로 진행된 계획은 당시 소비에트연방에 의해 시작되었다. 베네라Venera 라고 명명된 탐사선들은 금성의 높은 대기압에 의해 착륙과정에서 대부분 파손되었으나 마침내 1970년 8월 17일 베네라 7호가 금성에 최초로 착륙하는 데 성공했다. 이 탐사선은 금성의 높은 온도에도 불구하고 무려 23분간 작동하였으며, 그 이후 잇달아 보내진 탐사선들은 금성의 표면 사진과 대기 분석결과를 지구로 전송하였다. 금성을 더욱 잘 이해하기 위해서는 금성 표면의 전반적인 연구가 필요했지만, 금성의 두꺼운 구름층 때문에 불가능하였다. 이런 경우에는 구름층을 쉽게 통과할 수 있는 긴 파장을 가진 전파를 이용하는 것이 효과적이다. 레이더를 이용한 금성 표면 탐사는 1970년대 말 미국의 파이오니어Pioneer 탐사선과 1980년대 베네라 15호와 16호를 통해 이루어졌다. 100 m의 해상도를 가진 상세한 금성 표면 이미지는 1989년 우주왕복선 아틀란티스에 실려 우주로 발사된 마젤란Magellan 탐사선을 통해 얻어졌다.

금성 표면에 대한 고해상도 화상을 얻었을 때 과학자들이 맨 처음으로 한 일은 금성 표면의 나이를 가늠하는 것이었다. 금성에는 두꺼운 대기층이 있었기 때문에 작은 운석 조각이나 유성들은 금성의 대기에 의해 모두 타서 없어졌을 것이지만 커다란 운석의 경우는 표면에 크레이터를 남기게 될 것이다. 과학자들은 금성의 표면에서 발견된 지름이 30 km 이상인 크레이터의 수가 달의 그것과 비교했을 때 15% 정도 된다는 것을 발견하였다. 이는 금성

동굴에서 별을 보다

표면의 나이가 달의 약 15%에 해당하는 5~6억 년 정도라는 것을 의미한다. 이 결론은 금성이 지속적인 지각운동을 하고 있다는 것을 암시하고 있다. 그러나 금성에는 자기장이 존재하지 않는다. 마젤란 탐사선에 실린 자기장 측정기는 금성의 자기장이 지구보다 매우 작다는 것을 보여주고 있다. 이는 금성의 매우 느린 자전 속도로 인해 자기장을 생성시킬 만큼 충분한 액체 핵의 대류가 발생하지 않는다는 것을 암시하고 있다. 금성의 자전을 처음으로 측정하였을 때, 과학자들은 놀라움을 금치 못하였다. 금성은 다른 행성들과 달리 태양의 북극에서 볼 때 시계방향으로 자전하는 것이 밝혀졌으며 자전주기 역시 금성의 공전주기보다도 길다. 금성이 왜 이렇게 느리게 역방향으로 자전하는지 명확하게 밝혀진 것은 없다. 다만 태양계 형성과정에서 금성의 자전축을 거꾸로 뒤집을 만큼 강력한 천문학적 사건을 겪었다고 추측할 수는 있다.

금성의 대기에 가장 많은 기체는 이산화탄소로서 약 96%를 차지하며 두 번째로 많은 기체는 질소이다. 지구는 대부분이 질소이고 산소가 나머지를 차지하는 것과 비교하면 상당히 달라 보이는 대기 구성이다. 그러나 이는 사실과 다르다. 지구도 생성 초기에는 대기 중의 이산화탄소 농도가 매우 높았지만, 석탄기를 거치며 식물들이 대부분 이산화탄소를 몸속에 저장한 채로 땅속에 묻혔기 때문에 이산화탄소의 농도가 낮아진 것이다.

금성의 표면에 최초로 착륙한 베네라 7호는 표면 대기압이 지구의 90배에 달하며, 회로가 녹아내릴 만큼 가혹한 환경이라는 것을 알려왔다. 금성의 표면 온도는 700 K가 넘는 고온이다. 물론 지구보다 태양에 가까우므로 금성의 표면 온도가 높을 수 있으나 그 정도의 고온에 이를 수는 없다. 해답은 온실효과 폭주runaway greenhouse effect 때문이다. 이산화탄소는 대표적인 온실가스이다. 만약 금성이 과거에 지구와 같은 환경을 가지고 있었다면 대기의 이산화탄소의 증가나 태양에너지의 일시적인 증가는 대기의 온도를 상승시켜 결과적으로 바다에 녹아있던 이산화탄소를 증발시키고 바위가 붙잡고 있던 이산화탄소를 방출시켰을 것이다. 이렇게 방출된 이산화탄소는 대기의 이산화탄소 농도를 증가시켜 대기의 온도를 지속해서 상승시키게 되고 특별한 외부적인 요인이 발생하지 않는 한 온도가 지속해서 상승하기 때문에 폭주라는 단어를 사용한 것이다.

태양 자외선에 의해 쉽게 결합이 깨지는 대부분 분자와 달리 이산화탄소는 태양열에 의해 분해되지 않고 다시 그 열을 방출하는 특성을 보인다. 따라서 태양열에 의해 분해되지 않기 때문에 자신이 받은 열에너지를 방출할 수 있는 모든 기체는 온실가스로 분류될 수 있다. 수증기, 이산화질소, 그리고 메탄 같은 기체가 여기에 해당한다. 수증기의 경우 지구에서는 곧바로 응축하기 때문에 지구가 물을 잃어버릴 문제는 없다. 그러나 금성처럼 태양 자외선에 많이 노출된 환경에서는 수증기가 태양의 자외선을 통해 수소와 산소로 분해되면 가벼운 수소는 우주 공간으로 흩어져 버려 산소만 남게 된다. 이는 한번 잃어버린 물은 다시는 회복할 수 없다는 것을 뜻한다.

화성은 특정 시기에는 밤에 계속 볼 수 있으므로 오랜 시간에 걸쳐 관측할 수 있다. 특유의 붉은 빛으로 인해 여러 문화권에서 독특한 이미지로 형상화되어 있다. 화성이 붉게 보이는 이유는 산화철, 다시 말해 녹슨 철 성분이 지표면에 많아서이다. 일반적인 망원경을 통해 화성을 관찰할 때 얻을 수 있는 분해능은 약 100 km 정도로서 우리가 맨눈으로 달을 관찰할 때와 거의 같다. 화성은 지구로부터 지구와 태양 사이 거리[7]의 1.5배 정도의 공전 반지름을 가지고 있다. 질량은 지구의 11%에 불과하며 중력은 지구의 약 38% 정도이기 때문에 탈출속도는 지구의 절반에도 미치지 못한다. 아마 2015년에 개봉된 마션 The Martian 이라는 영화를 본 사람이라면 영화 후반부에 1단 로켓만으로 화성을 탈출하는 장면은 바로 화성의 작은 탈출속도 때문에 가능한 것이었

---

7   이를 천문단위(Astronomical Unit, AU)라고 한다. 1 AU는 빛의 속도로 약 8분 18초를 이동한 거리에 해당한다.

다. 화성의 질량 밀도를 고려할 때, 화성은 달과 마찬가지로 주로 규산염으로 이루어져 있으며 중심에 소형의 금속 핵이 존재할 가능성이 있다. 그러나 화성 역시 금성과 마찬가지로 측정될 만한 자기장이 거의 없는 것으로 보아 액체상태의 금속 핵은 존재하지 않는 것으로 보인다.

20세기 초, 과학자 중 일부는 화성에 지능 있는 화성인에 의해 건설된 문명이 있다고 믿었었다. 이는 운하canal 의 발견 때문이었다. 1877년 이탈리아 천문학자인 스키아파렐리Giovanni Schiaparelli, 1835~1910 는 망원경으로 화성의 표면을 관찰한 다음, 화성 표면에 대륙과 바다가 있으며, 대륙 내부에 복잡한 형태의 수로canali 가 보인다고 발표하였다. 카날리라는 단어는 문자 그대로 물길이라는 의미이지만 영어로 번역하는 과정에서 운하로 바뀌게 되었다. 사실 운하라는 단어는 인공적으로 만들어진 수로라는 느낌을 주는 단어이다. 화성에서 관측되는 거대한 극관polar cap 의 계절별 변화 때문에 생성된 막대한 양의 얼음물이 운하를 지나 바다로 또는 붉은 사막으로 흘러 들어가는 상상을 하면서, 화성에 생명체가 있고, 그들이 운하를 만들 정도의 문명을 가졌다고 믿는 것은 어려운 일은 아니었을 것이다. 로웰 천문대를 건립하여 현대 천문학의 기초를 튼튼히 하는 데 공헌하였으며, 조미 수호통상사절단의 안내인 자격으로 1883년 조선을 방문한 적이 있는 로웰Percival Lowell, 1855~1916 은 화성인들이 악화된 기후에서 생존을 유지하기 위해 거대한 운하를 건설하였다고 믿었다.

지능을 가진 화성인의 존재는 사실 전적으로 거대 운하의 존재 여부에 달려있었다. 화성의 운하는 당시 천문학자들에게도 논란의 대상이었다. 왜냐하면, 얼핏얼핏 눈에 띄다 사라지곤 하였으며 어떤 때는 전혀 관측되지도 않았다. 쎄루리Vincenzo Cerulli, 1859~1927 의 관측 이후, 천문학자들은 이 운하들이 단지 광학적 허상이라는데 의견이 일치했으나, 여전히 대중들은 지능을 가진 화성인들에 열광해 있었다. 그러나 1965년 마리너Mariner 4호가 화성에 근접해서 찍은 화성의 표면에는 실제로 운하가 존재하지 않았다. 지능을 가진 화성인은 이때 이후 대중들로부터 서서히 잊혀져 갔다.

화성에 성공적으로 착륙한 탐사선은 바이킹Viking 1호와 2호, 그리고 패스파인더Pathfinder 이다. 바이킹 1호는 1965년 8월 20일에 발사되어 화성의 북반구에 1976년 6월 19일 착륙하였으며 바이킹 2호는 1975년 9월 9일 발사되어 1976년 8월 7일 화성의 적도 부근에 착륙하였다. 바이킹은 궤도선과 착륙선으로 구성되어 있었으며, 탐사선이 관측한 자료를 궤도선이 지구로 중계하도록 만들어진 시스템이었다. 1996년 12월 4일 발사되어 1997년 7월 4일에 화성에 착륙한 패스파인더는 후에 칼 세이건 메모리얼 스테이션Carl Sagan Memorial Station 이라 명명된 고정 착륙선과 소저너Sojourner 라는 소형 탐사로봇으로 구성되어 있다. 소저너는 달을 제외한 외계에서 활동한 최초의 로봇 탐사선으로써, 그 이름을 통해 알 수 있듯이 탐사 장비가 실린 소형 탐사 자동차이다. 또한, 패스파인더는 에어백을 이용한 착륙을 시도해서 성공한 최초의 탐사선이며, 이 기술은 2003년에 발사된 오퍼튜니티Opportunity 와 스피릿Spirit 로봇 탐사 계획에도 계속 사용되었다. 2011년 11월 26일 발사되어 2012년 8월 6일 화성에 착륙한 큐리오시티Curiosity 는 초음속 낙하산과 스카이크레인skycrane 이라는 장비를 통해 화성의 적도 근방 게일 크레이터Gale crater 근처에 있는 평원에 착륙하였다.

탐사선이 관측한 화성은 때때로 시속 백 수십 킬로미터의 속도로 먼지바람이 몰아칠 때도 있었고 우리의 예상대로 점토와 산화철로 구성된 표면을 가지고 있었다. 또한, 복사열을 저장할 수 있는 바다나 구름이 없었기 때문에 기온의 변화가 매우 심했다. 물론 운하도 없었다. 여름의 최고 기온은 영하 33도였으나 밤에는 영하 83도까지 하강하였으며, 바이킹 2호가 북쪽에서 잰 가장 낮은 온도는 영하 100도였다. 따라서 물은 얼음 형태(서리)로 존재하였으며 때로는 이산화탄소가 얼어붙을 만큼 추운 곳도 발견되었다.

화성은 지구의 1%에도 미치지 못하는 지구의 7/1,000에 불과한 표면 기압을 가지고 있다. 이는 지구표면에서 약 30 km에 해당하는 고도에서 경험하

동굴에서 별을 보다

는 기압이다. 화성의 대기는 약 95%의 이산화탄소와 3%의 질소 그리고 2%의 아르곤으로 구성되어 있으며, 금성과 거의 같다. 화성에는 여러 가지 종류의 구름이 형성될 수 있으나 바람에 의한 먼지구름을 제외하면 드라이아이스로 이루어진 구름이 만들어지기도 하고, 수증기가 존재하기 때문에 작은 얼음으로 이루어진 구름이 만들어질 수도 있다. 그러나 액체상태의 물은 존재하지 않는다. 화성의 기압이 매우 낮으므로 물은 액체상태를 거치지 않고 바로 기화될 것이다.

그리고 현대 천문학의 여명기에 사람들을 열광시켰던 극관은 실제로 엷은 드라이아이스층이라는 것이 밝혀졌다. 이 엷은 드라이아이스층은 화성의 계절 변화에 따라 그 크기가 커지거나 혹은 작아진다. 그러나 북반구 극관에는 영구적으로 변화하지 않는 부분이 존재하는데 이는 물·얼음으로 이루어진 것이다.

오늘날 화성에는 액체상태의 물이 없지만, 화성에 한때 비가 내렸으며 강이 흘렀던 많은 증거를 로봇 탐사선들이 보내왔다. 이는 대부분 물에 의해 침식되어야만 생기는 협곡과 침식 흔적이지만 일찍이 로웰이 주장했던 운하로 보기에는 그 폭이 매우 좁다. 이 지역에서 발견된 크레이터의 수를 달에 있는 크레이터 수와의 비교를 통해 화성의 표면에 흘렀던 물은 약 십억 년 전까지 화성에 존재했던 것으로 보인다.

외행성계

화성과 소행성대를 지나면 비로소 거대한 행성들을 만나게 된다. 이 지역의 행성들은 매우 크며 행성들 사이의 거리도 멀다. 그리고 다수의 위성과 고리를 가지고 있다는 특징을 가지고 있다. 이 외부 태양계의 행성들은 기체로 이루어져 있어 지구와 같은 암석을 기반으로 한 행성들보다는 태양에 좀 더 가까운 혈통을 지니고 있다. 태양계 외곽부에는 목성, 토성, 천왕성, 해왕성, 그리고 명왕성이 있다. 지구형 행성인 명왕성을 제외한 나머지 행성들을 목성형 행성으로 분류한다.

사실 태양계의 대부분의 질량은 태양과 목성이 차지하고 있다. 목성의 경우 지금보다 10% 정도의 질량을 더 가지고 있었더라도 스스로 빛을 내는 별이 될 수 있었을 것이다. 그러나 운명은 목성이 별로 성장하는 것을 원하지 않았다. 태양계가 형성될 때 이 지역은 상당히 많은 암석 조각과 같은 밀도가 높은 먼지 또는 그것보다 큰 암석 조각들이 존재했던 것으로 생각된다. 이러한 먼지나 암석 조각들은 중력을 이용하여 주변의 다른 먼지나 암석 조각들을 모아 빠르게 성장하고 태양계 내부에 있는 행성들보다 초기 태양계를 형성하던 먼지구름으로부터 더욱 많은 수소와 헬륨들을 모을 수 있었을 것이다. 화성 궤도 안쪽에 위치한 행성들은 형성 초기 태양의 복사에너지 때문에 가벼운 원자들을 모을 수 있는 기회를 잃어버렸지만, 목성형 행성들은 태양으로부터 멀리 떨어져 있었기 때문에 수소나 헬륨 같은 가벼운 원자들을 더욱 쉽게 모을 수 있었다. 이 추론을 통해 외행성들이 지구형 행성보다 훨씬 큰 크기와 질량을 가지는 것을 설명할 수 있다. 목성이나 토성은 수소를 기반으로 환원반응을 통해 메탄이나 암모니아 또는 그보다 복잡한 구조를 가진 에탄이나 아세틸렌 같은 탄화수소 화합물들을 형성했을 것이다. 산소의 경우, 일단 수소와 결합하면 물을 형성하기 때문에 산소에 의한 산화 반응의 역할은 상대적으로 기여가 적었을 것으로 생각할 수 있다.

목성은 스스로 빛을 내는 행성이 아니므로 목성의 표면에서 반사되어 나오는 빛을 통해 목성의 대기 상층부에 대한 정보를 얻는 것이 가능하다. 행성의 대기를 연구했던 월트Rupert Wildt, 1905~1976 는 1932년 목성과 외행성들의 대기를 연구하던 중 목성의 대기에서 메탄과 암모니아의 분광학적 무늬를 발견했다. 그는 이를 근거로 외행성들, 특히 목성은 수소와 헬륨이 주성분이며 이 원소들만으로도 목성의 질량을 설명할 수 있다는 것을 증명했다. 따라서 초기에는 메탄과 암모니아가 목성의 대기를 대부분 구성하는 것으로 생각해왔다. 사실 목성과 같은 기체형 행성의 화학적 성분을 엄밀히 구분하는 것은 매우 어려운 일이다. 두꺼운 구름층이 내부의 정보를 가리고 있기 때문이다. 보이저호는 목성 근처를 지나면서 적외선 영역의 분광 스펙트럼을 통해 두꺼운 구름층 아래에 수소와 헬륨이 매우 풍부하다는 사실을 알려주었다.

갈릴레이 우주선은 우주왕복선 아틀란티스호에 실려 1989년 10월 18일에 지구를 떠났다. 이후 금성과 지구를 이용한 중력 보조 항해gravitational assist maneuver를 통해 속도를 높인 갈릴레이호는 1995년 12월 7일 마침내 목성 궤도에 도착하였다. 목성 궤도로 향하던 도중 갈릴레이호는 1994년 슈메이커-레비 9 혜성이 목성과 충돌하는 광경을 목격하기도 하였다. 갈릴레이 탐사선이 목성 궤도에 도달해서 가장 먼저 한 일은 목성의 대기를 분석할 수 있는 소형 탐사체를 목성에 낙하시키는 것이었다. 질량이 339 kg인 탐사체는 초속 50 km의 속도로 목성의 대기로 진입하였으며 대기와의 마찰 때문에 급격하게 속도가 느려졌다. 이 어마어마한 속도는 목성의 강력한 중력 때문이었다. 사실 거대행성들의 강한 중력은 이러한 형태의 탐사를 어렵게 만드는 주요한 요인이기도 하다. 낙하하는 탐사체의 표면은 목성의 대기와 마찰 때문에 표면이 약 15,000도까지 상승하였다. 이 높은 온도로부터 탐사체를 보호하기 위하여 소위 "열 방패heat shield"라는 탐사체의 밑면에 붙어있는 보호장비를 사용하였다. 탐사체의 속도가 약 처음 속도의 1.5% 정도로 줄어들자 열 방패가 분리되고 낙하산이 펼쳐졌다. 탐사체는 약 57분간 서서히 하강하면서 수직으로 약 200 km, 그리고 바람의 영향에 의해 수평으로 약 50 km 정도 이동을 하였다. 탐사체는 암모니아 구름 사이로 맑은 하늘을 경험하면서 갈릴레이 탐사선으로 목성의 대기에 관한 자료를 보냈으며, 임무를 완수하고 영원히 목성의 일부가 되었다. 갈릴레이 탐사선은 마지막으로 자료를 전송받은 후 보조로켓들을 이용하여 1996년 목성의 궤도에 안착하였다. 그리고 2003년 9월 21일 8년간의 임무를 마치고 역시 목성의 대기에서 소멸하였다. 이후 목성에 관한 연구를 계속하기 위하여 2011년 8월 5일 목성 탐사선 주노Juno 가 발사되었으며 2016년 7월 5일 성공적으로 목성 궤도에 안착하여 활동하고 있다.

외행성계를 탐사하기 위하여 2017년까지 총 8대의 탐사선이 소행성대를 넘어갔다. 외행성계를 탐사하는 것은 사실 매우 어려운 일이다. 우선 행성들 간의 거리가 매우 멀어서 비행시간이 수 년에서 십여 년이기 때문에 우주선의 내구성에 대한 신뢰도가 매우 높아야 하며, 지구와의 통신에 많은 시간이 걸리기 때문에 독자적인 판단 및 작동능력을 보유해야 한다. 예를 들어 목성 근처에서 긴박한 상황이 발생했다면 스스로 판단하여 위험을 회피할 수 있어야 한다. 만약 지구에 있는 통제실에 경보를 전달하고 통제실로부터 오게 될 명령에 따르게 된다면 이미 수 시간이 지난 후일 것이다. 이런 경우 이미 상황은 최악으로 발전했을 가능성이 아주 크다. 또한, 태양으로부터 거리가 멀기 때문에 태양 전지보다는 플루토늄 전지와 같은 자체 동력을 가지고 있어야 한다. 그리고 아주 온도가 낮은 지역이기 때문에 기기들이 정상적으로 동작할 수 있는 온도를 유지하는 시스템이 필요할 것이며 강력한 전파를 송출할 수 있는 장비와 지구로부터의 통제 신호를 수신할 수 있는 커다란 안테나가 탑재되어야 할 것이다. 이러한 이유로 화성 궤도 안쪽의 내태양계 탐사보다 훨씬 규모가 큰 프로젝트가 될 수밖에 없으며 이런 이유로 생각보다 많지 않은 탐사선들만이 소행성대를 넘어 외행성계 탐사에 나섰다.

이러한 일들은 의욕만으로 성취할 수 있는 성질의 것이 아니다. 차근차근 많은 경험과 안전한 비행에 필요한 자료들을 축적해야만 가능한 일이다. 화성 궤도를 넘어서면 소행성대가 존재한다. 소행성대를 구성하는 물체의 종류와 크기는 매우 다양하며, 지구에서는 관측조차 되지 않을 만큼 작지만, 탐사선과 충돌하는 경우 탐사선의 안전에 영향을 미칠 수 있는 작은 크기의 먼지들이 존재할 것이다. 그리고 이 소행성대에 존재하는 대부분의 천체와 먼지들은 그 공전 궤도가 다른 행성들과 거의 같은 평면에 놓여있다. 따라서 이 소행성대 바깥에 있는 행성들을 조사하기 위해서는 이 소행성대를 안전하게 통과하는 것이 꼭 필요한 일이다. 이 소행성대의 통과를 운에만 맡길 수는 없을 것이다. 따라서 미리 소행성대의 통과를 목적으로 하는 우주선이 필요하다.

그리고 또 다른 문제가 있다. 외행성들간의 거리가 매우 크다는 것이다. 보통 우주선이 지구궤도를 벗어나면 자세교정에 필요한 보조로켓을 작동시킬 수 있을 만큼의 연료 외에는 남아있지 않게 된다. 따라서 현실적으로 우주선의 속도를 증가시킬 방법이 없다. 하지만 목성이나 토성의 강한 중력을 이용한다면 우주선의 속도를 증가시키고 방향을 바꿀 기회를 얻을 수 있다. 이를 중력 보조 항해 또는 스윙바이swing by, 돌려 잡아채기 라고 불리는 행성 근접 항해 기술을 이용할 수 있다. 이는 궤도 역학의 한 종류로서 우주선을 행성에 근접시켜 행성의 강한 중력을 이용하여 속도를 증가시키고 방향을 바꾸는 항해 방법이다. 이론적으로 이런 기술들이 가능하다고 하더라도 실제로 동작하는지 확인해 볼 필요가 있다. 이 확인과정을 통해 미처 생각하지 못했던 여러 가지 기술적인 문제들을 파악할 수 있고 개선해 나갈 수 있는 것이다. 이를 "노하우know how"라고 하며 기술개발의 핵심적인 요소 중의 하나라는 것은 상식에 속한다. 이러한 지식이 쌓여 점점 신뢰성을 가지는 체계로 발전해 가는 것이다. 또한, 가장 많은 시간과 비용을 요구하는 단계이며 인내심을 요구하는 부분이기도 하다. 결코, 단시간에 얻을 수 있는 자료와 기술이 아니다. 미국의 케네디 대통령이 취임사에서 자신의 재임 동안 인류를 달에 보낸 뒤 무사히 귀환시키겠다는 약속은 그 전에 수없이 많이 경험했던 실패를 통해 이런 "노하우"를 충분히 얻었기 때문에 가능한 것이었다.

드디어 1972년과 1973년 외행성계 탐사가 가능한지를 살펴보기 위하여 파이오니어 10호와 11호가 발사되었다. 이 우주선에 부여된 주된 임무는 우주선이 소행성대를 무사히 통과할 수 있는지와 중력 보조 항해를 기술적으로 수행할 수 있는지를 알아보는 것이었다. 1973년 12월에 파이오니어 10호는 소행성대를 무사히 통과하고 목성과 조우했으며, 목성 중력을 이용하여 행성들의 공전 평면에 대해 거의 수직으로 방향을 바꾸는 데 성공하였다. 그리고 영원히 태양계를 벗어나서 미지의 우주로 가는 항해를 시작하였다. 그로부터 1년 뒤 파이오니어 11호가 목성과 조우하는데 성공하였다. 이 우주선들은 목성의 거대한 자기장에 사로잡힌 고에너지 우주선high energy cosmic ray, 우주방사선 에 의해 심하게 손상되었으나 이때 얻은 정보는 후에 안전한 외태양계 탐사선을 설계하는 데 사용되었다. 파이오니어 11호는 목성의 중력을 이용한 비행을 통해 속도를 높여 1979년 토성에 도착하게 된다. 이로써 토성궤도에 도착한 첫 번째 탐사선이 되었다.

외행성계에 대한 정보 대부분은 보이저Voyager 1호와 2호로부터 온 것이다. 특히, 파이오니어 10호에는 금속판plaque 이 설치되어 있었는데, 우주선이 태양계의 세 번째 행성에서 출발하였으며, 인류의 모습과 항해 경로 및 수소 원자의 미세구조를 인류가 알고 있다는 내용의 그림을 그려 넣었다. 태양의 위치를 나타내기 위하여 주기를 표시한 14개의 펄서pulsar 에 대한 상대적인 거리와 방향을 그려 넣었다. 이는 혹시 있을지도 모르는 외계 지적 생명체와의 만남을 고려한 것이다. 이는 과학자들의 유머나 위트가 아니다. 어쩌면 오늘날에도 과학이 누군가의 눈치를 보는 것이 불가능한 것은 아니다. 1977년 연이어 발사된 보이저 1호와 2호는 당시로서는 최첨단 과학장비를 탑재하였다. 총 11종에 달하는 과학장비를 탑재한 보이저 1호는 1979년 목성에 도착하였으며 역시 목성의 중력을 이용하여 속도를 높인 다음 1980년 토성에 도착하였다. 한편 보이저 2호는 보이저 1호보다 4개월 늦게 목성에 도착하여 거대행성들을 모두 방문하는 긴 여정에 돌입하였다. 속도를 높이기 위한 중력 보조 항해였다. 1981년에 토성, 1986년에 천왕성, 그리고 1989년에는 해왕성을 방문하였다. 이들이 외행성과 조우하는 과정은 모두 행성들의 외각에 근접해서 통과하는 방식이었다. 우리가 외행성들의 성질을 더욱 자세히 이해하고 싶다면 근접 통과가 아닌 다른 방법이 필요했다. 행성주위를 공전하며 충분한 시간을 가지고 행성들을 탐사할 수 있는 우주선이 발사되었다. 1989년 목성탐사를 위해 갈릴레이 우주선이 발사되었으며, 1997년 토성 탐사를 위하여 카시니 Cassini 우주선이 발사되었다.

카시니 우주선은 미국에서 제작된 카시니 모선에 유럽에서 제작된 호이겐스 Huygens 탐사선이 탑재되어 있으므로 카시니-호이겐스 우주선으로 불리기도 한다. 카시니-호이겐스호는 토성까지 빠른 시간에 도착하기 위하여 충분한 속도를 얻어야 했다. 이 우주선은 1997년 10월 15일 발사된 후, 금성에 도착하여 금성의 중력을 이용하여 속도를 높인 다음 차례로 지구와 목성의 도움을 받아 속도를 계속 높인 후에, 마침내 2004년 7월 1일에 토성의 궤도에 안착하였다. 2004년 크리스마스 때, 카시니호에서 분리된 호이겐스호는 이듬해인 2005년 1월 14일 토성의 위성인 타이탄에 낙하산을 이용하여 성공적으로 착륙하였는데 이는 인류가 다른 행성의 위성에 탐사선을 처음으로 착륙시킨 일종의 사건이었다. 호이겐스호는 90분마다 지구로 자료를 전송했었다. 카시니호는 애초 2008년에 그 임무를 마칠 예정이었으나 2017년까지 임무가 연장되어 토성에 관한 수많은 자료를 지구로 전송하였으며, 토성의 고리를 통과하는 임무까지 훌륭하게 수행하였다. 카시니호는 2017년 9월 그 임무를 끝내고 토성의 대기 속으로 사라졌다.

목성형 행성

거대행성들은 태양으로부터 매우 멀리 떨어져 있다. 목성의 평균 공전 궤도 반지름은 지구보다 5.2배 크고, 목성의 1년은 지구 시간으로 약 12년에 해당한다. 토성은 목성보다 태양으로부터 두 배 멀리 있으며 토성의 공전주기는 약 30년 정도이다. 거의 인간의 한 세대에 해당하는 시간이다. 천왕성과 해왕성은 너무 멀리 있어서 육안으로는 관측되지 않았던 행성들이다.

천왕성은 약 19 AU의 공전 궤도 반지름과 84년의 공전 주기를 가지고 있으며 해왕성은 30 AU에 달하는 공전 궤도 반지름과 165년에 달하는 공전 주기를 가지고 있다. 해왕성이 발견된 해가 1845년이었으니, 해왕성의 입장에서는 자신이 인간에게 노출된지 겨우 1년이 지난 셈이다.

거대행성을 관찰한다는 것은 행성의 대기를 관찰한다는 것이다. 그러나 거대행성의 자전주기는 행성 표면의 대기 운동을 통해 얻는 것이 아니라 거대행성의 내부에 있는 핵의 운동, 즉 자기장의 변화를 통해 측정한다. 목성의 자전주기는 9시간 56분이며 토성 역시 목성과 비슷한 10시간 40분으로 측정되었다. 천왕성과 해왕성은 약 17시간의 자전주기를 갖는다. 자전축의 기울기에 따라 거대행성에도 계절이 생긴다. 목성의 경우는 자전축이 공전 궤도면에 대해 3도 정도 기울어져 있으므로 계절이라고 부를 것이 없지만 토성과 해왕성은 각각 공전 궤도면에 대해 27도와 29도만큼 기울어져 있어 뚜렷한 계절이 있다. 한편 천왕성의 경우는 매우 독특하다. 자전축이 무려 98도만큼이나 기울어져 있어서 극적인 계절 변화가 나타난다. 거대행성 중에서 유독 왜 천왕성만이 이렇게 큰 각도로 자전축이 기울어져 있는지 아직은 그 이유를 알지 못한다. 다만 금성처럼 행성의 형성 초기에 거대한 충돌이 있었다면 충분히 설명할 수 있는 수준이기는 하다.

목성의 질량은 지구의 318배로서 거대행성 중에서 가장 크다. 지름은 지구의 약 11배이다. 또한, 평균밀도는 $1.3\,g/cm^3$로서 지구형 행성보다 매우 작다. 그리고 토성은 지구 질량의 95배 정도이고 평균밀도는 겨우 $0.7\,g/cm^3$로서 물의 밀도보다 작다. 반면 천왕성과 해왕성은 지구 질량의 약 15배에 달하고 평균밀도는 $1.2\,g/cm^3$와 $1.5\,g/cm^3$로서 토성보다 훨씬 높다. 이로부터 천왕성과 해왕성은 토성의 주성분인 수소와 헬륨 외에 많은 무거운 원소를 가지고 있다는 것을 의미한다. 외태양계를 구성하는 거대행성들은 매우 크기 때문에 행성 내부의 압력은 매우 높다. 목성이나 토성의 경우, 대기 상층부로부터 수천 km 깊이에서는 압력이 매우 높아 수소가 액체상태로 존재할 것으로 생각하는 것이 자연스러운 추론이다. 이보다 더 깊은 곳에서는 더욱 액체 수소가 압축되어 금속 상태로 있을 것이다. 이 금속 상태의 수소가 차지하는 비율은 질량이 가장 큰 목성이 가장 높을 것이며, 토성은 매우 작은 금속 수소만을 가질 것이다. 그러나 천왕성이나 해왕성은 액체 수소를 만들 수 있을 만큼의 압력을 가지지 못하는 것으로 과학자들은 생각하고 있다.

거대행성의 핵은 행성들이 형성될 때, 암석과 얼음이 주변의 기체를 끌어들여 행성으로 진화했기 때문에 암석과 얼음으로 구성되어 있을 것이다. 행성으로 진화하고 난 후, 행성의 내부는 매우 높은 압력의 영향을 받았기 때문에 행성의 핵을 구성하는 암석이나 얼음이 일반적인 상태로 존재하지 않을 것이라는 생각은 자연스러운 것이다. 우리 지구의 핵이 액체와 고체상태로 구성되어 있다는 것을 생각해본다면 지구보다 훨씬 높은 압력의 영향을 받는 거대행성들의 핵에 대한 이해가 좀 더 쉬워질 수도 있을 것이다. 여기에서 말하는 암석은 주로 철, 규소, 산소로 이루어진 물질을 이야기하며, 얼음은 물이 언 것을 의미하는 것이 아니라 보통의 조건에서는 기체나 액체로 존재하는 물질이 고체상태로 존재하는 것을 의미한다. 거대행성의 경우 얼음은 주로 탄소, 질소 및 산소와 수소가 결합한 형태로 존재할 것으로 기대하고 있다.

거대행성들의 고리와 위성

외태양계에 위치한 행성들은 지구형 행성들과 달리 모두 고리를 가지고 있으며 많은 위성을 거느리고 있다. 그리고 고리와 위성들은 대부분 다른 행성들의 공전 궤도에 거의 평행하게 놓여 있으며, 자전과 공전 방향도 모두 일치한다. 이는 고리와 위성이 태양 주변에 행성들이 생성되는 과정과 비슷한 과정을 거쳐 행성이 형성되었던 시기에 함께 형성되었을 것이라는 단서를 제공한다. 물론 정상적인 위성들과 달리 공전 궤도가 심하게 경사져 있거나 공전 방향이 반대인 위성들도 있다. 이들은 대부분 그 크기가 작고, 공전 궤도 반지름이 대부분 크기 때문에 먼 곳에서 형성된 후, 태양계 내부로 이동하다가 우연히 현재 행성의 중력에 잡힌 것으로 생각할 수 있다.

목성은 67개의 위성과 매우 희미한 고리를 가지고 있다. 거대행성들의 위성 수는 탐사선의 관측을 통해 더 늘어 날 수도 있다. 목성의 위성 중에는 갈릴레이가 1610년에 발견한 갈릴레이 위성도 포함되어 있다. 이들 중 유로파와 이오는 작은 위성으로서 달의 절반 정도의 크기를 가지고 있으나 칼리스토와 가니메데는 거의 수성의 크기와 같다. 그 외 나머지 위성들은 매우 작다. 가니메데는 태양계에서 가장 큰 위성이다. 가니메데 표면의 일부는 화성이나 달의 평원지역과 마찬가지로 약 30억 년에서 40억 년 사이의 나이로 추정되는데 이는 가니메데가 형성 초기에 지각이 깨짐에 따라 내부의 용암이 흘러나와서 대지를 형성했다는 사실을 보여주고 있다. 또한, 유로파와 이오는 갈릴레이 위성 중에서 안쪽 궤도에 있는 위성들로서 얼음이 상대적으로 결핍되어 있다. 다른 목성의 위성들이 상당한 양의 얼음을 가진 것과 비교하면 매우 이례적인 일이다. 또한, 이들의 밀도는 지구의 달과 비슷한 정도이다. 만약 이 두 위성은 형성 초기에 다른 위성들과 마찬가지로 얼음을 가졌으나 목성이 형성되던 시기 뜨거운 목성의 영향으로 얼음이 모두 증발하고 지구형 행성과 비슷한 성분만 남았다면 의문을 해결할 수 있다. 또한, 유로파는 지구처럼 표면에 물로 이루어진 바다를 가지고 있다. 물론 이 바다는 모두 얼어있다. 하지만 유로파의 표면에 크레이터들의 수가 상대적으로 적은 것으로 보아 유로파의 표면이 원활하게 재생되고 있다는 것을 알 수 있다. 이는 두꺼운 얼음 아래에 액체상태의 바다가 존재한다는 것을 의미하며, 이는 유로파 내부의 열원에 의한 것으로 생각된다. 갈릴레이 탐사선은 유로파 표면으로부터 15 km 상공을 통과하면서 촬영한 복잡한 형태로 깨져있는 얼음의 표면 사진을 지구로 전송한 바 있다.

토성은 62개의 위성과 매우 인상적인 잘 발달한 고리를 가지고 있다. 토

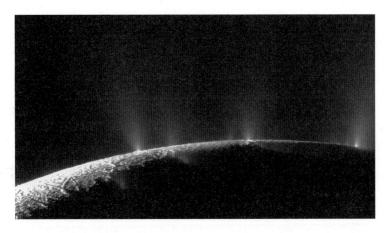

엔켈라두스 표면에서 방출되는 강력한 간헐천의 모습. 간헐천으로부터 방출되는 기체의 높이는 지면에서 수백 km에 달한다. 이는 엔켈라두스의 내부에 강력한 열원이 있다는 직접적인 증거이며 이는 토성의 중력에 의한 조석력으로부터 비롯되는 것으로 보인다. ⓒ Cassini-Huygens/NASA/ESA/ASI

성의 위성 중에서 가장 큰 것은 타이탄Titan 이다. 타이탄은 가니메데만큼 크고 토성의 위성 중에서 유일하게 대기가 있으며, 지표면에 액화된 탄화수소 (에탄과 메탄) 바다를 가지고 있다. 이외에도 토성은 지름이 400 km에서 1,600 km에 달하는 커다란 여섯 개의 위성이 더 있다. 이들은 모두 고리의 바깥쪽 근처 또는 고리의 내부에 있다. 특히 작은 위성 중의 하나인 엔켈라두스Enceladus 는 증기를 우주 공간으로 뿜어내는 간헐천이 존재한다는 점에서 그 내부에 상당한 에너지를 가진 열원이 있음을 짐작하게 하고 있다.

또한, 토성의 고리는 매우 넓고 평평하며 물질의 분포가 상대적으로 작은 크고 작은 규모의 틈gap 들이 존재한다. 이들은 주로 얼음 조각으로 구성되어 있으며 모두 토성의 적도를 따라 발달하여 있다. 고리를 구성하는 각각의 조각들은 그 크기가 탁구공 또는 테니스공 정도의 크기이며, 농구공보다는 크지 않아 보인다.

천왕성의 경우 자전축이 98도나 기울어져 있는 만큼, 고리와 위성들도 같은 크기만큼 공전 궤도면이 기울어져 있다. 현재까지 알려진 바로 천왕성은

27개의 위성과 11개의 고리를 가지고 있다. 천왕성의 위성 중에서 규모가 큰 것들은 지름이 500~1,600 km로서 토성의 위성 중 중간 정도 크기의 위성과 비교할 만하다고 알려져 있다. 1977년에 발견된 천왕성의 고리는 어두운 물질로 구성되어 있으며 고리들 간의 틈이 매우 크다는 점이 특이하다. 아마도 이 고리들 사이의 틈은 아마 수없이 많은 작은 위성들이 공전하면서, 고리를 구성하는 먼지들을 중력으로 청소해서 생긴 것으로 생각하고 있다.

해왕성은 모두 14개의 위성을 가지고 있으며, 그중의 하나가 과학자들의 흥미를 끄는 트리톤Triton 이다. 이 위성은 다른 위성들과 달리 시계방향으로 공전을 하는 위성 중에서 가장 큰 위성이다. 트리톤은 엷은 대기가 있으며, 화산이 폭발하는 장면이 1989년 보이저호에 의해 관측되기도 하였다. 여러 가지 면에서 명왕성과 닮아있기 때문에 트리톤이 명왕성 바깥쪽으로부터 태양계 안쪽으로 이동하다가 해왕성의 중력에 사로잡혔을 수 있다는 의견도 아울러 존재한다. 해왕성의 고리는 천왕성의 고리와 마찬가지로 매우 어둡고 잘 발달하여 있지 않으며, 천왕성과 해왕성은 서로 유사점이 많기 때문에 천왕성의 고리와 그 성분이 같은 것으로 생각하고 있다.

명왕성

해왕성이 발견된 이후, 해왕성의 궤도가 천체역학의 계산 결과와 다르다는 것이 알려졌다. 이는 천왕성이나 해왕성이 예견되었던 것처럼 해왕성의 궤도 바깥에 새로운 행성이 존재한다는 것을 의미하는 것일 수 있었다. 따라서 천왕성이나 해왕성의 발견에 적용했던 방법을 적용하고자 하는 움직임이 있었다. 20세기 초, 로웰은 아홉 번째 미지의 행성에 많은 관심을 보였다. 로웰과 그 당시 활동하던 천문학자들은 해왕성 궤도가 중력이론에서 벗어난 미세한 차이를 토대로 아홉 번째 행성의 위치를 계산하고 있었다. 로웰

동굴에서 별을 보다

은 자신의 계산을 근거로 행성이 존재할 수 있는 예상지점을 두 군데로 압축해 놓은 상태였으며 새로운 행성의 질량은 지구 질량의 약 6배 정도 될 것으로 예상했다. 특히 그는 미지의 행성이 쌍둥이 Gemini 자리에 있을 가능성이 크다고 보았다. 하지만 또 다른 천문학자들은 하나가 아닌 두 개의 행성이 해왕성 너머에 있다는 계산 결과를 가지고 있었다. 로웰은 애리조나주의 플래그스탑 Flagstaff 에 있는 자신의 천문대에서 1906년부터 1916년 사망하기 전까지 이 행성을 찾는 데 모든 노력을 기울였으나 끝내 실패하고 말았다. 그리고 로웰이 사망한 후 더는 로웰의 연구를 이어받는 이가 없었다. 로웰이 세상을 떠난 지 13년 후, 1929년 톰보우 Clyde Tombaugh, 1906~1997 가 로웰 천문대에서 자리를 얻었다. 그리고 때마침 로웰의 동생은 한 장의 사진에 12° × 14°의 하늘을 담을 수 있는 촬영용 망원경을 기부했다. 1930년 2월 톰보우는 6일 간격으로 찍은 사진 건판을 비교하고 있었다. 그는 건판에서 해왕성보다 먼 거리에서 이동하는 희미한 천체, 명왕성을 발견하였다. 톰보우가 발견한 곳은 로웰의 계산 결과에서 겨우 6도 떨어진 곳이었다.

명왕성이 발견되자 여러 이름이 후보에 올랐다. 결국, 퍼시벌 로웰의 머리 글자인 P와 L이 들어간 Pluto로 명명되었다. 태양에서 가장 멀리 떨어져 있으며 차가운 암흑의 세계에 있었던 새로운 행성의 이름으로 알맞은 것이었다. Pluto는 그리스 신화의 하데스 Hades 에 해당하는 로마신화에 등장하는 죽음의 세계를 관장하는 신이었기 때문이다.

곧이어 명왕성에 대한 관측으로부터 그 궤도와 크기가 밝혀지자 과학자들은 놀랐다. 명왕성의 질량이 로웰이 계산한 것처럼 크지 않았기 때문이었다. 명왕성이 천왕성이나 해왕성의 발견에 적용되었던 것처럼 미지의 행성에 의한 중력으로 인해 행성들의 미세한 궤도 변화를 통해 발견된 것처럼 보였지만 사실 명왕성은 천왕성이나 해왕성의 궤도에 영향을 미친 적이 없다. 천문학자들은 로웰이 자신의 근거로 삼았던 해왕성 궤도의 미세한 변화가 실제로 존재하지 않았다는 것을 곧바로 인식하게 되었다. 말하자면 로웰의 계산은 처음부터 잘못된 근거를 가지고 있었던 것이었다.

명왕성은 외태양계의 거대행성들과는 확연히 다른 특징을 보여주었다. 오 랫동안 명왕성은 지구와 그 질량이 같을 것으로 생각되어 왔다. 태양계의 형 성 시기에 특별한 천문학적 사건 때문에 해왕성 궤도 바깥에서 우연히 형성 된 지구형 행성으로 생각했다. 말하자면 장소를 잘못 선택한 다섯 번째의 지 구형 행성이라는 인식이 강했었다. 그러나 명왕성은 타원궤도의 이심률이 매 우 높고 다른 행성들과 달리 공전 궤도면이 심하게 기울어져 있다. 1978년 명왕성의 위성인 케이론Charon 이 발견됨으로써 명왕성의 질량을 정밀하게 계산할 수 있게 되었다. 그리스 신화에서 케이론은 사망한 영혼을 삶과 죽음 을 가르는 스틱스Styx 강을 건너 하데스에게 데려가는 뱃사공이므로 이 이름 은 적절한 것으로 보인다. 계산 결과 명왕성은 지구의 질량보다 작다는 것이 밝혀졌다. 그리고 케이론은 다른 행성의 위성들과 다른 방향으로 공전하고 있었다. 목성이나 토성의 경우에서처럼 반대 방향으로 공전하는 위성에 대한 과학자들의 설명을 기억하고 있을 것이다. 케이론은 명왕성의 중력에 사로잡 힌 천체라는 의미인 것이다. 그리고 케이론은 명왕성의 크기와 비교할 수 있 을 만큼 컸다. 지름이 명왕성 지름의 절반보다 컸던 것이다. 태양계에서 위성 과 행성의 질량비는 대체로 일정한 경향을 보인다. 따라서 명왕성과 케이론 의 경우는 매우 특별한 경우에 해당하는 이례적인 경우였다. 명왕성에서 케 이론을 본다면 지구의 보름달보다 무려 8배나 큰 것처럼 보일 것이다.

분명히 명왕성은 천문학자들에게 골치 아픈 행성이었다. 1990년대에 들어 천문학자들은 해왕성 너머에 있을 작은 천체들을 찾기 시작했다. 그리고 곧 바로 명왕성만이 해왕성 너머에 존재하는 것이 아니라는 것을 알게 되었다. 그리고 해왕성 너머에서 새롭게 발견되는 작은 천체들을 TNO trans-Neptune object 라고 부르기 시작했다. 이 중에는 에리스Eris 라는 천체도 포함되어 있 다. 그리스 신화에서 불화의 여신인 에리스의 이름이 붙은 것으로 보아 이들 천체가 천문학자들을 얼마나 골치 아프게 했는지 짐작할 수 있다.

이제 과학자들은 TNO들에 대해 새로운 분류를 할 필요가 있다고 느꼈다. 분명히 태양 둘레를 공전하고 있지만, 행성들이 가지고 있어야 할 공통적인 특징을 가지고 있지 않은 이 새로운 천체들을 왜소행성 dwarf planet 이라고 명명했다. 2006년 국제천문연맹 International Astronomical Union, IAU 은 행성에 대해 다음과 같이 정의했다. 첫 번째로 태양 둘레를 공전할 것, 두 번째로 충분한 질량을 가지고 있어서 자신의 중력에 의해 둥근 모양을 가지고 있을 것, 그리고 세 번째로 공전 궤도 주변에 다른 천체가 없어야 한다는 것이다. 두 번째와 세 번째 정의는 사실 행성의 지위를 얻기 위해서 일정 이상의 크기와 질량을 가지고 있어야 한다는 의미이다. 특히 세 번째 정의는 행성의 중력에 의해 공전 궤도에 있는 작은 천체들이 모두 행성의 중력에 의해 해당 행성의 일부가 되었을 것이라는 근거를 토대로 하고 있다. 주변에 많은 천체가 존재하는 명왕성은 세 번째 정의를 만족하지 못했기 때문에 2006년 이후 왜소행성으로 분류되고 있다.

카이퍼 벨트(Kuiper belt)와 오르트의 구름(Oort's cloud)

해왕성 너머에 있는 수없이 많은 작은 천체 TNO 들이 있는 영역을 카이퍼 벨트라고 부른다. 카이퍼 벨트란 이름은 대중적인 명성을 날렸던 천문학자인 칼 세이건 Carl Sagan, 1934~1996 의 지도교수였으며, 현대 행성 역학의 선구자인 제랄드 카이퍼 Gerald Kuiper, 1905~1973 로 부터 왔다.[8] 카이퍼 벨트에는 지름이 100 km가 넘는 100,000개 이상의 천체가 원반 모양으로 분포하고 있을 것으로 생각되며 그 범위는 50 AU까지 펼쳐져 있을 것으로 생

---

8 카이퍼는 네덜란드 천문학자로서 1935년 미국으로 건너온 후, 하버드대학 연구원을 거쳐 1937년에 시카고대학의 교수가 되었다. 네덜란드어로는 퀴퍼라고 읽는다.

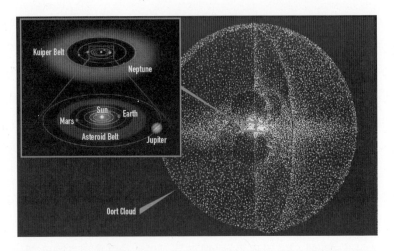

카이퍼 벨트와 오르트의 구름의 상상도. 태양계의 행성 공전 궤도면과 평행한 카이퍼 벨트를 확인할 수 있다. 그 바깥으로 구 형태로 태양계와 케이퍼 벨트를 둘러싸고 있는 오르트 구름을 볼 수 있다. ⓒ NASA

각한다. 여기가 핼리혜성과 같은 짧은 공전 주기를 가진 혜성들의 고향이라고 여겨지는 공간이다. 카이퍼 벨트에 관한 이해를 돕기 위하여 새로운 탐사선이 계획되었다. 뉴 호라이즌New Horizon 호는 NASA의 뉴 프론티어 계획New Frontier Project 일부로써, 2006년 1월 19일 발사되었다. 목성을 이용하여 중력 보조 항해를 한 뉴 호라이즌호는 지구를 떠난 지 거의 9년만인 2014년 7월 14일 카이퍼 벨트의 입구인 명왕성에 도착하였다. 명왕성 표면에서 12,500 km 상공을 통과한 후, 카이퍼 벨트로 항해를 시작하였다. 뉴 호라이즌호는 명왕성에 가장 근접한 탐사선이었으며, 가장 선명한 명왕성의 사진들을 지구로 전송하였다.

지금까지 설명한 천체들만이 태양계를 구성하는 것은 아니다. 가끔씩 지구에 근접하는 혜성들도 엄연한 태양계를 구성하는 천체들이다. 그렇다면 혜성들은 어디에서 비롯될까? 이를 확인해 볼 수 있는 효과적인 방법의 하나는 이 혜성들의 원일점들을 비교해 보는 것이다. 만약 원일점이 모두 겹쳐지는 영역이 있다면 바로 그곳이 혜성의 고향일 것이다. 1950년 오르트Jan Oort,

동굴에서 별을 보다

1900~1992 는 19개의 긴 주기를 갖는 혜성들의 궤도를 조사했다. 오르트는 긴 주기 혜성은 짧은 주기 혜성과 달리 해왕성과 명왕성 궤도 근처가 아니라 훨씬 먼 거리에서 원일점들이 겹친다는 것을 발견하였다. 태양으로부터의 거리는 무려 50,000 AU 정도로서 태양의 중력이 겨우 미치는 영역이었다. 그는 태양계의 최 외곽지역에 혜성으로 발전할 수 있는 수없이 많은 천체가 존재하며 어떤 원인에 의해 태양계의 내부로 움직이게 된다면 긴 주기 혜성으로 발전한다는 가정을 내놓았다. 긴 주기 혜성들의 공전 궤도면은 그 궤도가 매우 다양하여 때로는 행성들의 공전 궤도면에 거의 수직인 경우도 있으며, 때로는 행성들의 공전 방향과 반대 방향으로 공전하기도 한다. 그는 이를 근거로 이 천체들이 태양계를 공 모양을 감싸고 있다는 견해를 발표하였다. 구름 모양으로 태양계 외곽을 감싸고 있는 이 천체들을 오르트의 구름이라고 하며 여기에 약 1조(10^{12})개 정도의 잠재적인 혜성이 존재한다고 생각하고 있다.

혜성

혜성은 그 독특한 형태 때문에 대부분의 문명권에서 혜성의 출현을 기록하고 있었다. 혜성은 일상적인 천체가 아니고 갑자기 출현하기 때문에 대부분은 불길한 징조를 암시하는 천체로 인식됐다. 그래서 혜성의 출현을 전쟁이나 왕의 죽음, 또는 왕조의 멸망으로 연결해 생각하기도 하였다. 특히 고대 중국에서는 혜성의 꼬리 형태를 구분하여 특정 사건과 연결하려고 하였다.

오늘날 혜성은 태양계에서 가장 원시적인 물질을 포함하고 있는 일종의 화석으로서 생각하고 있다. 원시적이라는 의미는 태양계 형성 초기를 의미하는 것이다. 따라서 혜성을 관측한다는 것은 마치 오래된 지층에서 화석을 발견하는 것과 같은 의미를 지니는 것이다. 혜성을 본격적으로 연구한 인물은 헬리였다. 그는 혜성에 대한 사람들의 공포와 미신과는 상관없이 혜성의 궤도를 연구하였으며, 1705년에는 무려 24개에 대한 기록을 남겼다. 혜성이 독특하게 보이는 이유는 마치 머리카락과 같은 긴 꼬리를 지녔기 때문이다. 혜성의 긴 꼬리는 혜성이 매우 쉽게 증발하는 물질로 구성되었음을 의미한다. 혜성은 그 크기가 작기 때문에 탈출속도가 매우 작다. 따라서 혜성의 표면에서 증발하는 - 사실 거의 폭발에 가까운 - 먼지와 대기는 금방 우주 공간으로 흩어지게 되며, 먼지와 대기는 끊임없이 혜성의 핵을 통해 공급된다. 혜성이 태양에 가깝게 다가오면, 혜성의 핵은 끓어오르기 시작하면서 꼬리가 태양의 반대쪽으로 형성되기 시작한다. 혜성의 꼬리는 가스로 이루어진 꼬리와 먼지로 이루어진 꼬리로 크게 구분할 수 있다. 가스로 구성된 꼬리는 태양의 복사압력에 의해 항상 태양의 반대편에 형성이 되지만 먼지로 구성된 꼬리는 혜성의 진행 방향의 반대편에 형성된다. 따라서 과거에 혜성의 꼬리 개수를 셌던 것이 가능했던 것이다.

혜성의 핵이야말로 태양계의 원시 물질을 저장하고 있으며 혜성의 진짜 실체라고 말할 수 있다. 혜성의 핵은 지름이 겨우 수 km 정도이며, 일반적으로 혜성의 먼지와 대기 속에 묻혀 있어서 연구하기가 어렵다. 직접적인 방법으로 혜성의 핵을 처음으로 측정한 것은 1986년 핼리혜성이 지구 근처를 지날 때였다. 모두 3개의 탐사선이 혜성에 접근하였다. 소비에트연방이 발사한 베가VEGA 1호와 2호는 1986년 3월 6일 혜성의 핵에 처음으로 접근하였다. 그리고 혜성의 핵에서 약 8,000 km 떨어진 곳까지 접근하였다. 하지만 혜성으로부터 방출되는 미세한 먼지들로 인하여 오래지 않아 작동을 멈췄다. 하지만 베가가 작동을 멈추기 전까지 보내준 자료를 이용하여 유럽우주국European Space Agency, ESA 에서 발사한 지오토Giotto 탐사선은 1986년 3월 14일 혜성의 핵에 거의 600 km까지 접근할 기회를 얻었다. 지오토 탐사선은 핼리혜성의 핵이 긴 쪽은 약 10 km, 짧은 쪽은 약 6 km 정도의 크기를 갖는다고 알려왔으며, 약 1 km의 해상도를 가지는 카메라를 이용하여 핼리혜성

로제타 탐사선에 의해 촬영된 67P 혜성의 모습. 아직 표면 활동이 시작되기 전의 모습으로서 선명한 혜성의 핵을 확인 할 수 있다. 혜성으로부터 154 km 떨어진 곳에서 촬영한 사진이다. ⓒ ESA/Rosetta/NAVCAM

의 핵을 사진에 담는 데 성공했다.

탐사선을 이용하여 이미 태양에 근접해버린 혜성을 관찰하는 것은 더욱 어렵다. 혜성의 표면이 매우 불안정하고 혜성의 표면으로부터 방출되는 미세한 먼지 때문에 탐사선의 기계적인 신뢰도를 확보하기 어렵기 때문이다. 따라서 혜성의 표면이 끓어오르기 전에 혜성을 관찰할 수 있다면 혜성을 연구하는 데 많은 도움을 줄 것이다. 1990년대 유럽우주국은 태양 쪽으로 다가오는 67P/츄류모프-게라시멘코Churyumov-Gerasimenko 라고 이름이 붙여진 혜성의 뒤를 추격하면서 혜성을 관찰하는 탐사선을 계획했다. 약 2 t 규모의 탐사선에 로제타Rosetta 라는 이름이 명명되었으며, 소형탐사선을 탑재한 후, 이 소형탐사선을 혜성의 표면에 착륙시킬 계획이었다. 로제타 탐사선은 미국의 반대로 플루토늄 연료전지를 탑재할 수 없었기 때문에 태양전지판을 이용해야만 했다. 하지만 태양으로부터 멀리 떨어진 67P 혜성을 연구하기에는 턱없이 부족했다. 그래서 로제타호는 일단 발사된 직후 모든 기기의 전원을 끈 다음 태양 쪽으로 비행하면서 충전할 계획을 세웠다. 드디어 2004년 3월 2일 로

제타 탐사선이 발사되었다. 이 계획의 성패는 태양에 의해 충전이 모두 이루어진 후 "탐사선의 전원이 자동으로 다시 켜지는가?"였다. 다행스럽게 전원은 계획대로 들어왔다. 2014년 8월 6일 화성과 소행성대를 통과한 탐사선은 67P 혜성에 접근했다. 67P는 핼리혜성과는 다른 모습을 하고 있었다. 상대적으로 매끈했던 핼리혜성과 달리 아령 모양을 하고 있었으며 자전주기는 12시간이었다. 마침내 2014년 11월 12일 소형탐사선인 파일리 Philae 를 혜성의 표면에 낙하시켰다. 7시간에 걸친 조심스러운 낙하 끝에 파일리는 무사히 혜성의 표면에 착륙하였다. 그러나 짧은 시간 동안 작동한 후 파일리는 침묵했다. 그늘 지역에 착륙한 것이다. 로제타 탐사선은 이후 약 1년 정도 파일리의 재작동을 기다렸으나, 혜성이 점점 태양에 접근하면서 표면 활동이 활발해지자 2016년 9월 30일 혜성에 충돌함으로써 그 임무를 마감했다.

그러나 로제타 탐사선은 67P 혜성에 대한 많은 정보를 보내주었다. 이제껏 인류가 얻은 가장 높은 해상도의 혜성 이미지를 지구로 전송하였으며 혜성의 어둡게 보이는 표면은 철과 니켈이 섞여 있으며, 탄소가 풍부한 유기화합물 먼지로 덮여있다는 것을 보여주었다. 그런데도 이 혜성의 밀도가 약 $0.5\,g/cm^3$라는 사실로부터 구멍이 매우 많은 천체라는 것을 알 수 있다. 또한, 이 혜성은 다른 혜성들과 달리 태양에 근접해도 표면이 끓어오르지 않는 독특한 혜성이었다. 무려 표면의 99%가 태양에 가깝게 근접해도 끓어오르지 않았다. 표면에 있는 가느다란 균열을 통해 아주 약한 제트가 수 분씩 지속될 뿐이었다. 혜성이 태양에 점차 접근하자 표면으로부터 분출되는 물질의 양이 약 10배 정도 증가하였다. 2015년 7월부터 10월까지는 혜성의 표면에서 방출되는 수증기에 포함된 방사성 동위원소의 양을 측정하였다. 수소와 중수소 deuterium 의 비율을 측정한 것이다. 만약 이 비율이 지구의 그것과 같다면 지구의 물이 어디에서 왔는가에 대한 하나의 해답이 될 것이다. 그러나 이 비율은 지구의 것과는 아주 달랐다. 결국, 67P로부터는 지구의 물에 대한 기원의 답을 직접적으로 얻지 못한 것이다.

소행성

대부분의 소행성은 화성과 목성 궤도 사이에 있는 소행성 대asteroid belt 에 존재한다. 대부분의 소행성은 매우 작으므로 망원경이 없으면 볼 수가 없다. 최초의 발견은 19세기에 들어와서야 가능했다. 그 당시 천문학자들은 보데-티터스 법칙이라고 불리던 경험적인 법칙에 근거하여 화성과 목성 사이에 또 다른 행성이 존재해야 한다고 믿었다. 티터스-보데 법칙은 비텐베르크Wittenberg 대학 교수이자 천문학자였던 티터스Johann D. Titius, 1729~1796 와 독일의 천문학자였던 보데Johann E. Bode, 1747~1826 의 이름을 따온 것이다. 이들은 1772년 태양계의 행성들 위치에 대한 다음과 같은 경험적인 하나의 식을 발표한다.

$$d = 0.4 + 0.3 \times 2^N$$

이들은 이 식의 N에 $-\infty, 0, 1, 2, 4, 5$를 대입하면 수성부터 토성까지의 거리를 구할 수 있다고 주장하였다. 여기에서 거리 단위는 AU이다. 이 법칙의 유용성은 심지어 1781년 $N = 6$의 위치에서 허셜에 의해 천왕성이 발견되면서 사람들을 흥분시켰다. 그렇다면 $N = 3$인 곳에도 행성이 있어야 했다. 사실 이 법칙을 지지할 만한 명확한 이론은 없지만, 궤도의 공진현상과 자유도 제한을 고려한다면 설명할 수 있을 것으로 보는 견해가 있다.

예상되는 궤도 근처에서 처음으로 움직이는 천체를 발견한 사람은 이탈리아 천문학자인 피아찌Giuseppe Piazzi, 1746~1826 였다. 독일의 천문학자들이 이 새로운 행성을 찾기 위해 별도의 조직을 구성하기까지 했던 것에 비하면 발견의 영예는 운 좋게도 이탈리아 천문학자에게 돌아가는 듯했다. 이 천체는 공전 궤도가 약 2.8 AU였으며, 세레스Ceres 라는 이름이 붙여졌다. 그러나 곧이어 그 근처에서 또 다른 작은 천체들이 잇달아 발견하기 시작했지만, 행성이라고 부를만한 규모의 천체는 없었다. 모두 지름이 1,000 km에도 미치지 못하

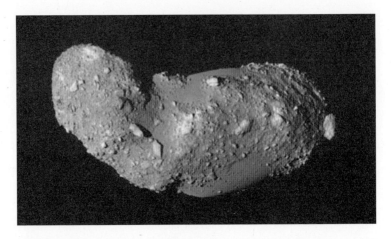

이토카와 소행성의 표면. 이토카와 소행성에는 크레이터가 보이지 않는다. 표면이 단단하여 크레이터가 생기기 어려운 환경일 수 있고 또는 아마 크레이터가 발생했다하더라도 먼지에 의해 크레이터가 메워졌을 것으로 생각하고 있다. ⓒ ISAS/JAXA

는 작은 천체들뿐이었다. 1890년까지 무려 300여 개의 소행성을 발견한 이후, 현재까지 10,000개 이상의 소행성 궤도가 분석되었다. 이들은 대부분 2.2 AU에서 3.3 AU에 걸쳐 분포하고 있는데, 이 영역을 소행성대라고 부른다.

소행성대에서 가장 큰 천체는 세레스로서 지름이 약 1,000 km 정도이다. 그리고 팔라스Pallas 와 베스타Vesta 가 지름이 500 km 정도이다. 그리고 15개 정도의 소행성들이 지름이 250 km를 넘을 뿐이다. 소행성의 크기와 숫자를 살펴보면 지름이 작아질수록 소행성들의 숫자는 급격히 증가하는 경향을 보인다. 예를 들면 지름이 10 km대인 소행성들의 숫자는 지름 100 km 정도인 소행성들보다 약 10배 정도 많다. 모든 소행성의 공전 방향과 공전 궤도면은 다른 행성들과 같다. 우리가 소행성대라고 부르는 영역에 전체 소행성의 약 75% 정도가 존재하는데 우리의 생각처럼 아주 밀집해서 존재하는 것은 아니다. 일반적으로 소행성들 사이의 거리는 1 km 정도의 지름을 가진 소행성까지 고려한다고 하더라도 수만 km에 달한다. 우리는 여러 우주 탐사선이 이 소행성들을 무사히 통과했다는 것을 기억한다. 이는 모두 소행성 사이의 거리가 충분히 멀기 때문에 가능한 일이었다. 그래도 탐사선의 통과에 영향을 줄 수 있는 작은 암석 부스러기까지 생각해 본다면, 여전히 소행성대를 통과하는 것은 어려운 일이다.

하야부사 탐사선

소행성 탐사에서 가장 극적인 순간을 연출한 것은 일본이 쏘아 올린 소행성 탐사선인 하야부사Hayabusa 일 것이다. 하야부사는 일본우주항공국Japan Aerospace Exploration Agency, JAXA 이 2003년 5월 9일에 지구 근접 소행성인 25143 이토카와Itokawa 소행성의 표본을 가지고 지구로 귀환할 목적으로 발사되었다. 2005년 9월 하야부사는 이토카와와 최근접비행을 하면서 소행성의 크기와 형태 및 구성 성분에 관한 자료들을 지구로 보내왔다. 그리고 11월 드디어 암석 표면을 채취하기 위하여 이토카와 소행성 표면에 미네르바MINERVA, Micro-Nano Experimental Robot Vehicle for Asteroid 소형탐사선을 착륙시킬 준비를 하였다. 11월 12일 일본우주항공국의 관제소는 미네르바 투하 신호를 보냈다. 하지만 지구에서 송출된 명령이 모선에 도달하기 전에 하야부사에 충돌을 방지하기 위해 설치한 고도계의 경보가 켜졌다. 하야부사의 고도가 겨우 이토카와의 표면으로부터 44 m 정도에 불과했기 때문에 고도를 유지하기 위한 자동 고도유지 장치가 작동한 것이다. 모선에 분리 신호가 도달했을 때는 이미 고도가 높아져서 예정했던 것보다 훨씬 높은 고도에서 미네르바가 투하되었다. 이미 이토카와에 착륙할 수 있었던 고도보다 훨씬 높은 곳에서 투하되었기 때문에 미네르바는 이토카와의 중력에 사로잡히지 못하고 우주 공간으로 사라져 버렸다. 11월 19일 이번에는 하야부사가 이토카와에 직접 착륙을 시도했지만, 알 수 없는 이유로 하야부사의 착륙은 지연되고 있었다. 이토카와의 지면으로부터 10 m 높이에서 더는 하강하지 못했다. 결국, 관제소는 다시 상승을 지시했다. 그러는 동안 하야부사는 이토카와의 표면을 수평으로 약 100 km쯤 비행했다. 11월 23일 관제소는 하야부사가 이토카와에 착륙했음을 공식적으로 알렸다. 하지만 표면의 표본을 얻지는 못하였다. 하야부사가 안전모드로 전환되었기 때문이었다. 그리고 12월 8일 하야부사와 통신이 중단되었다. 2006년 3월 7일 하야부사와의 통신이 재개되었다. 곧바로 6월 1일 하야부사에 탑재되어 있던 4개의 이온엔진 중에서 2개가 정상 작동하는 것을 확인한 일본우주항공국은 두 개의 엔진만을 이용하여 하야부사를 지구로 귀환시키겠다고 발표한다. 드디어 우여곡절 끝에 소행성의 표면 먼지만을 겨우 채집한 채 2007년 4월 25일 하야부사는 2개의 이온엔진을 작동시켜 이토카와를 벗어난 다음, 지구로 귀환하는 여정에 오른다. 그리고 3년간의 비행을 마치고 2010년 6월 13일 호주 상공을 통해 지구로 귀환하면서 분해되었다. 넓게 흩어진 하야부사의 잔해를 찾는 작업이 곧바로 이어졌으며 다음 날 이토카와의 표면 먼지가 담긴 캡슐을 발견하였다. 2011년 사이언스지에 하야부사가 가져온 먼지 표본에 관한 6편의 논문이 실렸다. 그 결과는 이런 것이었다. 이토카와 표면의 먼지는 최소 8백만 년 정도의 것으로서 그 성분은 운석을 구성하는 것과 같은 물질로 구성되어 있다. 일본우주항공국은 2014년 12월 3일 하야부사2라는 이름의 소행성 탐사선을 다시 쏘아 올렸다. 약 3년 반의 항해 끝에 2018년 6월 27일 162173 류구Ryuku 소행성 궤도에 무사히 도착했다. 하야부사1호의 실패로 얻은 귀중한 정보를 통해서 다시 한번 소행성 탐사에 나선 것이다. 하야부사2는 1년동안 류구의 표본을 채집하고 2019년 12월 지구로 출발할 예정이다.

태양계의 형성과 외부 항성계

태양계가 어떻게 형성되었는지를 알기 위해서는 이미 우리가 알고 있는 몇 개의 사실을 설명할 수 있는 가설이 필요하다. 만약 어떤 가설이 태양계와 관련된 몇 가지 관측 조건을 만족한다면, 우리는 그 가설을 태양계가 형성되는 과정을 설명하는 이론으로 받아들일 수 있을 것이다. 그 몇 가지 관측 조건을 어떤 가설이 꼭 설명해야 하는 제약 조건이라고 부르자. 첫 번째 제약은 태양계의 운동과 관련된 것이다. 태양계를 구성하는 대부분의 천체는 태양의 북극 - 지구의 북극과 같은 방향이다 - 에서 내려다보았을 때, 모두 반시계 방향으로 공전하며 팽이와 같이 자전하고 있다. 더불어 이들의 공전면은 혜성들을 제외하고 거의 같은 평면 위에 놓여있다. 물론 그 자전 방향이 다른 행성들도 있다. 예를 들면 금성은 시계방향으로 자전하며 천왕성은 공전 궤도면에 거의 수직인 자전축을 가지고 있다. 당연히 이 행성들의 자전 운동도 설명할 수 있어야 하지만, 일반적인 경우가 아니기 때문에 꼭 설명할 필요는 없을 것이다. 두 번째는 화학적 구성에 대한 것이다. 태양에 가까운 행성들은 수소와 헬륨 같은 가벼운 원소들이 태양에서 멀리 떨어진 행성들과 비교해 보았을 때 상대적으로 결핍되어 나타난다.

사실 이러한 부분들은 대부분 현재 우리가 이해하고 있는 별의 형성과정을 통해 이해할 수 있다. 태양이 행성들과 거의 같은 시기에 같은 거대 먼지구름에서 형성되는 과정에서 뜨거운 태양에 가까운 행성에서 상대적으로 가벼운 원소가 결핍되어 나타난다거나, 행성들의 공전 궤도면이 거의 같은 평면에 놓여있고 공전과 자전 방향이 일치하는 것은 별의 형성 초기에 나타나는 회전하는 거대 가스 원반을 통해 이해할 수 있는 것들이다. 그렇다면 같은 형성과정을 거쳤을 다른 별들도 태양계와 같은 구조로 되어있을 것이라는 생각은 전혀 이상한 것이 아니다.

외계 행성을 찾는 것은 매우 어려운 작업을 필요로 한다. 현재 주로 이용되고 있는 방법은 행성들과 항성의 궤도 운동 때문에 발생하는 항성의 미세한 변화를 도플러효과를 통해 살펴보는 것이다. 그리고 행성이 모항성의 표면을 가로지르기라도 한다면 분광학의 도움을 받아 행성의 대기에 관한 정보

ALMA에 의해 관측된 항성계의 형성 모습. 고리로 관측된 지역은 장차 행성으로 성장할 가능성이 매우 큰 곳이다. 태양계의 형성도 이와 유사한 과정을 거쳤을 것이라고 보는 것이 자연스러운 것이다. ⓒ ESO/NAOJ/NRAO

를 얻을 수 있다. 외계 행성에 대한 최초의 증거는 1988년에 얻어졌다. 그리고 4년 후, 이 천체가 외계 행성이라는 검증이 완료되었다. 2018년 5월 1일 현재, 태양계 외부에 존재하는 행성들의 숫자는 무려 3,767개에 달하며 외부 태양계의 숫자는 2,816개이다. 이 중에서 628개는 두 개 이상의 행성을 포함하고 있다. 2004년부터 HARPS high accuracy radial velocity planet searcher 가 백여 개의 외계 행성들을 관측하였으며, 케플러 궤도망원경이 2009년부터 무려 2,000여 개에 달하는 외계 행성들을 발견하였다. 물론 이 과정이 모두 순조로웠던 것은 아니다. 예를 들면 케플러 망원경은 이전 관측 시스템보다 훨씬 많은 수의 외계 행성 후보를 발견하였지만, 이 중 약 11%는 외계 행성이 아닌 것으로 밝혀진 바 있다. 지금까지 발견된 가장 작은 외계 행성은 2,300 광년 떨어진 처녀자리에서 발견된 드라우거 Draugr 로서 질량이 달의 두 배 정도에 불과하다. 반면 가장 큰 행성은 남반구 이젤자리 Pictor 에 있는 HR 2562 둘레를 공전하고 있는 HR 2562b라고 불리는 행성으로서 무려 목성의 30배

동굴에서 별을 보다

에 해당하는 질량을 가지고 있다.

새로이 형성되고 있는 항성계에 대한 직접적인 관측으로는 미국, 일본 및 유럽연합이 공동으로 칠레에 건설한 ALMA Atacama Large Millimeter/submillimeter Array 관측소에서 발표한 이미지가 유명하다. 태양으로부터 410 광년 거리에 있는 뱀주인자리 Ophiuchus 방향에 있는 별 형성지역에서 전파망원경을 이용하여 얻은 이미지이다.

5

아름다운 세계를 위하여

별에 대한
단서를 찾아서

과학의 가장 큰 미덕은 오로지 실험이나 관측을 통해 얻은 증거와 그 증거에 기초한 가설만이 그 가치를 인정받는다는 것이다. 그 외에 중요한 것은 아무것도 없다. 개인의 사회적, 경제적 또는 정치적인 영향력 따위는 아예 고려 대상이 되지 않는다. 아무리 대중적인 인기를 얻고 있으며 사회적인 존경을 받는 과학자가 주장했다고 하더라도, 아직은 무명인 대학원 학생의 반론이나 반박 증거에 자신의 주장을 철회하거나 영원히 과학사의 뒷면으로 사라지는 일은 과학계에서 드문 일은 아니다. 과학자는 학위나 다른 현란한 배경 뒤에 숨는 일을 부끄러운 일로 여긴다. 이제 눈을 우주로 돌려보자. 우주를 관측한다는 것은 우리가 우주를 이해할 수 있는 가장 기본적인 자료를 얻는다는 것을 의미한다. 그리고 이를 근거로 합리적인 의심과 검증이라는 과정을 거쳐 가설들을 다듬어 간다. 따라서 관측을 통해 얻은 자료들은 곧바로 우리가 별 또는 우주를 우리가 얼마만큼 잘 이해하고 있는지를 판단하는 근거가 되기 때문에 중요하다.

이제 별들을 관측하고, 우주를 이해하기 위해 우리가 꼭 알고 있어야 하는 내용을 살펴보자. 일반적으로 별은 다음 두 가지의 정의를 가진다. 첫 번째는 내부에서 만드는 에너지를 외부로 방출해야 하며, 두 번째는 자신의 중력에 의해 구 형태를 갖추어야 한다. 따라서 행성이나 혜성들은 첫 번째의 기준을 만족하지 못한다. 물론 흑색 왜성처럼 다시는 에너지를 만들지 못하는 천체도 있으나, 이들은 진화를 거쳐 이 상태에 도달했기 때문에 예외로 한다. 별에서 중요한 내용은 별의 진화이다. 별들은 성간물질로부터 태어나며 한정된 수명 동안 에너지를 생성하고 이를 외부로 방출하는 과정을 겪는다. 그리고 에너지 공급이 점차 줄어들면서 죽음에 이르게 된다. 별의 정의 중 두 번째가 의미하는 것은 별들의 질량이 제한된 범위 - 태양 질량의 0.1~100배 정도 - 에 걸쳐있다는 것이다.

별들을 관측하고 연구하기 위해서, 먼저 별들의 위치에 대한 정보를 모든 사람이 공유해야 한다. 이는 국제적인 약속을 통해서 가능한 일이다. 과학에서는 약속을 정의definition 라고 한다. 많은 정의를 통해 과학자들은 서로 오해 없이 의견들을 교환할 수 있다.

다음으로는 별까지의 거리를 측정하는 것이다. 태양에서 가장 가까운 별이 광년 단위로 떨어져 있으므로 생각보다 별까지의 거리를 측정하는 것은 어렵다. 하지만 여러 재능있는 과학자들에 의해 별까지의 거리를 측정하는 다양한 방법들이 제시되었다. 아마 특정 천체까지의 거리에 대해 과학자들이 매우 확신에 찬 어조로 이야기하는 것을 본 적이 있을 것이다. 이는 모두 그동안 많은 과학자의 아이디어와 때로는 획기적인 발상을 통해 그 효용성을 인정받은 방법을 통해 측정된 것들이다. 별의 위치와 거리를 알고 있다면 우리는 별 또는 우주의 지도를 그리는 데 필요한 모든 정보를 가진 셈이다. 그것도 지구상에서 그리는 평면 형태의 지도가 아니라 3차원 지도이다. 이 지도를 통해 우리는 우주의 구조에 관해 이야기할 수 있으며 이러한 구조를 가지기 위하여 어떠한 물리적인 과정을 거쳤는도 이야기할 수 있다.

다음으로는 별의 크기와 질량에 대한 자료가 필요하다. 별의 크기를 측정하는 일이 쉬운 일은 아니지만 불가능한 것도 아니다. 그리고 우리는 별의 질량을 계산하는 오래되었지만 훌륭한 방법을 가지고 있다. 이 두 가지 자료를 종합하면 별의 크기와 질량에 대한 일종의 규칙성을 발견할 수 있을 것이다.

다음으로 필요한 것은 별의 화학적 성분과 별의 표면 온도이다. 별은 진화 상태에 따라 표면 온도와 화학적 성분이 달라지며, 이는 곧바로 별의 크기 변화에 영향을 미친다.

별의 밝기

태양보다 멀리 있는 별에 대한 정보는 어떻게 얻을 수 있을까? 물론 탐사선을 근처로 보내 직접 탐사하는 방법이 가장 이상적인 방법이다. 그러나 지구에서 태양까지 빛의 속도로 약 8분 18초나 걸리기 때문에 직접적인 탐사가 얼마나 어려운 일인지 생각해볼 만하다. 빛의 속도로 겨우 약 1.3초 걸리는 달까지 여행하는데 사흘 정도의 시간이 필요하니, 수 광년 떨어져 있는 "가까운" 별이라도 탐사선을 보낸다는 것은 현실적으로 불가능하다.

이제 빛이라는 한 가지 정보로부터 별에 대해 우리가 알고 싶어 하는 모든 정보를 추론해야 하는 과정이 남았다. 이는 홈즈나 포와로와 같은 탐정이 사건 현장에 남아있는 한 가지 단서로부터 사건의 경위를 모두 꿰뚫어 보는 것과 같은 통찰력이 필요하다는 것을 의미한다.

별로부터 오는 빛은 가시광선뿐만 아니라 여러 파장대를 갖는 눈에 보이지 않는 자외선, 적외선 또는 전파뿐만 아니라 x선이나 γ선 등을 포함한다. 사실 별로부터 오는 대부분 빛은 별의 표면을 통해 방출되는 것이다. 따라서 우리가 얻는 별의 스펙트럼은 대부분의 별 표면과 대기의 정보만을 포함한다는 것이다. 일단 한 가지의 관측 가능한 정보를 얻었으니 이 정보가 담고 있는 의미를 살펴보자. 사실 별의 표면은 간접적으로 별의 질량, 나이, 그리고 내부의 구성 성분에 대한 정보를 담고 있을 것이다. 따라서 이를 잘 분석하면 별의 물리적, 화학적 성질과 관련된 실마리를 얻을 수 있을 것이다.

별이 빛을 일정한 세기로 모든 방향으로 방출한다면 별로부터 거리 d만큼 떨어진 곳에서 측정한 별의 겉보기 밝기 L은 다음과 같이 거리에 대한 역제곱 법칙 inverse square law 을 따른다.

$$L = \frac{L_0}{4\pi d^2}$$

여기에서 L_0는 별의 원래 밝기이다. 별의 밝기를 앞으로 광도luminosity 라고 부른다. 태양의 총 광도는 $L_\odot = 3.86 \times 10^{26}$ W이며 이는 가시광선 이외의 기여도 포함되어 있으므로 볼로미터 광도bolometric luminosity 라고 부른다. 여기에서 $\odot$는 태양을 나타내는 오래된 기호이다. 별들은 모두 그 광도가 다르다. 가장 밝은 별은 태양보다 수백만 배나 밝고, 어떤 별들은 태양의 만분의 일 정도에 지나지 않는 광도를 가진 예도 있다. 위 식을 보면 하나의 식에 우리가 측정해야만 하는 두 개의 값이 있다. 하나는 별의 원래 밝기인 L_0이고, 다른 하나는 별까지의 거리 d이다. 따라서 겉보기 밝기인 L 이외에 또 다른 값 하나를 알아야만 나머지 값을 결정할 수 있는 것이다. 말하자면 시작부터 어려운 문제에 직면한 셈이다. 이는 다음에 다시 다룰 것이므로 별빛에 관한 이야기를 계속하기로 한다.

별의 표면 온도

별은 밀도가 매우 높은 뜨거운 구이며, 앞에서 이야기한 흑체에 가깝다. 별들의 표면 온도는 3,000 K에서 최대 100,000 K 정도의 범위에 있다.

별빛은 표면 근처 또는 대기를 구성하고 있는 원자나 분자를 통과하면서 특정 파장의 빛을 흡수하거나 방출하는 스펙트럼을 가진다. 즉, 별의 표면 및 별의 대기에 관한 정보를 이 스펙트럼이 갖기 때문에 별빛은 별들이 가지고 있는 일종의 지문이라고 볼 수 있다.

흑체는 이상적인 물체로서 표면에 닿은 모든 에너지를 흡수하거나 방출할 수 있는 이상적인 물체라고 이야기한 바 있다. 온도가 T이고 반지름이 R인 흑체가 빛을 통해 방출하는 단위 시간당 단위 면적당 에너지 - 흑체의 원래 밝기 - 는 플랑크 흑체복사 법칙을 이용하면 다음과 같은 스테판-볼츠만 방정식 Stefan-Boltzmann equation 을 얻을 수 있다.

$$L_0 = 4\pi R^2 \sigma T^4$$

여기에서 σ는 스테판-볼츠만 상수로서 $5.67 \times 10^{-8} \, \mathrm{Wm^2K^{-4}}$이라는 값을 갖는다. 스테판-볼츠만 방정식이 우리에게 알려주는 것은 같은 크기와 같은 온도를 갖는 별의 원래 밝기는 모두 같다는 것을 의미한다. 그리고 원래 밝기 L_0를 알고 있다면, 표면 온도로부터 크기를 구할 수 있다는 사실을 말해주고 있다. 여기에서 온도란 별의 표면, 즉 별빛이 빠져나가는 별의 가장 바깥 부분인 광구 photosphere 온도로서 표면의 기체 평균 에너지와 밀접한 관계를 맺을 것이다. 이를 별의 유효 온도 effective temperature 라고 부르기도 한다. 태양의 유효 온도는 5,780 K이다.

먼저 별의 표면 온도에 대한 단서를 찾아보자. 플랑크의 흑체복사 법칙은 특정 파장 λ 또는 진동수 ν를 가지는 에너지 밀도에 관한 식이었다. 흑체복사 법칙의 그래프로부터 가장 세기가 강한 파장의 빛은 플랑크의 흑체복사 법칙으로부터 쉽게 구할 수 있다. 이 결과는 다음과 같다.

$$\lambda_{\max} = 0.29 \ \mathrm{cm}/T[\mathrm{K}]$$

이는 뜨거운 별일수록 파장이 짧은 빛의 세기가 강해지기 때문에 파랗거나 보라색으로 관측된다는 것을 의미한다. 그러나 우리 눈의 시각세포는 보라색에 대해 매우 둔감하기 때문에 특별한 경우가 아니라면 거의 하얀색에 가까운 파란색으로 보일 것이다. 태양의 유효 온도 또는 표면 온도로부터 태양이 노란색으로 빛나는 이유를 알 수 있다. 아이들이 해를 도화지 위에 그릴 때 가장 많이 사용하는 색이 노란색이라는 사실은 정확히 사실에 기초한 선택이다. 부디 창의력을 핑계로 파란색이나 보라색 태양을 그리도록 강요하지 말자. 우리 몸에서는 어떤 파장의 빛이 가장 많이 방출될까? 우리 체온을 고려하면 약 10 μm인 파장의 빛이 가장 많이 방출되며 이는 적외선 영역이다.

과학자들은 두 개의 서로 다른 필터를 통과한 빛의 세기 차이를 이용하여 별의 표면 온도를 측정한다. 별의 표면 온도를 측정하기 위한 일종의 보정이라고 볼 수 있다. 일반적으로 U와 B 또는 B와 V값의 차이인 U-B 또는 B-V를 이용하며 이를 색지수color index 라고 한다. 여기에서 U는 자외선, B는 파란색에 민감한 필터를 통과한 빛의 세기이며, V는 가시광선을 의미한다.

별의 스펙트럼

별빛을 분광기를 통해 파장별로 분리하면 곳곳에 흡수선들이 관찰된다. 이 흡수선들은 별의 광구와 대기를 지나면서 특정 원자나 분자들에 흡수된 빛의 흔적이다. 즉, 수소로 이루어진 대기를 통과했다면 수소 원자의 흡수 스펙트럼선들이 관찰될 것이며 수소와 헬륨으로 이루어진 대기를 통과했다면 수소와 헬륨 원자의 흡수 스펙트럼선이 동시에 나타날 것이다. 만약 수소보다 강한 헬륨 흡수선이 관찰되었다면 별의 대기 중에 수소보다 헬륨의 밀도가 높다는 사실을 유추할 수 있을 것이다. 즉, 별의 스펙트럼을 통해 별의 대기를 구성하는 원소와 그 상대적인 밀도를 엿볼 수 있다.

별들의 스펙트럼을 분석해보면 파란 별, 즉 뜨거운 별에서는 이온화된 원자의 흡수 스펙트럼선들이 주로 관측되며, 빨간 별, 즉 차가운 별들에서는 중성원자나 분자들의 흡수 스펙트럼선들이 관측된다. 19세기 천문학자들은 이 온화되지 않은 수소(HI)의 발머계열의 흡수선 세기에 따라 세기가 가장 큰 별들을 A, 다음에는 B라는 식으로 분류했었다. 1896년 피커링의 하렘에 합류한 캐넌 Anne Jump Cannon, 1863~1941은 이를 발전시켜서 모든 종류의 특성 스펙트럼의 세기에 따라 $OBAFGKM$[9]으로 분류하였다. 각 형식은 다시 별 온도에 따라 가장 뜨거운 별은 0, 가장 차가운 별은 9라는 숫자를 붙여서 다시 세부적으로 분류한다. 태양은 이 분류에 따르면 $G2$ 형이며, G 형의 별 중에서 두 번째로 높은 온도를 가진 부류에 속한다는 의미이다. 최근에는 L과 T 형이 추가되기도 했다.

O 형의 별들은 표면 온도가 30,000 K를 넘는다. 관측된 자료를 살펴보면 HeII(헬륨 1가 이온)의 흡수 스펙트럼선이 가장 세기가 크며 다음으로 CIII(탄소 2가 이온)의 흡수 스펙트럼선의 세기가 크지만, 수소 스펙트럼선은 상대적으로 매우 미약하다. 이는 표면의 높은 온도 때문에 수소가 대부분 완전히 이온화되었기 때문이다. 이온화된 수소는 전자가 없으므로 흡수 스펙트럼을 만들지 못한다는 것을 기억하자. 한편, B 형의 별들은 O 형의 별들보다 온도가 낮다. 따라서 B 형 별의 스펙트럼에서는 수소 흡수 스펙트럼선이 강하게 나타나며, 중성 헬륨(HeI) 흡수 스펙트럼선도 함께 관측된다. A 형의 별들은 표면 온도가 11,000 K 보다 낮아서 대기 중의 수소가 대부분 중성인 상태로 존재할 수 있다. 따라서 매우 강력한 발머계열 흡수 스펙트럼이 나타나며, 칼슘과 같은 금속원소의 이온화 흡수 스펙트럼선도 함께 관측된다.

F 형의 별에서는 수소의 흡수 스펙트럼의 세기가 감소하며 중성인 금속원소의 스펙트럼들이 나타나기 시작한다. 한편 태양과 같은 G 형의 별에서는

---

9 과거에는 "Oh be a fine girl kiss me"라고 외웠으나 최근에는 "Oh be a fine guy kiss me"라고 외우기도 한다는 이야기가 있다.

동굴에서 별을 보다

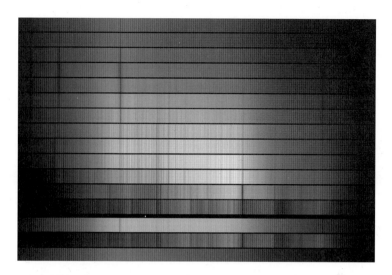

13개의 특징적인 천체에 대한 스펙트럼. 아래로 내려올수록 별의 표면 온도는 감소하며 복잡한 형식의 흡수선이 관측된다는 것을 알고 있다. © G. H. Jacoby, D. A. Hunter and C. A. Christian

칼슘 1가 이온(CaII)의 흡수 스펙트럼이 가장 큰 세기로 나타나며, 탄화수소(CH) 및 중성의 나트륨(NaI) 흡수 스펙트럼선들도 관측이 된다. K 형의 별들에서는 중성의 금속과 산화타이타늄(TiO)과 같은 흡수 스펙트럼선들이 관측되며, M 형의 별에서는 이외에 산화바나듐(VO)과 같은 흡수선들이 관측된다.

스펙트럼 형식을 살펴보면, 온도가 높은 별일수록 가벼운 원소가 많고 온도가 낮은 별일수록 대기 중에 무거운 원자 또는 분자의 구성 비율이 높아진다는 사실도 알 수 있다. 이는 온도가 낮은 별들은 무거운 원자를 합성할 수 있는 많은 시간이 있었다는 것을 의미하기 때문에 온도가 낮은 별들이 온도가 높은 별보다 비교적 오래전에 만들어진 별이라는 것을 강하게 암시하고 있다. 별들의 분광학적 특성을 보면 절대 광도를 짐작할 수 있다는 것을 알 수 있다. 예를 들면 멀리 떨어진 성운에 $G2$ 형의 분광학적 특성을 가지는 별이 있다면 그 별은 태양과 거의 같은 밝기를 가지고 있다고 생각할 수 있다. 이를 통해 별까지 거리를 측정하는 방법을 분광학적 시차spectroscopic parallax 라고 부른다.

우리 은하를 살펴보면 은하의 팔을 구성하는 대부분의 별은 비교적 나이가 어린 별들로 구성되어 있으며 우리 은하의 헤일로halo 에 있는 구상성단globular cluster 들은 비교적 나이가 많은 별들로 구성되어 있다는 것도 이와 같은 스펙트럼 분석의 결과를 근거로 한다.

흡수 스펙트럼선들의 폭은 해당 별의 표면 중력에 대한 정보도 가지고 있다. 예를 들어 표면 중력이 큰 경우, 대기의 밀도도 높다. 이는 원자들의 에너지 준위가 이온화된 다른 원자들의 전기장에 의해 미세한 변화를 겪게 될 확률이 증가한다. 이를 슈타르크 효과Stark effect 라고 한다. 이는 같은 파장의 흡수 스펙트럼을 백색왜성white dwarf 의 경우와 거성giant 또는 초거성super giant 의 경우를 비교하면 이 현상이 명확하게 드러난다. 이는 별의 질량을 알게 되면 그 별의 크기를 계산하는 또 다른 단서를 제공한다는 점에서 별을 이해하는 또 다른 중요한 실마리를 얻는 것이다.

대부분의 별은 표면 중력이 태양의 세 배를 초과하지는 않으며 대부분 주계열성에 속하는 별들이다. 모든 주계열성은 별의 중심에서 수소를 융합하여 헬륨을 만들어 낸다. 이들은 특정 스펙트럼 형식에 속하는 경우, 거의 같은 질량과 광도를 가지게 되는데, 이는 별들의 구조가 거의 같기 때문이다. 주계열성 중에서 뜨거운 별의 질량과 반지름은 차가운 주계열성과 비교해 보았을 때 무겁고 크며, 더 밝다. 주계열성들의 크기를 살펴보면 반지름이 태양의 1/10에서 최대 25배에 이르기도 한다.

거성이나 초거성은 매우 작은 표면 중력을 가지기 때문에 주계열성보다 훨씬 큰 반지름을 가지고 있다. 매우 큰 별의 경우, 때로는 태양보다 천 배정도 큰 반지름을 갖기도 한다. 이들은 매우 넓은 표면적을 가지고 있기 때문에 표면을 통해 방출되는 에너지가 주계열성보다 훨씬 많다. 따라서 같은 표면 온도를 갖는 주계열성보다 훨씬 크다. 사실 이 상태의 별들은 별의 생애에 있어서 거의 마지막 단계에 해당하는 별들이다. 반면에 백색왜성은 매우 큰 표면 중력을 가지고 있지만 반지름은 매우 작은 별이다. 대부분 백색왜성은 크기가 지구 정도이며, 핵융합하지 않기 때문에 별을 핵융합 때문에 에너지를 방출하는 천체로 정의한다면 사실 더 이상 별이 아니다. 이는 별의 중심부가 서서히 식어가는 일종의 재이다. 중성자별neutron star 은 백색왜성보다 더 작으며 그 지름이 겨우 20 km 정도에 지나지 않지만, 그 질량은 태양보다 훨씬 큰 별이다. 이 천체는 매우 빠르게 자전하면서 자전축을 따라 일정한 주기로 매우 강력한 복사를 방출하기 때문에 펄서라고 부르기도 한다.[10]

흡수 스펙트럼선의 세기가 별의 표면 온도 및 광구와 대기를 구성하는 원소의 종류와 밀도에 따라 달라지기 때문에, 별들의 구성 성분을 계산해 볼 수 있다. 페인-가포쉬킨Cecelia Payne-Gaposchkin, 1900~1979 은 1925년 태양을 포함한 대부분의 별이 대부분 수소로 구성되어 있다고 발표하였다. 태양의 표면은 질량을 기준으로 약 72%가 수소, 약 26%가 헬륨으로 구성되어 있으며, 나머지 2%는 다른 무거운 원소로 구성되어 있다. 천문학자들은 헬륨보다 무거운 원자를 금속이라고 부른다. 여기에는 탄소나 질소, 그리고 산소와 같이 일반적으로 금속에 속하지 않는 원자들도 포함된다. 수소와 헬륨을 다른 원자들과 구분하는 데는 특별한 이유가 있다. 수소와 헬륨은 빅뱅 이후에 얼마 지나지 않아 만들어진 원자핵들이기 때문이다. 빅뱅 이후 만들어진 양성자proton 와 중성자neutron 는 서로 결합하여 수소와 헬륨을 구성하였으며 그 뒤 리튬lithium 과 같은 약간 무거운 원소들을 구성하였다. 별들은 수소를 헬륨으로 융합시키고 다시 헬륨을 융합시켜 보다 무거운 원자들을 합성해 낸다. 또 이 무거운 원자들을 다시 융합시켜 더욱 무거운 원자들을 합성해 내기도 한다. 따라서 금속원소와 수소의 비율은 그 별이 얼마 동안 에너지를 만들

---

10 이는 중성자별에서 방출하는 복사가 간헐적으로 발생하는 것이 아니라 별 자체가 마치 등대처럼 회전하기 때문에 일정한 주기를 두고 관측된다는 의미이다.

어 냈는지에 대한 직접적인 정보를 보여주는 셈이다.

이러한 자료들을 통해 우리는 별의 크기, 질량, 화학적 구성 및 표면 온도에 대한 일반적인 규칙성을 얻게 된다. 그리고 규칙성을 설명할 수 있는 가설이나 이론을 발전시킬 것이다. 때때로 이 이론은 규칙성을 벗어나는 천체들을 설명하는 데 있어 매우 중요한 자료로 사용되기도 한다.

별의 좌표

우리가 어떤 위치를 지정하고자 할 때, 일반적으로 사용하는 방법이 있다. 가령 주로 활동하는 도시라면 특정적인 건물을 기준으로 이야기할 것이다. 예를 들면 "중앙역 오른편에 있는 서점 앞"이라는 식일 것이다. 하지만 이는 그 도시를 벗어나면 아무런 의미가 없다. 따라서 지구상의 한 지점을 표시하기 위해서는 전 세계 사람들이 동의할 방법을 선택해야 한다. 위도latitude 와 경도longitude 가 바로 그것이다. 위도는 적도에 수평인 가상의 선이다. 지구의 중심에서 가상의 위도선이 연결되는 선과 적도와의 사이 각을 위도를 나타내는 데 사용한다. 경도는 지구의 북극과 남극을 잇는 커다란 원(meridian, 자오선)을 사용하는데 특별히 그리니치 천문대를 지나는 선을 본초자오선prime meridian 이라고 말하며, 이를 기준으로 삼는다. 지구는 서에서 동으로 자전하기 때문에 본초자오선을 기준으로 동쪽으로 갈수록 시간이 빨라진다. 따라서 경도를 표시할 때, 본초자오선에서 동쪽으로 이동하면서 증가하도록 정의하였다. 하루에 360도를 회전하기 때문에 15도마다 한 시간씩 증가하도록 하였다. 우리가 경도를 표시할 때, 동경이라는 단어를 사용하는 이유이기도 하다. 이 경도와 위도를 이용하면 지구상의 모든 지점을 경도와 위도를 통해 지정할 수 있다.

그렇다면 별들의 위치를 나타내는 방법은 무엇이 있을까? 별들은 천구에 붙어있다고 믿었을 만큼 그 상대적인 위치가 변화하지 않는다. 특정한 별의 위치를 지구상의 한 점처럼 특정한 좌표로 표시하기 위해서는 지구의 자전과 공전에도 변화하지 않을 기준점이 필요하다. 가장 쉬운 방법은 지구와 태양의 상대운동을 통해 결정하는 것이다. 말하자면 특정한 시기의 지구의 위치를 기준으로 삼는 것이다. 예를 들어 일 년 중 특정한 시기의 별자리들은 많은 시간이 흘러도 그 시기가 되면 항상 똑같다. 작년의 12월 24일 자정의 별자리와 올해 12월 24일 자정 별자리의 위치는 같다.

지구의 북극이 천구와 닿는 지점을 천구의 북극, 남극이 닿는 점을 천구의 남극이라고 한다. 그리고 지구의 적도를 천구에 투영시키면, 적도 좌표계equator coordinate system 를 이해할 수 있는 준비가 끝났다. 지구의 위도를 천구에 투영시킨 선을 적위declination, DEC, δ 라고 한다. 적위는 위도를 투영시킨 것이기 때문에 어렵지 않을 것이다. 이제 천구의 경도를 정의하기 위하여 그리니치 천문대와 같은 기준을 정의하여야 한다. 천문학자들은 춘분점vernal equinox 을 기준으로 삼았다. 지구가 춘분일 때를 기준점으로 삼는다는 것이며, 정확하게는 춘분 날 정오를 기준으로 한다. 지구에서 경도를 정의하는 것처럼 이 기준점에서 천구의 적도를 따라 동쪽으로 이동하면서 매 15도마다 한 시간씩 증가하도록 하는데 이를 적경right ascension, RA, α 이라고 한다. 이렇게 정해놓은 적위와 적경을 이용하여 별들의 위치를 나타낸다. 적도 좌표계는 태양계 내부의 천체 위치를 정의하는데 전혀 유용하지 않다는 점을 기억해야 한다. 적도 좌표계는 지구의 공전 궤도 지름보다 훨씬 큰 천체의 위치를 정의하는 경우에만 유용하다. 다행히 지구에 가장 가까운 별이 광년 단위로 떨어져 있으므로 걱정할 필요는 없다.

태양

1900년까지만 해도 태양의 흡수 스펙트럼의 분석결과는 태양의 66% 이상이 철로 구성되어 있다는 것이었다. 철은 대단히 안정적인 원자로서 무거운 원자 중의 하나이다. 하지만 과학자들은 철이 어떤 과정을 통해 막대한 태양의 에너지를 만들어 내는지 전혀 이해할 수 없었다. 과학자들은 중력에 의한 내부 압력을 통해 열학적인 관점에서 태양이 방출하는 열에너지양을 설명하고자 하였으나 실패했다. 페인-가포쉬킨은 주의 깊은 여류 천문학자였다. 그녀는 최신의 물리이론에도 밝았으며 자신의 관측결과를 선입견 없이 분석할 수 있는 재능도 있었다. 그녀는 보수적인 영국의 캠브리지대학을 떠나 미국으로 건너왔으며 하버드대학에서 연구 생활을 했다. 페인은 수십만 장에 달하는 태양의 스펙트럼을 분석하고 그 결과를 면밀하게 분석하였다. 1925년 그녀는 수년간에 걸친 분석결과 태양의 스펙트럼은 그 흡수 스펙트럼이 철과 비슷하게 보이지만, 사실은 대부분이 수소의 흡수 스펙트럼이고 그 외에 가벼운 원자들의 흡수 스펙트럼이 복합적으로 나타난다는 것을 깨달았다. 이 흡수선들이 서로 겹쳐져 결과적으로 철의 흡수 스펙트럼처럼 보이게 한다는 것이었다. 이 결과는 태양이 대부분 수소를 포함한 가벼운 원자로 구성되어 있으며, 아인슈타인의 특수 상대성이론의 에너지-질량 등가원리를 통해 어떻게 자신의 에너지를 얻고 있는지를 아주 쉽게 이해할 수 있게 하였다. 수소와 같은 가벼운 원자들은 태양의 중심과 같이 밀도와 압력이 높은 영역에서 전기적 반발력을 이겨내고 서로 결합하여 무거운 원소를 만들어 낸다. 이 과정에서 질량 일부를 에너지로 방출하는데 이를 핵융합이라 한다. 이 같은 과정에 의해 수소는 더욱 무겁고 안정된 원소인 헬륨을 만들어 내는데, 이 영역을 핵융합 핵fusion core 이라고 한다. 뒤에서 이야기하겠지만 우주의 탄생 직후, 우주에는 수소와 헬륨 및 극소량의 무거운 원소들 외에는 존재하지 않았다. 그렇다면 여러분들의 몸을 구성하거나 지구에 있는 무거운 원소

동굴에서 별을 보다

들은 어디에서 왔을까? 사실 자연계에 존재하는 무거운 원자들의 고향은 태양과 같은 항성의 내부이다. 물론 지구상에 있는 무거운 원자들도 과거에 어느 항성의 내부에서 만들어졌으며, 그 별이 일생을 마친 후에 우주로 다시 되돌려 준 것이다. 이를 근거로 우리 태양계는 오랜 과거에 별들이 만들어 놓은 무거운 원소들을 통해 만들어졌다고 추론할 수 있는 것이다. 다시 말하자면 우리 태양은 1세대의 별이 아닌 셈이다. 우리들의 몸을 이루는 대부분의 원자가 먼 옛날 다른 별의 중심부에서 핵융합을 통해 만들어졌으며 우리의 고향이 과거에 어디에 존재했는지도 모르는 별이었다는 사실에 새삼 경외심을 느끼게 된다.

별까지의 거리 측정

우리는 아주 가까운 천체까지의 거리를 알기 위하여 레이더를 이용하기도 한다. 예를 들면 달까지의 거리, 혹은 태양까지의 거리는 레이더나 레이저를 이용하여 반사해오는 전파나 빛의 진행시간을 이용하여 측정하며 매우 높은 정밀도를 가지고 있다. 하지만 그보다 먼 거리에 있는 별들에 이 방법을 적용하는 것은 타당하지 않다. 가장 가까운 별까지도 빛의 속도로 왕복하는데 약 8년 이상이 걸리기 때문이다. 따라서 간접적인 방법을 이용해야 한다. 가까운 별들까지의 거리는 대부분 연주시차와 같은 기하학적인 방법을 이용한다. 연주시차는 지구가 공전 궤도면의 정 반대편에 각각 위치했을 때 같은 별의 상대적인 위치 차이를 이용하는 것으로서 삼각측량법과 같은 원리이다. 별들의 위치는 천구상의 각도로 표현되는 데 각도의 단위는 도degree, 분minute, 초second 이다. 도는 원둘레의 1/360에 해당하는 호arc 를 만드는 각도이며, 분은 도의 1/60, 초는 분의 1/60에 해당한다. 즉, 1도는 3,600초인 셈이다. 지구에서 봤을 때, 태양과 달의 지름은 약 0.5도의 시차에 해당하는 크기를 가진다. 또한, 태양에서 가장 가까운 별인 알파 센타우리 α-Centauri 의 연주시차는 약 3/4초 정도이다. 연주시차 법을 이용하여 별까지의 거리를 측정하면서 도입된 거리의 단위가 파섹parsec, pc 이다. 파섹은 "parallax"와 "second of arc"의 합성어로서 1파섹은 지구의 공전에 의해 연주시차 1초가 발생하는 거리에 해당한다. 먼 거리에 있는 별들은 더 작은 크기의 연주시차를 만들게 되는데 2파섹만큼의 거리에 있는 별의 연주시차는 1/2초이다. 1파섹은 태양과 지구 사이 거리의 206,265배에 해당하며 빛이 일 년 동안 진행하는 거리인 광년과 비교하면 1파섹은 3.26광년에 해당한다. 모든 별 중에서 지구로부터 1파섹 이내에 있는 별은 태양이 유일하다. 여름철 대 삼각형summer triangle 을 이루는 별 중에서 지구에 가장 가까운 독수리자리Aquila 의 알테어Altair[11]는 1/5초의 연주시차를 가지고 있으며 여름철 대 삼각형을 이루는 또 다른 별인 베가Vega 는 1/8초만큼의 연주시차를 가지고 있다. 연주시차를 이용하여 현재 측정 가능한 가장 먼 거리는 약 50파섹까지이며 그보다 먼 거리의 별들은 다른 방법을 이용하여야 한다. 우리에게 익숙한 삼각측량이외의 방법을 찾아내기 위해서는 상상력을 바탕으로한 "창의력"이 필요하다. 여러분들은 어떤 방법이 가능하다고 생각하는가?

차를 타고 도로를 달리면서 차창으로 스쳐 가는 풍경을 본 일이 있을 것이다. 달리는 자동차 안에서 창밖의 풍경을 보면, 가까운 가로수의 경우 대단히 빠른 속도로 스쳐 지나가고 멀리 떨어져 있는 집이나 산들은 서서히 뒤로 물러나는 것을 경험할 수 있다. 자동차가 도로 위를 진행하면 주변의 사물들은 반대 방향으로 상대운동하게 된다. 이 상대운동을 우리가 관측하게 될 때, 해당 사물의 각속도를 우리가 인식하게 되며, 이 각속도는 v/l로서 표현된다. 여기에서 v는 자동차의 속도이고 l은 자동차에서 해당 사물까지의 거리이다.

---

11 여름철 동쪽 밤하늘에 밝게 빛나는 세 개의 별을 일컫는 말로써 거문고자리(Lyra)의 베가(Vega) 및 백조자리(Cygnus)의 데네브(Deneb)와 함께 삼각형을 이룬다.

동굴에서 별을 보다

멀리 떨어져 있는 사물의 경우 각속도가 작아서 우리 눈에 서서히 움직이는 것처럼 보인다. 만약 사물까지의 거리 l이 속도 v에 비해 매우 크다면 우리는 각속도를 인식하지 못할 것이다.

이런 현상을 이용하면 멀리 떨어져 있는 천체까지의 거리를 측정할 수 있다. 태양·정확하게는 태양계의 질량 중심점·에 대한 별들의 위치변화를 고유운동·proper motion 이라고 한다. 이 고유운동을 통해 천체까지의 거리를 측정할 수 있다. 천체까지의 거리가 가까우면 큰 값의 고유운동을 나타낼 것이고 멀리 있는 천체라면 고유운동을 검출하지 못할 수 있을 것이다. 우리가 관측하는 별 중에서 가장 큰 값의 고유운동을 하는 별은 바나드·Barnard 라는 별로서 1년에 10초의 고유운동을 한다. 하지만 대부분의 별은 이보다 훨씬 작은 값의 고유운동을 하므로 천체까지의 거리를 구하는데 중요한 도구로써 사용되지는 못한다. 다행스러운 점은 대부분의 별의 고유운동이 매우 작은 값이기 때문에 우리가 고대로부터 알고 있던 별자리들을 오늘날에도 볼 수 있다는 것이다. 하지만 오랜 시간이 지난다면 지속적인 고유운동의 결과로서 별자리의 모양은 먼 미래에는 현재와 다른 모습이 될 것이다.

한편 인공위성을 통해 별까지 정밀한 거리 측정을 시도하려는 노력이 있다. 1989년 유럽우주국이 쏘아 올린 히파르코스·Hipparcos 위성은 1993년까지 약 10만 개에 달하는 별들에 대해 시차와 고유운동을 측정했으며 그 결과를 1997년 Hipparcos 목록을 통해 발표하였다. 현재는 2013년에 궤도에 올라간 가이아·Gaia 위성이 그 임무를 대신하고 있다.

천체까지의 거리를 측정하는 것은 호기심 이상의 중요한 의미가 있다. 지구를 중심으로 천체까지의 거리를 정확하게 알 수 있다면 우리는 천체의 지도를 그릴 수 있을 것이고 이를 바탕으로 우주의 구조를 이해할 수 있을 것이다. 또한, 우주의 과거를 연구하고 싶다면 역시 천체까지의 거리를 토대로 우리 우주의 과거 모습을 볼 수 있을 것이다. 멀리 있는 천체일수록 과거의 천체이기 때문이다. 하지만 현실적으로 앞에서 이야기한 방법으로는 지구와 아주 가까운 몇 개의 천체까지의 거리만을 알 수 있을 뿐이다. 이제 지금까지 해왔던 방법과는 뭔가 다른 접근방법을 선택해야 할 것이다. 우선 우주에 있는 모든 별의 원래 밝기가 같고 그 밝기가 알려져 있다면, 지구에 가까운 별은 밝게 빛날 것이고 멀리 떨어진 별들일수록 어둡게 보일 것이다. 그리고 지구에서 관측되는 별의 밝기를 측정할 수 있다면 해당 별까지의 거리를 정확하게 측정할 수 있을 것이다. 빛의 밝기는 거리의 제곱에 반비례하기 때문이다. 이 방법을 별의 상대 광도를 이용한 거리 측정이라고 한다. 한 별이 다른 별에 비해 1/100 정도의 상대 광도를 가지고 있다면 그 별은 다른 별보다 10배 멀리 떨어져 있을 것이다. 그런데 우리가 가정했던 내용에 뭔가 문제가 있는 부분이 있다. 우주의 모든 별의 밝기가 같다고 가정했었다. 하지만 별들의 밝기는 당연히 같지 않을 뿐만 아니라 원래의 밝기 역시 모르고 있다. 만약 우리가 별들이 어떤 방법으로 빛을 방출하는지를 이해하고 있다면 별들의 밝기에 대한 대략적인 정보를 가질 수 있을 것이다. 즉, "어떤 별이 얼마만큼의 빛에너지를 외부로 방출하는가?"라는 질문을 통해 별까지의 거리를 측정할 수 있을 것이다. 만약 그 답이 명확하지 않다면, 별까지 거리를 측정하는 것은 매우 특별한 도구가 주어지지 않는 한, 여전히 오차를 많이 포함하는 과학적으로 세련되지 못한 작업이 될 것이다.

별의 겉보기 밝기에 따라 광도등급을 매기는 것이 가능하다. 별들을 밝기에 따라 분류한 최초의 인물은 고대 그리스의 히파르쿠스Hipparchus of Nucaea, 190~120 BC 였다. 그는 육안으로 볼 수 있는 가장 밝은 별들을 1등성으로 분류하고 가장 어두운 별들을 6등성으로 분류하였다. 그는 일정한 밝기가 증가할 때마다 별의 광도등급을 한 단계씩 올렸다. 그의 분류에 따르면 1등성과 6등성의 밝기는 약 100배 정도 차이가 난다. 따라서 한 등급당 밝기 차이는 $x^5 = 100$을 통해 $x = 2.512$라는 것을 알 수 있다. 이를 별까지의 거리를 계산하는 데 이용하기 위해 절대등급(absolute magnitude, M)이라는 것을 정의해보자. 지구로부터 10파섹만큼 떨어진 곳에 천체를 위치시

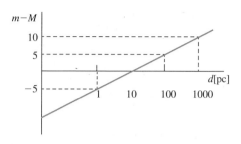

거리지수 *m−M*과 log *d*와의 관계를 나타낸 그래프

켰을 때 관측되는 천체의 광도를 절대등급이라 한다. 그리고 우리가 현재 관측하고 있는 천체의 밝기를 겉보기등급(apparent magnitude, *m*)이라고 정의하면 *m* − *M* 값은 천체까지의 거리를 나타내는 지수가 될 것이다. 거리지수 *m* − *M*과 log *d*와의 관계는 아래의 그래프로부터 다음과 같이 표현됨을 알 수 있다. 그래프를 이해하는 방법은 매우 간단하다. 두 점 사이를 잇는 직선의 방정식을 구하는 것과 같기 때문이다. 만약 어떤 별이 10 pc에 위치하고 있다면 그 별의 *m* − *M*은 0일 것이다. 이로써 *x*절편은 구한 셈이다. 만약 그 별의 위치를 1 pc로 옮겼다면 겉보기 밝기는 100배만큼 증가하였으므로 *m* − *M*은 −5가 될 것이다. 공간상에서 두 점의 위치를 얻었기 때문에 이 두 점을 잇는 직선이 바로 거리지수와 천체까지의 거리를 나타내는 식이 된다.

$$m - M = 5(\log d - 1)$$

따라서 거리지수와 천체까지의 거리는 다음의 관계를 갖는다.

$$d = 10^{\frac{m-M+5}{5}} \text{ pc}$$

우리 은하의 절대등급은 약 −19등급이라고 알려져 있다.

세페이드 변광성과 우주의 표준 광원

　　밤하늘을 들여다보면 어떤 별들은 밝게, 또 어떤 별들은 어둡게 빛나고 있음을 알 수 있다. 별의 밝기는 임의의 시간 간격 동안에 얼마나 많은 빛이 우리 눈 또는 별빛을 검출하는 장치에 도달하느냐와 밀접한 관계를 맺고 있다. 상대적으로 밝게 보이는 별은 더 많은 별빛이 우리 눈에 도달하기 때문이며, 어둡게 보이는 별은 그 반대이기 때문일 것이다. 이런 관점에서 모든 별이 제각기 밝기를 가지는 데에는 두 가지 이유가 있다. 첫 번째는 모든 별의 원래 밝기, 즉 절대 광도가 다르고, 두 번째로는 해당 별까지의 거리가 모두 다르기 때문이다. 별의 절대 광도가 크다고 하더라도 지구로부터 멀리 떨어져 있다면 어둡게 보일 것이고, 별의 절대 광도가 작다고 하더라도 지구까지의 거리가 가까우면 지구에서 밝게 관찰될 수 있을 것이다. 절대 광도는 그 별이 임의의 시간 간격 동안에 내놓는 빛의 양과 관련되어 있으며, 직접적인 관측으로는 측정할 수 없는 값이지만, 별의 겉보기 밝기는 직접 관측할 수 있는 값이다. 겉보기 광도는 별로부터 거리가 멀어짐에 따라 거리의 제곱에 따라 감소하기 때문에 어떤 별의 절대 광도를 알 수 있다면 그 별까지의 거리를 계산할 수 있지만, 별의 절대 광도를 정확하게 측정하거나 계산하는 일은 매우 어려운 일에 속한다.

　　우리가 잘 알고 있다시피 별들은 지구의 자전과 공전에 의해 발생하는 위치변화 외에는 변화하는 것이 없는 것처럼 보인다. 그래서 고대 그리스 사람들은 별들을 영구불변한 것으로 생각해왔다. 하지만 조심스럽게 관측을 한다면 시간에 따라 별의 밝기가 변화하는 별들도 있다는 것을 알게 된다. 밝기가 변하는 별을 최초로 발견한 사람은 티코였다. 1572년 티코는 카시오페아Cassiopeia 자리 근처에서 갑자기 나타나서 대낮에도 볼 수 있을 만큼 밝은 빛을 내는 새로운 별을 발견하였다. 그 별은 밝기가 점차 줄어들더니 16개월 후에는 영영 사라져 버렸다. 티코에 의해 세상에 알려졌기 때문에 처음에는 티코의 별Tycho's star이라고 불렀다. 오늘날 초신성supernova SN1572라고 부르는 별이다. 그로부터 24년 후에 티코의 친구였던 파브리시우스David Fabricius, 1564~1617는 고래자리Cetus 근처에서 밝게 빛나는 새로운 별을 발견하였지만, 역시 시간이 지남에 따라 사라져 버렸다. 그리고 다시 나타났다. 낮에 맨눈으로 확인할 수 있을 만큼 밝아졌다 어두워지기를 일 년 정도의 간격을 두고 반복했다. 이렇게 밝기가 주기적으로 변화하는 별을 변광성variable star이라고 불렀으며, 어쩌면 어떤 특별한 상태에 있는 별의 한 속성일지 모른다는 생각을 하게 되었다. 1638년 홀와다Johannes Holwarda, 1618~1651는 사라지지 않고 일정한 주기를 가지고 밝기가 변화하는 붉은 별인 미라Mira를 자세하게 연구하였다.

한편 영국의 구드릭John Goodricke, 1764~1786은 20세가 되던 1784년 케페우스Cepheus 자리에서 네 번째로 밝은 별인 δ-Cephei - 케페우스자리에서 네 번째로 밝은 별이라는 의미이다 - 라는 별이 일정한 주기를 두고 밝기가 변화한다는 것을 발견하였다. 이 별의 광도-주기는 다른 변광성들과 달리 매우 안정적이었다. 이 별이 케페우스자리에서 발견되었기 때문에 그 광도가 일정한 주기를 두고 안정적으로 변화하는 별들을 세페이드Cepheid 변광성이라고 한다. 서로 발음이 다른 것은 천문학에서의 관습에 따른 것이다. 참고로 홀와다가 발견한 미라와 같은 특징을 가진 붉은색의 변광성은 미라형 변광성이라고 하며, 후에 천문학자들은 변광성의 특징에 따라 다양한 변광성의 분류를 마련해 놓았다. 그리고 마침내 20세기에 들어서 별이 어떻게 빛과 열에너지를 만들어 내는지 과학자들이 이해한 후 세페이드 변광성의 특성을 자세하게 이해할 수 있게 되었다.

구드릭은 22세의 나이로 세상을 떠났다. 그는 말할 수 없었고 들을 수 없던 사람이었다. 가족들과 네덜란드에서 어린 시절을 보냈던 구드릭은 학교에 들어갈 나이가 되자 다시 영국으로 돌아왔다. 장애를 앓고 있던 아이들을 위한 학교가 없었기 때문에 구드릭은 일반 학교에 입학했으며, 이때부터 뛰어난 자질을 보였다고 한다. 페르세우스자리에서 메두사의 머리에 해당하는 별인 알골Algol은 그 밝기가 변화하는 별이었다. 그는 1781년에 불과 16세의 나이로 알골이 식쌍성이라는 논문을 영국 왕립학회에 발표하였다. 실제 알골은 보이지 않는 별과 쌍성이며 그 짝이 되는 별은 보이지 않는 식쌍성이라는 것은 그의 발표로부터 무려 백 년 뒤에 겨우 확인되었으니, 그의 뛰어난 상상력에 놀랄 뿐이다. 그는 21세의 나이로 왕립학회 회원으로 선출되었으나 불과 2주 뒤에 천체 관측 도중에 얻은 감기로 사망했다.

세페이드 변광성은 태양보다 무거우면서 젊은 별로 알려져 있다. 이 별은 일정한 간격으로 대기가 팽창과 수축을 반복하게 되고 그 결과로서 밝기가 주기적으로 변화하는 것으로 생각된다. 이는 끓고 있는 주전자의 예를 들어 설명할 수 있을 것이다. 주전자에 물을 붓고 불 위에서 물을 끓인다고 생각해보자. 물이 끓기 시작하면 주전자의 뚜껑이 딸각거리기 시작할 것이다. 주전자 내부의 물이 끓어서 주전자 내부의 증기압이 올라가게 되면 주전자의 뚜껑을 들어 올리게 될 것이다. 주전자의 뚜껑이 열리는 순간 주전자 내부의 높은 증기압은 순식간에 소멸할 것이고 다시 주전자의 뚜껑은 닫히게 될 것이다. 이 과정을 반복하면서 주전자의 뚜껑은 계속 딸각거리게 될 것이다. 만약 주전자의 크기가 크고 내부에 들어있는 물의 양이 작다면 딸각거리는 주기는 줄어들 것이다. 만약 주전자의 크기가 작고 물의 양이 많다면 그 결과는 반대로 나타날 것이다. 불의 세기에 따라서도 딸각거리는 주기는 당연히 달라질 것이다. 단지 주전자 뚜껑의 딸각거리는 주기만을 통해서 우리는 주전자의 상태에 대해 짐작할 수 있게 되는 것이다. 마치 증기기관의 작동원리와 비슷하다고도 생각할 수 있다.

우리가 별의 열에너지와 빛에너지의 발생과정을 명확하게 이해하고 있고, 별의 구성 성분을 잘 알고 있다면 이런 생각을 별의 밝기 변화에도 어렵지 않게 그대로 적용할 수 있을 것이다. 별들은 핵융합을 통해 열에너지와 빛에너지를 발생시킨다. 이때 발생한 에너지는 별의 내부에 높은 복사압력을 만들게 된다. 대부분의 별은 이 복사압력과 중력이 균형을 이루면서 그 형태를 유지해 간다. 하지만 이 균형이 맞지 않은 별들은 수축과 팽창을 반복할 것이다. 세페이드 변광성은 별의 표면으로부터 약 100,000 km 정도 아래에 있는 헬륨층으로부터 수축과 팽창을 반복할 수 있는 에너지를 얻는 것으로 보인다. 별의 표면으로부터 이 정도의 깊이에 있는 헬륨 원자들은 이온화되어 있기 때문에 별의 대기가 수축할 때 많은 복사선을 흡수하게 된다. 이렇게 흡수된 복사선에 의해 증가한 헬륨층의 내부에너지가 별의 대기를 팽창시킬 수 있는 에너지를 제공하는 것이다. 그리고 넓은 표면적을 통해 복사에너지가 한꺼번에 빠져 나가면, 헬륨은 다시 전자와 재결합하면서 수축한다. 이는 변광성의 광도가 변화하는 동안 헬륨의 흡수선의 세기를 비교하면 이 추론을 확인할 수 있다.

표준 광원

1522년 마젤란의 승무원들은 항해 중에 남반구의 하늘에서 두 개의 구름과 같은 밝게 빛나는 천체를 발견했다. 이들은 오늘날 마젤란 성운Magellanic cloud 이라고 불리는 것이다. 이중 큰 것을 대마젤란 성운이라고 하며 남반구의 황새치자리Dorado 근처에 자리 잡고 있으며 약 8°의 시차를 가지고 있을 만큼 크다. 이보다 작은 것은 소마젤란 성운이라고 부르며 그 크기는 대마젤란 성운의 절반 정도이다. 이들은 은하수에서 약간 떨어진 곳에 있었기 때문에 그들이 우리 은하의 일부인지는 불확실하였으며 천문학자들 사이에 종종 마젤란 성운의 정체에 대해 논쟁을 불러일으키고 있었다.

1912년 하버드대학의 리빗Henrietta Leavitt, 1868~1921 과 샤플리Harlow Shapley, 1885~1972 는 우주 공간에서 먼 거리를 측정할 수 있는 새로운 방법에 대해 고민하고 있었다. 리빗은 소마젤란 성운에 있는 별들의 스펙트럼을 분석하던 도중에 긴 주기를 가진 세페이드 변광성이 짧은 주기를 가진 변광성보다 밝다는 사실을 우연히 알게 되었다. 그뿐만 아니라 주기가 증가함에 따라 변광성의 밝기도 일정하게 증가한다는 사실도 발견하였다. 같은 성운 내에 속해있으므로 이 변광성들은 지구로부터 거의 같은 거리만큼 떨어진 천체들이었다. 따라서 그녀는 변광성의 절대 광도와 광도 변화의 주기 사이에 일정한 관계가 있다고 결론지었다. 그녀는 같은 규칙이 대마젤란 성운 내에 있는 세페이드 변광성들에도 있음을 알게 되었다. 이는 세페이드 변광성의 광도 주기와 절대 광도의 관계가 특수한 상황이 아니라 우주의 일반적인 규칙이라는 것을 의미하는 것이었다. 그녀는 세페이드 변광성을 이용하면 천체까지의 거리를 계산하는데 매우 유용한 도구가 될 것으로 생각하고 샤플리와 함께 변광성에 대한 연구를 계속했다. 아직 세페이드 변광성의 절대 광도가 알려지지는 않았지만, 그녀는 은하수에 속해있는 세페이드 변광성의 상대 광도와 마젤란 성운에 속해있는 변광성의 상대 광도를 이용하여 대마젤란 성운과 소마젤란 성운이 우리 은하에 속해있는 성운이 아니라 우리 은하 외부에 있는 위성 은하satellite galaxy 이라는 사실을 알게 되었다. 이처럼 어떤 별의 독특한 물리적 성질로 인해 해당 별의 절대 광도를 알 수 있는 천체를 우주의 표준 광원standard candle 이라고 한다.

사실 천문학을 포함한 과학 분야에서 여성 과학자들의 역할은 과소평가되거나 종종 무시되어 온 것이 사실이다. 물론 마리아 스콜로도프스카-퀴리Marie Sklodowska-Curie, 1867~1934 나 아말리에 에미 뇌터Amalie Emmy Noether, 1882~1935 처럼 명성을 얻은 여성 과학자들도 있었지만, 아직 여성 참정권조차 없던 20세기 초 미국에서 여성 과학자들의 업적은 종종 무시되곤 했었다. 미국의 여성 참정권은 1920년 수정헌법 19조가 의회를 통과하면서 미국의 모든 주에서 허용되었을 정도였다. 리빗 역시 그런 분위기에서 벗어나지 못했다. 래드클리프대학을 졸업한 리빗은 1893년 하버드대학 천문대의 컴퓨터로써 천문학 연구를 시작하게 된다. 이때 컴퓨터란 단순한 계

동굴에서 별을 보다

산을 반복하는 계산원을 부르던 용어였다. 피커링Edward Charles Pickering, 1846~1919 이 책임을 맡고 있던 하버드대학 관측소는 사진 건판을 이용하여 별들의 광도를 조사하고 분류하는 일을 하고 있었으며, 그런 일을 하는 여성 컴퓨터들이 많았기 때문에 그녀들이 일하는 공간을 종종 "피커링의 하렘harem"이라고 부르기도 했다. 하렘이라는 단어에서 당시 여성들의 인권에 대한 사회적인 분위기를 잠깐이나마 엿볼 수 있을 것이다. 초기에 피커링은 리빗이 독자적인 방법을 이용한다는 구실로 그녀에게 급여를 지급하지 않았으나, 후에 시급 30센트를 지급하면서 리빗에게 변광성에 대한 일을 맡겼다고 한다. 1908년 리빗은 하버드대학 천문대의 연례보고서에 그녀의 결과를 처음으로 발표하였다. 1921년 샤플리가 부임한 지 얼마 되지 않아 그녀는 53세의 나이에 암으로 세상을 떠났다.

리빗은 세페이드 변광성의 광도 변화 주기와 절대 광도가 비례관계에 있다는 것을 많은 데이터를 통해 밝혀냈다. 이를 1차 함수의 경우로 표현하자면 비로소 광도 주기와 절대 광도 사이에 존재하는 기울기만을 알아낸 것이다. 변광성까지의 거리를 정확하게 확인하기 위해서는 이 1차 함수의 절편값, 또는 이미 알려진 거리에 있는 세페이드 변광성의 광도 변화 주기와 밝기를 알 필요가 있었다. HR-도표를 만든 것으로 유명한 덴마크의 천문학자 헤르츠스프룽Elnar Hertzsprung, 1873~1967 은 리빗의 연구결과가 얼마나 중요한 발견인지 금방 이해했다. 1913년 그는 소위 "통계적 시차statistical parallax"라는 방법을 이용하여 세페이드 변광성을 이용하여 천체까지의 거리를 구하는 방법을 제안했다. 통계적 시차란 우리 은하의 회전에 의해 발생하는 태양의 위치 변화를 이용한 일종의 연주 시차 방법이다. 이 방법은 필연적으로 많은 오차를 동반하기 때문에 현재는 분광학적 시차spectroscopic parallax 를 통해 변광성까지의 거리를 교정한다. 분광학적 시차라는 것은 특별한 분광학적 분류에 해당하는 별들의 평균 밝기가 거의 비슷하다는 가정에서 출발한다. 예를 들면 태양은 G2형식의 분광학적 특징을 갖는다. 이 가정에 의하면 만약 어떤 성단

헨리에타 스완 리빗. 대학 졸업 후 일자리를 찾던 리빗은 피커링의 연구실에서 "컴퓨터"로 일하였다. 그녀는 변광성을 이용하여 천체까지 거리를 측정하는 아이디어를 제안했으며, 샤플리가 이를 발전시켰다. 표준 광원에 대한 최초의 아이디어는 리빗에게서 나온 것이다.

에서 G2형식의 스펙트럼 특성을 보이는 별을 발견했다면, 이 별의 밝기는 태양과 거의 비슷할 것이므로 이 별의 겉보기 밝기로부터 해당 성단까지의 거리를 구할 수 있을 것이다. 만약 이 성단에 세페이드 변광성이 존재한다면 세페이드 변광성의 광도 주기변화와 거리 사이에 완벽한 함수를 구할 수 있다. 비로소 세페이드 변광성을 이용하여 특정 은하까지의 거리를 구할 수 있게 된 것이다. 세페이드 변광성과 유사한 성질을 가진 변광성을 맥동 변광성이라고 부른다. 모든 맥동 변광성이 표준 광원으로 사용할 수 있는 것은 아니지만 세페이드 변광성과는 다른 과정을 통해 광도 주기가 변화하는 RR Lyrae 변광성 같은 경우는 천문학자들이 즐겨 사용하는 표준 광원의 하나이다.

리빗의 발견은 허블Edwin Hubble, 1889~1953 에게 많은 영향을 미쳤으며 결국 허블의 법칙을 발견하게 하는 가장 큰 요소가 되었다. 그리고 허블의 법칙을 토대로 우주의 시작을 주장한 가모프George Gamow, 1904~1968 의 빅뱅이론도 결국 리빗의 발견을 기초로 하는 것이다. 따라서 리빗은 현대 천문학과

동굴에서 별을 보다

우주과학에 있어 아주 중요한 디딤돌을 놓았다고 평가할 수 있다. 허블은 그녀의 연구결과가 매우 중요한 과학적인 성과이며 그녀의 공로를 인정해야 한다면서 그녀를 노벨상 후보로 추천하였다. 1924년 스웨덴 왕립학회에서 그녀를 찾았을 때는 이미 그녀가 세상을 떠난 지 3년이나 지난 뒤였다. 위대했던 한 천문학자는 아주 오랫동안 학계에서 잊혀져서 아무도 그녀의 죽음조차 알지 못했던 것이다.

천문학의 커다란 발전을 가능하게 했던 변광성과 관련된 불운한 천재였던 구드릭과 리빗을 볼 때 과학자의 재능은 세속적인 명예나 행복과는 별개의 문제일지도 모른다는 생각을 잠시 해본다.

행성상 성운

천체 중에서 재미있는 이름이 붙어있는 것들이 있다. 예를 들면 고양이 눈 성운Cat's eye nebula, NGC 6543, 또는 장미 성운Rosette nebula, NGC 2237 과 같은 다분히 문학적인 감성을 불러일으키는 이름을 가진 천체들이 있으며, 실제로도 매우 화려한 천체들이다. 이들이 비록 성운이라는 이름으로 불리고 있지만 별들과 먼지 및 가스로 이루어진 일반적인 성운과는 다르다. 안타깝게도 이들은 별의 진화 단계에서 가장 마지막에 해당하는 천체들이다. 말하자면 별의 최후인 것이다. 별이 수명을 다하게 되면 중력에 의해 수축하다가 마지막에 별의 바깥 부분을 충격파의 형태로 우주 공간으로 날려버리고 남은 부분은 백색왜성이 된다. 튕겨나간 별의 바깥 부분은 백색왜성으로부터 받은 열에너지 때문에 가시광선 영역에서 다양한 색의 빛을 방출한다. 초기 천문학자들은 이 모습이 다양한 색을 가진 행성과 닮았다고 생각해서 행성상 성운planetary nebula 이라고 불렀다. 이러한 천체들은 별의 질량이 특정 구간에 있는 천체들만이 가능하므로 폭발 당시의 에너지를 비교적 자세하게 계산할 수 있다. 즉 행성상 성운의 밝기는 모두 일정하다는 의미이다. 따라서 이 천체도 표준 광원으로서 사용된다. 이 밖에도 뒤에 설명할 Ia형 초신성의 밝기도 매우 잘 계산되어 있으므로 우주에서 특정 천체까지의 거리를 가늠하는 데 훌륭한 표준 광원이 된다.

Ia형 초신성

질량이 매우 큰 별들은 일반적으로 중력붕괴를 통해 폭발을 일으킨 후, 중성자별이나 블랙홀로 진화하는데 이를 초신성이라 한다. 마치 새로운 별이 하늘에 갑자기 나타난 것처럼 보이기 때문에 붙여진 이름이지만 얼마 지나지 않아 영원히 하늘에서 사라진다. 이때 폭발의 규모나 스펙트럼의 특징에 따라 초신성을 분류한다. 무거운 별 혼자서 중력붕괴를 통해 붕괴하는 II형, Ib형 또는 Ic형 초신성과 다른 특성을 보이는 Ia형 초신성이 있다. Ia형 초신성은 규소와 수소의 흡수 스펙트럼을 보인다는 특징을 가지고 있다. 초신성은 수소를 모두 소비하고 탄소와 산소로 구성된 핵을 가진 백색왜성과 주계열성이 쌍성을 이룬 경우에 발생한다. 쌍성계에서 무거운 별이 먼저 수명을 마치고 백색왜성으로 진화하고 짝이 되는 별이 아직 주계열성이거나 적색거성이 된 경우, 백색왜성은 짝 별로 부터 중력에 의해 물질을 흡수하면서 점점 질량이 증가할 수 있다. 마침내 백색왜성의 질량이 소위 찬드라세카 임계점 Chandrasekhar limit 을 넘게 되면 중력에 의해 핵이 붕괴하면서 폭발하게 되는 초신성이 Ia형 초신성이다. 이 과정에서 극히 짧은 순간동안 별을 구성하던 원소들이 Si, Ni 그리고 Fe와 같은 원자핵으로 핵융합하면서 연속적인 폭발을 진행하게 된다. 그리고 시간이 지나면서 서서히 어두워지게 된다.

이 형식의 초신성은 몇 주 동안 급격히 밝아지다가 최대 점을 지나면 그 밝기가 지수함수에 따라 감소하는 특징을 보인다. 그리고 최대 밝기에 도달하는 시간이 길면 길수록 더 밝다. 이는 Ia형 초신성이 폭발 전에 팽창을 지속하기 때문이다. 또한, 이 형식의 초신성은 에너지의 99% 이상을 중성미자neutrino로 방출하는 II형 초신성과는 달리 질량이 상대적으로 작음에도 불구하고 빛의 형태로 에너지를 대부분 방출한다는 특징을 가지고 있다. 그리고 이 초신성들은 그 최대 밝기의 변화가 10% 이내에서 거의 일정하기 때문에 매우 정확한 표준 광원의 역할을 담당하고 있다. Ia형 초신성은 우리 우주의 숨겨진 비밀을 밝히는데 있어 매우 중요한 역할을 해냈다. 그 이야기는 암흑 에너지를 설명할 때 다시 이야기하기로 하겠다.

별의 질량

과학자들은 천체의 질량을 어떤 방법으로 측정할까? 가장 좋은 방법은 저울을 이용하여 해당 천체의 질량을 측정하는 방법을 생각할 수 있겠으나 불가능하다는 것은 모두가 알고 있다. 우리가 천체에 대해 아는 대부분 지식은 간접적인 방법을 이용하여 측정해 왔다. 예를 들어 어떤 별의 표면 온도를 알아야 하는 경우, 우리는 별의 스펙트럼을 관측함으로써 표면 온도를 결정할 수 있었다. 실제로 별로부터 오는 빛에는 우리가 생각하는 것 이상의 많은 정보를 가지고 있다. 심지어 어떤 별이 행성을 가졌는지 아닌지도 스펙트럼의 도플러효과를 통해 알 수 있을 정도이다. 이제 간단한 예를 통해 우리가 천체의 정보를 어떻게 알게 되는지 살펴보자. 어떤 별 또는 행성의 질량을 결정해야 한다고 가정하자. 천체의 질량을 계산하기 위하여 천체의 질량에 대한 정보를 가지고 있는 법칙을 생각해 봐야 한다. 케플러의 제3법칙은 행성의 공전 주기와 반지름 사이의 관계가 항상 일정한 비율을 유지한다는 것을 보여주었다. 이를 이용하면 행성의 질량을 구할 수 있다. 우선 케플러의 제3법칙이 중력의 법칙으로부터 얻어진다는 사실을 증명해보자. 태양의 질량을 M이라 하고 행성의 질량을 m이라 하자. 그리고 행성의 공전 반지름을 R이라고 하면 뉴턴의 중력 법칙으로부터

$$G\frac{mM}{R^2} = \frac{mv^2}{R}$$

라는 표현을 얻을 수 있다. 식의 우변은 행성이 태양의 둘레를 속도 v로 운동할 때의 원심력이다. 행성의 궤도는 항상 일정하게 유지되기 때문에 위 식은 올바른 표현이다. 이때 반지름이 R인 궤도를 속도 v로 운동한다고 하였기 때문에

$$v = \frac{2\pi R}{R}$$

로서 표현되며 여기에서 T는 그 행성의 일 년, 다시 말해서 그 행성의 공전주기가 된다. 이 내용을 중력과 원심력에 대한 표현식에 대입하면

$$G\frac{mM}{R^2} = \frac{mv^2}{R} = \frac{m}{R}\frac{4\pi^2 R^2}{T^2}$$

이 되며 이 표현을 정리하면 다음과 같은 식을 얻을 수 있다.

$$\frac{R^3}{T^2} = \frac{GM}{4\pi^2} = \text{constant}$$

즉, 케플러의 제3법칙이 얻어졌다. 하지만 실제 이 표현은 정확한 표현은 아니다. 두 천체는 서로의 질량 중심을 중심으로 서로 공전하는 것이기 때문에 위 식은 다음과 같이 수정되어야 한다.

$$G\frac{mM}{R^2} = \frac{mv^2}{r} = \frac{m}{r}\frac{4\pi^2 r^2}{T}$$

이때 r은 질량 중심으로부터 행성까지의 거리이며, 다음과 같이 표현된다.

$$r = \frac{MR}{(m+M)}$$

따라서 케플러의 제3법칙은 다음과 같이 수정된다.

$$\frac{R^2 r}{T^2} = \frac{G(m+M)}{4\pi^2} = \text{constant}$$

이 식에서 행성의 질량이 태양의 질량보다 매우 작은 경우, 즉 $m \ll M$인 경우, 질량 중심을 고려하지 않았던 식으로 근사됨을 알 수 있다.

이 방법은 쌍성계(또는 연성계, binary star system)를 구성하는 천체에도 그대로 적용할 수 있다. 별의 질량을 계산할 수 있게 되면 별의 크기로부터 별의 밀도를 계산할 수 있게 된다. 이는 별의 구성 성분을 이해하는 데 있어 매우 중요한 자료가 된다. 별의 질량은 그 자신의 운명을 결정하는 거의 유일한 지표가 된다. 태양을 제외한 별들의 질량은 대부분 쌍성을 연구함으로써 얻어진다. 쌍성은 1650년에 최초로 발견되었다는 기록이 있다. 갈릴레이가 망원경으로 천체를 관측하기 시작한 지 50년도 채 되지 않은 때였다. 이탈리아의 천문학자였던 까스뗄리 Benedetto Castelli, 1578~1643 는 큰곰자리의 손잡이 중간에 있는 미자르 Mizar 라는 별이 망원경으로 관측하면 두 개의 별로 보인다고 이야기하였다. 이 발견 이후 많은 수의 쌍성이 발견되었다. 쌍성은 일반적으로 두 별의 광도가 같지 않기 때문에 밝은 별을 주성 primary 이라 하고 어두운 별을 반성 secondary 이라고 부른다. 잘 알려진 쌍성은 쌍둥이자리에 있는 캐스터 Castor 라는 별로서 1804년에 천왕성을 발견한 허셸 William Herschel, 1738~1822 은 캐스터의 두 별의 위치가 변화한다는 사실을 발견하였다. 이는 두 개의 별이 서로 다른 별 주위를 회전한다는 증거였으며, 태양계 밖에서도 중력이 여전히 작용한다는 또 다른 결정적인 증거였다. 우리 지구에 가깝게 위치하기 때문에 육안으로 쌍성을 확인할 수 있는 별들도 있지만, 대부분은 지구로부터의 거리보다 그들의 궤도 반지름이 너무 작으므로 실제로는 거의 하나의 별로 보인다. 실제로 하늘에는 이러한 쌍성계가 많이 존재하며, 천문학자들은 이들을 가리켜 이중성double star 이라고 부르기도 한다. 이들은 물리적으로 중력에 의해 서로 연결되어 있으므로 주의를 기울여 관측한다면 두 별의 궤도 운동을 관측할 수 있다. 큰곰자리의 미자르의 궤도가 1830년에 알려지면서 궤도가 알려진 최초의 쌍성이 되었다. 이러한 쌍성들은 육안이나 천체망원경을 이용하여 관측할 수 있으므로 광학 쌍성optical binary 또는 안시 쌍성visual binary 이라고 부른다. 쌍성 중에서 두 별 중 한 별만이 관측이 되는 경우를 측성 쌍성astrometric binary 이라고 한다. 이는 천문학자들의 정밀한 관측으로 발견되었기 때문에 붙은 이름이다. 이는 하나의 별이 일정한 궤도 운동을 하는 것처럼 보이게 되는 데 다른 한쪽의 별이 매우 어두우므로 우리 눈에는 하나의 별만이 궤도 운동을 하는 것처럼 보인다. 이 궤도의 반지름을 계산하면 우리 눈에 보이지 않는 반성의 질량을 계산할 수 있다. 대부분 측성 쌍성의 반성들은 질량 밀도가 매우 높은 백색왜성이나 중성자별이다. 최초로 발견된 측성 쌍성은 큰개자리의 시리우스Sirius 다. 시리우스의 미세한 궤도 운동이 관측되자, 보이지 않는 반성의 존재가 예견되었고, 실제로 후에 반성이 발견되었다. 시리우스 B라고 이름이 붙은 이 별은 처음으로 발견된 백색왜성이기도 하다. 분광 쌍성 spectroscopic binary 은 측광 관측으로는 알아낼 수 없지만, 별의 스펙트럼선을 관측했을 때, 흡수 스펙트럼선의 위치가 주기적으로 변하는 것으로부터 별의 위치가 주기적으로 바뀐다는 사실을 알 수 있으며 이를 토대로 쌍성계라는 것을 추측할 수 있다. 분광 쌍성이 처음 발견된 것은 1880년 큰곰자리 미자르의 스펙트럼선이 주기적으로 움직이는 것이 알려졌을 때이다. 이것은 별이 지구에 대해 움직이는 방향에 따라 도플러효과에 의해 스펙트럼의 선들이 움직이는 것으로써, 질량과 속도의 관계를 구해낼 수 있다. 미자르는 안시 쌍성이면서, 각각의 별은 분광 쌍성을 이루고 있기 때문에 실제로는 4개의 별로 이루어진 사중성 구조이다. 또한, 두 별의 궤도가 시선 방향과 나란하게 있게 되면 한 별이 다른 별을 가

동굴에서 별을 보다

리는 현상이 주기적으로 나타난다. 즉, 광도가 주기적으로 변하게 되는데 이러한 쌍성계를 측광 쌍성photometric binary 또는 식 쌍성eclipsing binary 이라고 한다. 쌍성의 운동을 이야기할 때, 한 별이 다른 별의 주위를 돈다고 이야기하는 것은 옳지 않다. 중력에 의해 회전하는 두 별은 질량 중심을 초점으로 하는 궤도 운동을 하며 질량 중심의 위치는 분광 쌍성계의 스펙트럼편이를 통해서 쉽게 계산할 수 있다.

이런 의문이 생길 수 있다. 지금까지의 이야기는 쌍성계에만 해당되는 이야기이다. 만약 쌍성계를 이루지 않는 별의 질량을 구하고자 한다면 이 방법은 무의미한 것이다. 그러나 걱정할 필요는 없다. 쌍성들이 충분히 많기 때문이다. 말하자면 우리는 별의 질량과 별의 분광학적 특성을 가늠할 수 있는 많은 양의 표본을 가지고 있는 것이다. 이 표본으로부터 얻을 수 있는 별의 질량과 분광학적 특성을 이용한다면 쌍성을 이루지 못한 별들의 질량을 상당한 확신을 가지고 "어림"할 수 있다. 스스로 빛을 내는 항성의 질량 분포는 어떻게 될까? 태양보다 훨씬 가벼운 별도 있을 수 있을까? 이 질문은 다른 관점에서 이렇게 질문하는 것과 같다. "별이 스스로 에너지를 방출할 수 있기 위해서 얼마만큼의 질량을 가져야 하는가?"이다. 과학자들의 계산에 의하면 별이 스스로 빛을 내기 위해서는 최소한 태양 질량의 절반보다는 커야 한다. 이보다 작은 질량에서는 별의 중심부에서 핵반응을 일으키는 데 있어 별의 중력이 거의 아무런 역할을 하지 못하기 때문이다. 태양 질량의 1/100에서 1/2 사이의 별들은 수소의 핵융합으로 중수소를 만들 수 있을 만큼의 중력은 되지만 중수소를 결합해 헬륨을 만들 만큼의 중력을 가지고 있지 못하기 때문에 방출하는 에너지양이 상대적으로 작다. 이런 별들은 매우 희미하기 때문에 갈색왜성이라 한다. 갈색왜성은 어두워서 관측하기가 매우 어렵기 때문에, 직접 관측하는 것은 정교한 기술이 필요하다. 또한, 태양의 질량보다 1/100보다 작은 천체는 스스로 빛에너지를 방출하지 못한다. 이 별들은 행성이라 부르는데 태양계 8개 행성이 대표적인 것이다.

한편, 태양을 중심으로 반경 30광년 내에 있는 별들은 거의 태양과 같은 질량을 가진다. 이 영역에서 가장 큰 질량의 별인 경우도 태양 질량의 4배를 벗어나지 않는다고 알려져 있다. 이보다 먼 거리에서도 질량이 매우 큰 별을 발견하기가 쉽지 않다. 아주 멀리 떨어진 곳이라 할지라도 태양 질량의 100배가 넘는 경우는 드문 일이다.

별의 크기

달이나 태양의 크기, 지름은 쉽게 측정할 수 있다. 달이나 태양의 시차와 달이나 태양까지의 거리를 알면 실제의 크기를 계산할 수 있다. 하지만 이런 방법으로 정확하게 그 크기를 측정할 수 있는 별은 태양과 달 뿐이다. 나머지 별들의 크기를 측정하는 데는 다른 방법이 필요하다. 모든 별은 너무 멀리 떨어져 있으므로 크기를 측정할 수는 없다. 아무리 훌륭한 성능을 가진 망원경으로 관측하더라도 마찬가지이다. 그들은 점으로만 관측될 뿐이다. 과학자들은 이렇게 멀리 떨어져 있는 별들의 크기를 계산하는 데 있어 몇 가지 방법을 가지고 있다. 그중의 한 가지는 달을 이용하는 방법이다. 이 방법은 달이 가로지르는 몇 개의 별에만 적용할 수 있는 단점이 있지만, 매우 정확한 방법이다. 심지어 이 방법을 이용하면 수십 km의 오차를 가지고 별의 크기를 계산할 수 있다. 과학자들은 별의 광도를 측정하다가 달이 이 별을 가로지르게 되면 해당 별의 광도가 서서히 감소하기 시작하고 최소의 광도를 갖는 것을 측정한다. 과학자들은 이 별의 광도가 감소하다가 마침내 최소 광도 혹은 완전히 별을 가리는 것을 목격할 수 있다. 이 시간을 측정함으로써, 우리는 별의 크기를 측정할 수 있다. 달의 공전 속도를 정확하게 알고 있기 때문에 이 별까지의 거리를 알고 있다면 그 별의 크기를 계산하는 것은 어려운 일이 아니다. 물론 이 방법은 달이 천구를 가로지르는 길에 있는 몇몇 별들에만 적용될 수 있는 방법이다. 하지만 이 방법은 먼 거리에 있는 별의 크기를 측정하는 일반적인 방법론을 제공한다. 식 쌍성을 이용하는 방법도 있다. 지구에서 볼 때, 몇몇 쌍성들은 그 공전 궤도면이 우리의 시선 방향에 평행한 경우가 있다. 이런 쌍성에서는 한 별이 다른 별의 빛을 완전히 차단하는 항성식이 발생하게 되는데 이때 달을 이용했던 것과 동일한 방법이 별의 크기를 계산하는데 그대로 적용될 수 있다.

한편 망원경을 이용한 항성간섭계 stellar interferometer 를 이용하기도 한다. 일반적으로 해상도는 광학계의 렌즈의 지름이 커질수록 좋아진다. 이를 식으로 나타내면

$$\theta = 1.22 \frac{\lambda}{D}$$

와 같다. 여기에서 θ는 구분 가능한 각변위이며, λ와 D는 빛의 파장과 렌즈의 지름을 의미한다. 상수 1.22는 회절함수의 특성이다. 예를 들어 렌즈의 지름이 40 mm라면, 파장이 600 nm인 노란색의 빛을 이용하는 경우,

$$\theta = 1.22 \frac{6 \times 10^{-7}}{4 \times 10^{-2}} \sim 1.8 \times 10^{-5} \text{ [rad]}$$

의 해상도를 갖는다. 이는 1 km만큼 떨어진 곳에 위치한 두 점 사이의 거리가 1.8 cm보다 큰 경우는 두 개의 서로 다른 점으로 구분할 수 있다는 것을 의미한다. 천체망원경에서 렌즈의 지름이 중요한 이유가 바로 여기에 있다. 하지만 무턱대고 렌즈의 지름을 키울 수는 없다. 렌즈는 대부분 밀도가 높은 유리를 가공하여 만들기 때문에 렌즈의 지름이 커지면 광학계의 무게가 비약적으로 증가하게 된다. 따라서 두 개의 동일한 망원경을 일정한 거리만큼 간격을 두고 설치하여 간섭 이미지를 관찰하기도 한다. 이것이 항성간섭계이다.

간접적인 방법으로도 별의 크기를 계산할 수 있는 방법이 있다. 이미 별의

표면온도를 구하는 방법을 설명하는 부분에서 보았던 다음과 같은 스테판·볼츠만 법칙을 이용하는 것이다.

$$L = 4\pi R^2 \sigma T^4$$

여기에서 L은 별의 절대광도이고, σ와 T는 각각 스테판·볼츠만 상수와 표면온도이다. 따라서 별의 반지름 R은 다음의 식을 통해 얻을 수 있다.

$$R = \sqrt{\frac{L}{4\pi\sigma T^4}}$$

태양에 가까이 있는 대부분의 별은 태양과 거의 같은 크기를 가지고 있다. 물론 예외인 경우도 있다. 하늘에서 가장 밝은 별 중의 하나인 오리온자리의 베텔규즈Betelgeuse는 그 지름이 지구와 태양 사이의 거리의 10배에 해당한다. 이 크기는 거의 목성 궤도만큼이나 큰 별이다. 베텔규즈는 붉은색으로 빛나는 높은 광도의 별이기 때문에 적색거성 또는 초거성이라 부르며, 거의 죽음에 임박한 별이다.

별의 일생

별들이 어떻게 진화하는지 그리고 각 성장기에서 어떤 일들이 벌어지는지를 이해하는 것은 20세기 중반을 넘어서야 비로소 가능했다. 1940년대와 1950년대를 거치면서 핵융합 과정을 발견했으며, 1960년대 이후로 디지털 컴퓨터의 등장으로 인해 원시별protostar로부터 백색왜성 또는 초신성과 같은 극적인 죽음까지를 이해할 수 있게 되었다. 과학자들은 최소한 주계열성에 대해서는 많은 내용을 이해하고 있다고 확신하고 있다. 지구에서 가장 가까운 주계열성인 태양의 내부에서 진행되는 핵융합에 대해 과학자들이 오랫동안 확신하지 못했던 시기가 있었다. 이는 과학자들이 가지고 있었던 태양 내부의 핵융합 모형standard solar model 과 다른 관측 결과 때문이었다. 태양에서 방출되는 특정 종류의 중성미자 개수가 모형과 달랐기 때문이었다. 이는 중성미자가 지구까지 도달하는 과정에서 다른 중성미자로 바뀐다는 사실을 1998년에 발견함으로써 비로소 해결되었다.

사실 별이 만들어지는 초기과정에 대해서는 아직도 완전한 이론이 없다. 즉, 거대 암흑성운dark nebular 에서 원시별까지 이르는 과정에 대해서는 아직 명확한 이해가 없다는 이야기이다. 여기에는 태양보다 훨씬 큰 질량을 가지는 별의 탄생이나 쌍성계의 형성과정도 포함되어 있다. 이와 같이 남아있는 문제들은 은하 내부에서 별들이 형성되는 속도, 각 형식의 별들이 헬륨보다 무거운 원소들을 합성하는 양, 그리고 합성된 원소들을 어떻게 우주 공간으로 되돌려 주며, 이 원소들이 다음 세대의 별들을 어떻게 구성하는지 우리가 여전히 명확하게 알고 있지 못한다는 것을 의미한다.

초기우주가 팽창함에 따라 우주의 팽창속도가 느려지고 온도가 낮아지게 되면 우주는 비로소 중성원자와 분자들을 가질 수 있는 환경으로 바뀌게 된다. 이들은 우주의 팽창에 따라 지속적으로 냉각되면서 거의 균일하게 우주 공간에 분포하게 될 것이다. 별들은 이런 중성원자와 분자 - 사실, 대부분 수소와 헬륨이다 - 로 구성된다. 비록 작은 질량을 가지고 있으나 충분한 시간이 주어지면 이들 원자나 분자들은 중력에 의해 주변의 물질을 모아서 서서히 거대한 규모로 성장하게 된다. 그러다 구름의 질량과 밀도가 진스 임계Jeans criterion 라는 것을 만족하게 되면 구름 온도가 상승하게 되며 외부로 열에너지를 방출하면서 더 이상의 외부 물질을 흡수하지 않게 된다. 이 상태를 원시별이라고 하며 강력한 적외선을 방출하기 때문에 적외선 망원경을 통하여 구분하는 것이 가능하다. 이때부터는 외부로 부터 물질을 흡수하지 않기 때문에 비로소 장래 이 원시별의 운명을 결정하는 상태에 도달했다고 이야기할 수 있다. 이 상태의 가스 밀도는 $10^{-15}\,\mathrm{kg/m^3}$ 정도이며 반지름은 태양 반지름의 백만 배 정도인 $10^{15}\,\mathrm{m}$에 이른다. 이후 중력에 의해 서서히 수축하면서 표면을 통해 열에너지를 방출한다. 태양 반지름의 100배 정도가 될 때까지 수축하게 되면 구름의 밀도가 높아지면서 수소 분자를 구성하던 분자결합이 풀려 수소 원자들로 분리되고 다시 높은 온도에 의해 수소 원자가 이온화되면서 전하들이 복사를 붙잡아 두기 때문에 복사압력이 증가하지만, 이들이 재결합하여 중성원자로 바뀌는 과정을 반복하면서, 외부로 에너지를 방출하기 때문에 구름의 수축이 가능해진다.

별의 탄생

중력에 의해 수축하는 구름은 각운동량 보존 때문에 회전하게 된다. 구름의 크기가 작아지면서 회전속도는 점점 빨라지게 되면서 원심력에 의해 회전축에 수직인 방향으로 물질의 밀도가 높아지게 된다. 납작한 원반 형태가 만들어지는 것이다. 따라서 수축한 구름의 내부에서 만들어지는 복사 에너지는 물질밀도가 높은 납작한 평면 쪽으로 빠져나가지 못하고 상대적으로 물질밀도가 낮은 회전축 방향을 통해 가스와 함께 방출되는데 이를 항성풍stellar wind 이라 한다. 일단 회전하는 구름에서 항성풍이 발생하게 되면 이 구름은 더 이상의 물질을 흡수하지 못하고 그 상태의 질량을 가지고 별로 진화하게 된다. 이 항성풍을 일반적으로 제트jet 라고 부른다. 물론 제트는 여러 천체에서 발견되는 현상이다. 따라서 항성풍은 제트의 한 종류로 여겨도 좋다. 천체와 관련된 이야기에서 천체 혹은 천체의 집단이 회전하는 경우를 매우 빈번하게 접하게 되는데 이 는 모두 각운동량 보존에 의한 것임을 기억하도록 하자.

구름의 수축은 핵융합에 의한 복사에너지의 증가로 인해 멈추게 된다. 원자량이 <56(철)인 경우, 가벼운 원자들이 결합하여 무거운 원자핵을 구성하게 되면 결합에너지에 의한 질량 손실이 에너지로 전환된다. 하지만 원자량이 >56인 경우에는 해당하지 않는다. 철보다 무거운 원자를 만들어 내기 위해서는 오히려 에너지를 공급해줘야 하기 때문이다. 따라서 철보다 무거운

수축하는 원시별에서 방출되는 항성풍. 원시별의 회전축으로 방출되는 모습의 상상도이다. 상당한 과학지식을 가지고 있는 많은 전문 화가들이 활동하는 것을 알 수 있다. ⓒ ESO/L. Calada

원소는 별의 내부에서 만들어지지 않고 매우 특별한 과정을 통해서만 생성된다는 것을 알 수 있다.

별의 질량은 사실상 별의 모든 것을 결정하는 거의 유일한 요소이다. 별의 질량은 별의 내부구조뿐만 아니라 "별이 어떻게 최후를 맞을 것인지"까지 결정한다. 별의 초기 화학적 성분은 이 과정에서 거의 영향을 미치지 못한다. 별은 그 생애를 높은 밀도의 성간물질로부터 시작한다. 성간물질의 중력에 의해 수축을 시작한 기체 덩어리는 수축이 진행되면서 열이 발생하는데 이 열에너지가 수축을 방해하는 내부에너지 또는 내부압력이 된다. 뜨거워지는 기체 덩어리는 외부로 복사에너지를 방출하면서 점차 중력수축 속도가 줄어들게 되어 원시별이 된다. 원시별 상태는 매우 짧은 시간 동안 지속된다. 태양의 경우 약 5,000만 년 정도가 이 상태였다. 태양이 주계열성으로 있을 수 있는 시간인 약 100억 년에 비하면 매우 짧은 시간이라고 말할 수 있다. 따라서 은하들의 밝기에 원시별이 미치는 영향이 매우 적다는 것을 알 수 있다.

원시별의 중심부 온도가 약 10^7 K에 이르면 드디어 별은 수소를 "태워서"

헬륨을 합성하기 시작한다. 즉 핵융합이 시작되는 것이다. 4개의 수소가 1개의 헬륨으로 융합되는 과정이 시작되는데 헬륨 원자의 질량은 수소 원자 4개의 질량 합보다 0.7% 작다. 아인슈타인의 에너지-질량 등가 법칙에 따라 이 여분의 질량이 에너지로 바뀌게 되는데 이 에너지가 별이 만들어 내는 에너지이며 이 핵융합이 발생하는 별의 중심부를 핵융합 핵이라고 부른다. 이 상태가 되면 비로소 핵융합 때문에 발생한 별의 내부압력이 중력수축과 균형을 이루게 된다. 이제 원시별이 안정된 상태인 주계열성 상태로 접어들었다는 것을 의미한다.

이제 드디어 스스로 빛을 내는 안정적인 상태의 별이 탄생하게 되었다. 주계열성에서 중력수축이 진행될수록 별들은 더 많은 수소의 핵융합 때문에 불타오르게 되는데 이 과정에서 원자들 사이의 중력을 상쇄시킬 만큼의 복사를 방출한다. 그 과정을 요약하면 다음과 같다.

$$p + p \rightarrow d + e^+ + \nu_e + 0.42\,\text{MeV}$$

$$p + d \rightarrow {}^3_2\text{He} + \gamma + 5.49\,\text{MeV}$$

$$ {}^3_2\text{He} + {}^3_2\text{He} \rightarrow p + p + \alpha + 12.86\,\text{MeV}$$

$$e^+ + e^- \rightarrow \gamma + \gamma + 1.02\,\text{MeV}$$

이를 양성자-양성자 연쇄반응-pp chain 이라 한다. 현재의 태양이 바로 이 상태에 있는 별이다. 이런 과정을 통하여 수소 원자핵이 충분히 소비되면 별은 중력에 의한 수축을 시작하게 된다. 이런 수축이 계속되면 pp 연쇄반응에서 만들어졌던 α-입자(헬륨 원자핵)가 핵융합을 일으킬 수 있는 환경이 별의 중심부에 형성되게 된다. α-입자를 융합시킬 수 있는 환경은 수소 원자핵의 경우보다 훨씬 높은 온도와 밀도를 요구하는 환경이다. 이 과정은 다음으로 요약될 수 있다.

$$\alpha + \alpha \rightarrow {}^8\text{Be}$$

$$\alpha + {}^8\text{Be} \rightarrow {}^{12}\text{C}$$

즉 세 개의 α-입자가 하나의 탄소 원자핵으로 바뀌는 것이다. 이를 헬륨연소 또는 삼중 α-과정 triple alpha process 이라고 부른다. α-입자의 핵융합 과정이 시작되면 헬륨 원자핵과 수소 원자핵(양성자)의 밀도 차에 의한 대류에 의해 핵의 중심부로 헬륨 원자핵이 이동하고 상대적으로 가벼운 수소는 핵의 주변부로 밀려 나가게 된다. 주변부로 밀려난 수소는 여전히 핵융합을 계속하게 되는데, 이를 수소 연소 껍질 hydrogen burning shell 이라고 부른다. 별의 중심부에서 바깥쪽으로 밀려난 수소의 연소 때문에 별의 표면에 작용하는 복사압력이 증가함으로써 그동안 균형을 이루고 있던 복사압력과 중력균형이 깨지게 된다. 이 때문에 별의 표면이 100배 이상 팽창하게 되는데 이런 상태의 별을 적색거성 red giant 이라고 한다. 일반적으로 수소연소 껍질이 등장하게 되면 별은 수명의 마지막 단계에 들어선 것으로 서서히 퇴화하게 된다. 적색거성 상태에 들어서면서 내부의 α-입자가 거의 연소하는 상태에 이르게 되는데 CNO 과정 CNO process 과 헬륨포획 helium capture 과정을 거치면서 별은 자신의 마지막 에너지를 생산해 낸다. 이 두 과정을 통해 별은 본격적으로 무거운 원자핵들을 생성해 낸다. 이 상태를 지나면서 별은 내부에서 만들 수 있는 열에너지가 현저히 감소하게 된다. 따라서 별 내부의 복사압력이 감소하게 된다. 복사압력의 감소는 별의 중력수축으로 이어지게 된다. 거대한 크기의 거성이 중력수축을 시작하게 되면 별의 표면층은 별의 중심부를 향해 자유낙하를 하게 된다. 만약 별이 충분한 질량을 가지고 있다면 수축하는 별의 표면층은 별의 중심부에 도착할 때쯤에는 그 속도가 거의 빛의 속도에 육박하게 된다. 이 들은 별의 중심부에서 서로 충돌하여 거대한 충격파를 발생시키게 된다. 그리고 그들이 가지고 있던 역학적 에너지를 한꺼번에 방출하면서 폭발하게 된다. 이 폭발의 규모는 별의 질량에 따라 다르므로 별이 어떤 죽음을 맞이할 것인가가 달라진다. 이 폭발하는 별을 신성 nova 그리고 규모가 큰 경우를 초신성 supernova 이라고 한다. 특히 초신성의 경우 폭발단계에서 높은 에너지를 가진 원자핵들이 서로 융합하면서 철보다 무거운 원자핵들을 합성하게 되는 것으로 알려져 있다. 별들은 이 폭발과정을 통해 우주에 무거운 원자핵들을 공급하게 되며 철보다 무거운 원자들은 초신성 폭발을 통해 우주에 공급된다.

특별한 환경이 마련되지 않으면, 원자핵들이 결합하여 새로운 원자핵들을 만들어 내는 예는 없다. 일반적인 환경에서는 원자들이 결합하면 상대적으로 결합에너지가 낮은 분자를 구성하게 될 뿐이다. 그렇다면 우리가 알고 있는 우리 주변의 무거운 원자들이 어디에서 비롯되었는지 이제 명확해진다. 예를 들면, 우리가 섭취하는 무거운 원소는 식물이나 동물이 만들어 내는 것이 아니다. 우리 몸을 이루고 있는 무거운 원자들 역시 우리가 만들어 내는 것이 아니다. 식물이나 동물은 무거운 원소가 포함된 먹이를 섭취하고, 화합물 형태로 몸 안에 저장해 놓은 것이다. 우리 몸을 이루는 무거운 원자 역시 우리가 식물이나 동물로 만든 음식물들을 통해서 섭취한 것뿐이다. 그 원자들은 뒷날 우리가 그 원자들을 필요로 하지 않는 날이 되면 다시 자연으로 돌려주어야 할 것들이고, 순환과정을 거쳐 다시 누군가의 또는 어떤 생물의 몸을 구성하는 원자로서 이용될 것이다. 수소나 헬륨보다 무거운 원자들은 대부분 별의 내부에서 만들어진 것이다. 별의 내부에서 진행되는 핵융합 과정을 통해 무거운 원자핵들을 구성하게 되고 별의 최후단계에서 이 무거운 원자핵들을 우주 공간에 공급한다. 이 무거운 원자핵들은 성간물질로서 우주 공간을 오랜 시간 성간 가스 또는 성간 먼지로 떠돌다 어떤 기회를 통해 다시 중력수축에 참여함으로써 새로운 천체를 이루게 된다. 우리 지구 역시 다른 별이 만들어 낸 무거운 원자들을 이용하여 구성된 천체이다. 또한 초신성은 종종 예기치 못한 사건을 만들어 내기도 한다. 예를 들면 고생대 오르도비스기 Ordovician period 때 발생한 생물의 대멸종은 지구 근처에서 폭발한 초신성 때문이며, 이 과정에서 발생한 어마어마한 양의 방사선에 의한 것이라는 견해가 있다.

별의 질량이 충분하지 않았거나 폭발 후 남아있던 천체의 중심부는 복사압력의 감소로 급격하게 수축하게 된다. 이 수축은 파울리 Wolfgang Ernst Pauli, 1900~1958 의 배타원리 exclusion principle[12]에 의해 발생하는 전자들의 반발력 - 이를 축퇴 degeneracy 압력이라고 부른다 - 과 중력이 평행을 이룰 때까지 계속된다. 이 상태를 찬드라세카 Subrahmanyan Chandrasekhar, 1910~1995 한계라 한다. 이 상태가 되면 별의 밀도는 $10^9 \, \text{kg/m}^3$에 이르게 된다. 이 상태에 이른 별을 백색왜성(white dwarf)이라 한다. 백색왜성의 크기는 대략 지구 정도이며 질량은 태양의 절반 정도에서 최대 태양 질량의 1.4배 정도까지 분포하는 것으로 알려져 있다. 우리의 태양도 수십억 년 후에는 자신의 연료를 모두 태우고 백색왜성으로 변화하게 될 것이다. 백색왜성의 표면 온도는 대략 $10^4 \, \text{K}$이며, 별의 외부로 자신의 에너지를 모두 방출한 후에 흑색왜성으로 진화한 후 자신의 생을 마감하게 된다.

별이 태양보다 훨씬 큰 질량을 가지고 있다면 전혀 다른 죽음을 맞이한다. 백색왜성보다 훨씬 큰 중심핵이 붕괴하는 것이다. 전자들의 축퇴압력으로 중력과 균형을 이루는 백색왜성과는 달리 백색왜성보다 훨씬 큰 중력 때문에 수축을 계속하게 된다. 이때가 되면 중심핵은 양성자, 중성자, 전자들이 뒤섞인 밀도가 매우 높은 상태가 된다. 그리고 양성자들은 다른 양성자와 사이에 막대한 크기의 반발력을 만들어 낸다. 양성자들에 의한 전기적 반발력을 줄이기 위하여 양성자들은 $p \rightarrow n + e^+ + \nu_e$ 또는 $p + e^- \rightarrow n + \nu_e$ 과정을 통해 중성자로 바뀐다. 이 경우 중심핵은 막대한 양의 전자들을 소비하면서, 대단히 많은 양의 중성미자를 방출하게 된다. 결국, 중심핵에는 중성자만 남게 된다. 중성자도 배타원리의 영향을 받게 되기 때문에 중력과 균형

---

[12] 양성자나 중성자 또는 전자와 같이 스핀 양자수가 1/2인 입자들은 같은 양자수를 가질 수 없다는 원리이다.

을 이룰 수 있으며, 매우 빠른 속도로 회전하면서 강력한 복사를 자전축 방향으로 방출한다. 이런 종류의 천체를 중성자별이라고 하며 펄서라고 부르기도 한다. 만약 더 큰 질량을 가지고 있다면 중성자에 의한 축퇴압력을 이겨내고 별은 계속해서 중력에 의한 수축을 진행하면서 별의 바깥 부분을 날려버린다. 이렇게 폭발하는 별을 II형 초신성 또는 중심핵 붕괴 초신성core collapse supernova 이라고 부른다. 그리고 중심핵은 블랙홀로 발전해 간다. II형 초신성의 대표적인 예가 SN1987A이다. 여기에서 SN은 초신성을 의미하며, 뒤의 숫자 4개는 관측된 연도, 그리고 뒤의 알파벳은 그 해에 관측된 순서를 의미한다. 따라서 SN1987A는 1987년에 처음으로 관측된 초신성이라는 의미이다. 현재는 관측기술의 발달로 더욱 많은 초신성을 관찰할 수 있기 때문에, 뒤에 붙은 알파벳이 두 개로 구성되어 있다.

성간물질, 별 사이에 존재하는 가스와 먼지

성간물질은 문자 그대로 별들 사이의 공간에 존재하는 물질들을 말한다. 대부분은 수소나 헬륨 같은 가스이며, 아주 소량만이 얼어붙은 먼지들이다. 은하 내부의 별들 사이에 존재하는 성간물질의 평균밀도는 1 cm³당 1개의 수소 원자가 있다. 하지만 태양 주변은 이보다 백만 배 정도 밀도가 낮아서 1 m³ 당 1개의 수소 원자가 있다. 특별히 태양 주변의 성간물질 밀도가 낮은 이유에 대한 명확한 설명은 없지만, 과거에 태양 주변에서 폭발했던 초신성의 폭풍이 성간물질들을 날려 버린 것이 아닌가 하는 의견이 있다. 얼어붙어 있는 먼지들은 분자상태의 알갱이들로서 크기가 μm 정도이다. 이들을 성간 먼지라고 하는데 이들의 밀도가 가스보다 크기 때문에, 이들이 결합하여 후에 별로 성장할 씨앗이 될 가능성이 크다. 우리 은하의 경우, 눈에 보이는 질량의 15% 정도를 성간물질이 차지하고 있다. 따라서 우리 은하 내의 성

동굴에서 별을 보다

간물질은 태양 100억 개의 질량에 육박하는 양이다.

뜨거운 별 근처를 촬영하다 보면 빨갛게 빛나는 가스 구름을 관측할 때가 있다. 이들은 수소의 특성 스펙트럼에서 발머계열에 해당하는 붉은색이다. 뜨거운 별은 주변의 수소 온도를 10,000 K까지 올려 전자를 높은 에너지 상태로 들뜨게 한다. 그리고 별에서 방출되는 자외선이 들뜬 전자를 떼어 내는 과정을 통해 수소가 이온화된다. 수소가 이온화되면 하나뿐인 전자를 잃어버렸기 때문에 특성 스펙트럼을 만들 수 없지만, 이온화된 수소가 영원히 이온화된 채로 존재하지는 않는다. 주변의 전자와 재결합과 이온화를 반복할 수 있다. 별 주변의 뜨거운 환경 때문에 이온화된 수소가 전자와 재결합되면 전자는 수소 원자의 높은 에너지 준위에 포획된다. 포획된 전자는 바닥상태로 연속적으로 이동하면서, 에너지 차이에 해당하는 가시광선들을 방출하게 된다. 이것이 바로 우리가 관측하는 붉은색으로 빛나는 수소의 가스 구름이다. 이렇게 수소가 이온화된 지역을 HII 영역이라고 한다.

하지만 성간물질 대부분은 차가운 환경에 놓여있기 때문에 대부분 전기적으로 중성인 상태에 있게 된다. 이 가스들은 가시광선을 방출하지 못하기 때문에 우리 눈에 관측되지 않지만, 이들의 존재는 별들 사이를 통과하는 별빛의 흡수 스펙트럼을 통해 확인할 수는 있다. 성간구름에서 수소의 흡수 스펙트럼이 나타난다는 것은 비교적 일찍 과학자들에게 알려졌지만, 이는 간접적인 증거였다.

중성 수소를 직접 관측하는 방법은 당시 대학원 학생이었던 반 데 헐스트Hendrik van de Hulst, 1918~2000에 의해 재미있는 아이디어가 제시된 이후에 가능했다. 수소 원자는 한 개의 양성자와 한 개의 전자로 구성되어 있다. 수소 원자의 가장 낮은 에너지 상태는 수소의 원자핵인 양성자와 전자의 스핀이 서로 평행하게 존재할 때이다. 우리가 앞에서 원자를 이야기할 때 원자 내 전자의 에너지 준위는 원자핵과 전자의 반지름을 통해 결정된다고 이야기하였지만, 미시적인 세계에서 양성자와 전자는 팽이처럼 자전하는 속성을 가지고 있다. 이를 스핀 양자수라고 한다. 수소 원자 내에서 전자와 양성자의 스핀 배열에 따라 에너지가 미세하게 차이가 발생하는데, 이를 수소의 미세구조fine structure 라고 부른다. 성간구름에 속해있는 수소 가스에서 전자의 스핀이 양성자와 반대 방향으로 배열된 수소는 미세구조의 에너지 차이에 해당하는 21 cm 파장을 가진 전파를 방출하면서 미세구조의 바닥상태로 돌아갈 수 있다. 이 21 cm파의 존재는 곧바로 확인되었다. 은하수를 보면 은하수를 따라 중앙에 커다란 어두운 띠가 존재한다는 것을 알 수 있다. 바로 이 어두운 부분이 21 cm파가 강력하게 나타나는 지역이다. 은하수를 따라서 띠처럼 보이는 어두운 부분은 중성 수소의 구름에 의해 뒤편의 별빛이 가려진 지역이었다.

별의 이름

여러 문명권에서는 별을 부르는 각각의 이름이 있었다. 이 이름들은 교류를 통해 다른 문명권으로 전파되었으며, 시간이 지나면서 공유하게 되었다. 우선 여러분들이 알고 있을 법한 몇 개의 별을 나열해보면 시리우스, 시그너스, 알데바란, 베텔규즈 등일 것이다. 가장 밝은 별들인 1등성들은 과거에도 잘 알려져 있었기 때문에, 본격적으로 천체를 관측했던 그리스어의 영향을 받았다. 예를 들면 시리우스는 그리스어이다. 또 몇몇은 라틴어에서 유래된 것들도 있다. 하지만 대부분의 잘 알려진 별들은 아랍어로 되어있다. 실제로 소아시아 지역으로 전해졌던 그리스나 로마 시대의 선진 천문학은 중세로 접어들면서 퇴행했다가 중세 이후 아랍어 번역본을 통해 유럽으로 다시 전해졌기 때문이다. 우리에게 직녀성으로 잘 알려진 베가는 "먹이를 향해 급강하하는 독수리"라는 의미이며, 베텔규즈는 "중심에서 오른쪽"이라는 의미라고 한다. 우리가 보기에 베텔규즈는 오리온자리의 왼쪽에 있으나 오리온의

동굴에서 별을 보다

오른쪽 어깨에 해당하기 때문에 붙여진 이름인 것이다.

하지만 보다 널리 쓰이는 명명법도 있다. 아마 이런 이름을 들어본 적이 있을 것이다. 페르세우스 α(α-Persei)와 같은 이름이다. 이는 1603년 독일의 법률가이자 천문학자인 바이에르Johann Bayer, 1572~1625 에 의해 도입된 방법이다. 각 별자리에서 맨눈으로 보았을 때 밝은 별부터 그리스 문자를 붙이는 방법으로써 실제 별들을 구분하는 데 효과적이었기 때문에 지금도 널리 쓰이는 방법이다. 페르세우스 α는 알골이라는 다른 이름도 가지고 있지만 페르세우스자리에서 가장 밝은 별이라는 것을 바로 알 수 있을 것이다. 오리온 α는 베텔규즈, 오리온 β는 리겔의 다른 이름이다.

별의 분류

우리가 볼 수 있는 우주에는 대략 10^{22}개의 별이 있다. 이는 하나의 은하가 가지고 있는 별의 평균값과 우리가 볼 수 있는 우주 내에 존재하는 은하의 수를 곱해서 얻어진 값이다. 별들을 연구하는 데 있어 이들 하나하나를 모두 연구하는 것은 불가능에 가깝다. 무려 10^{22}개나 되는 별을 어떻게 일일이 관찰하고 연구할 수 있을까? 불가능한 일이다. 하지만 별들을 체계적으로 연구하는 방법이 있다. 우리는 어떤 대상을 연구하기 위하여 "분류"라는 방법을 사용한다. 지구상의 생명을 식물과 동물로 분류하고 또 각각을 그 특징에 따라 세부적으로 분류하는 방법을 알고 있다. 그리고 각 분류에 속하는 식물이나 동물들의 특징을 잘 이해하고 있다. 따라서 새로운 동물이나 식물이 발견되면, 그 특징에 따라 어느 분류에 속하는지 바로 결정할 수 있다.

별을 연구하는데도 그런 방법을 적용한다면 매우 유용할 것이다. 별을 표면 온도와 밝기에 의해 구분할 수 있다. 이를 도표로 나타낸 것이 헤르츠스프룽-러셀Hertzsprung-Russell HR 도표이다. 별의 표면 온도와 질량의 관계를 연

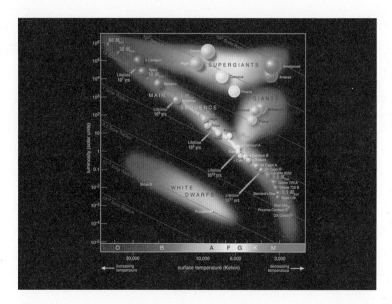

헤르츠스푸룽–러셀 도표. 수평축은 별의 표면 온도로서 왼쪽으로 갈수록 높아지며, 수직축은 별의 절대 광도로서 태양의 광도를 기준으로 그려져 있다. 이 도표를 통해 별을 체계적으로 분류하고 진화를 연구할 수 있게 되었다.

구했던 러셀Henry Norris Resell, 1877~1957 과 헤르츠스프룽의 업적을 기리는 이름이다. 이들은 매우 단순하고 직관적이지만 별들을 분류하는 매우 효과적인 방법을 만들어 냈다. 대부분의 별은 표면 온도와 질량이 일정한 관계를 맺고 있다. 이들은 하늘에서 관측되는 별들을 도표 위에 나타냈다. 우리가 밤에 하늘에서 관측하는 대부분의 별은 매우 오랜 시간 동안 안정적으로 빛나고 있는 별들이다. 헤르츠스프룽과 러셀은 재미있는 패턴을 도표에서 발견할 수 있었다. 대부분의 별은 빛의 밝기와 표면 온도 사이에 일정한 비례관계가 있었던 것이다. HR 도표에서 하나의 직선 위에 대부분 위치한 것이다. 이는 별들이 뜨거울수록 밝고, 차가울수록 어둡다는 의미이다. 즉 별의 내부에서 만들어 내는 에너지와 별의 밝기 사이에 직접적인 관계가 있다는 것을 보여주는 것이다. 이 선을 주계열main sequence 이라 하며, 이 직선 위에 있는 별들을 주계열성이라 한다. 별들이 암흑성운의 중력수축 때문에 최초로 핵융합을 시작하고 복사압력과 중력수축이 균형을 이루게 되면 별은 비로소 주계열성이 된다. 그리고 차갑지만 밝은 별과 어둡지만 뜨거운 별도 발견되었다. 주계열에서 벗어나는 이 별은 주계열성과 다른 특징을 보이는 것이다. 주계열성이 대부분의 수소 원자핵을 연소시키면, 헬륨이 중앙에 쌓여 수소 원자핵들을 표면 쪽으로 밀어내면서 수소 연소 껍질이 만들어 진다. 표면에 가깝게 위치한 수소 연소 껍질은 표면을 부풀어 오르게 하지만, 만들어 낼 수 있는 에너지는 줄어든 상태가 된다. 이 상태가 차갑지만 밝은 천체인 적색거성이다. 그리고 최종적으로 백색왜성으로 진화하면서 그 일생을 마치게 될 것이다. 백색왜성은 크기가 작기 때문에, 어둡게 보이지만 표면 온도는 매우 높다. 별들은 원시별에서 주계열성이 되는 순간, HR 도표 위의 한 점에서 삶을 시작한다. 그리고 시간이 흘러가면서 이 도표 위에서 움직이는 것이다. 이 진화의 속도는 별의 질량과 깊은 관계를 맺고 있다. 별의 질량에 의한 중력수축의 영향으로 질량이 무거운 별들의 핵융합 속도가 질량이 가벼운 별들의 핵융합 속도보다 훨씬 빠르다. 따라서 이런 주계열성의 성질은 별의 나이를 예상하는데 매우 중요한 요소가 되는 것이다. 뜨겁고 밝은 주계열성의 수명은 짧고 뜨겁다. 큰 중력에 의해 빠른 속도로 핵융합을 진행하기 때문이다. 반대로 어두운 주계열성은 핵융합의 속도가 느려서 수명이 매우 길다. 우리 태양은 중간 정도의 수명을 가지고 있으며, 대략 100억 년 정도의 수명을 갖는다. 현재 우리 태양계의 나이를 생각해 본다면 약 50억 년쯤 후에 우리 태양은 거의 목성 궤도까지 접근할 정도로 커다란 적색거성 상태가 될 것이다. 이때가 되면 대부분 기체로 이루어진 외행성들은 열기에 의해 대기가 모두 우주 공간 속으로 흩어져 버릴 것이다. 물론 우리 지구는 이미 태양의 일부가 된 후이다. 우리가 관측하는 1등성 별들은 북반구와 남반구를 합쳐 21개이지만 공룡이 활동하던 시기에 이 별들은 하늘에 존재하지도 않았었다.

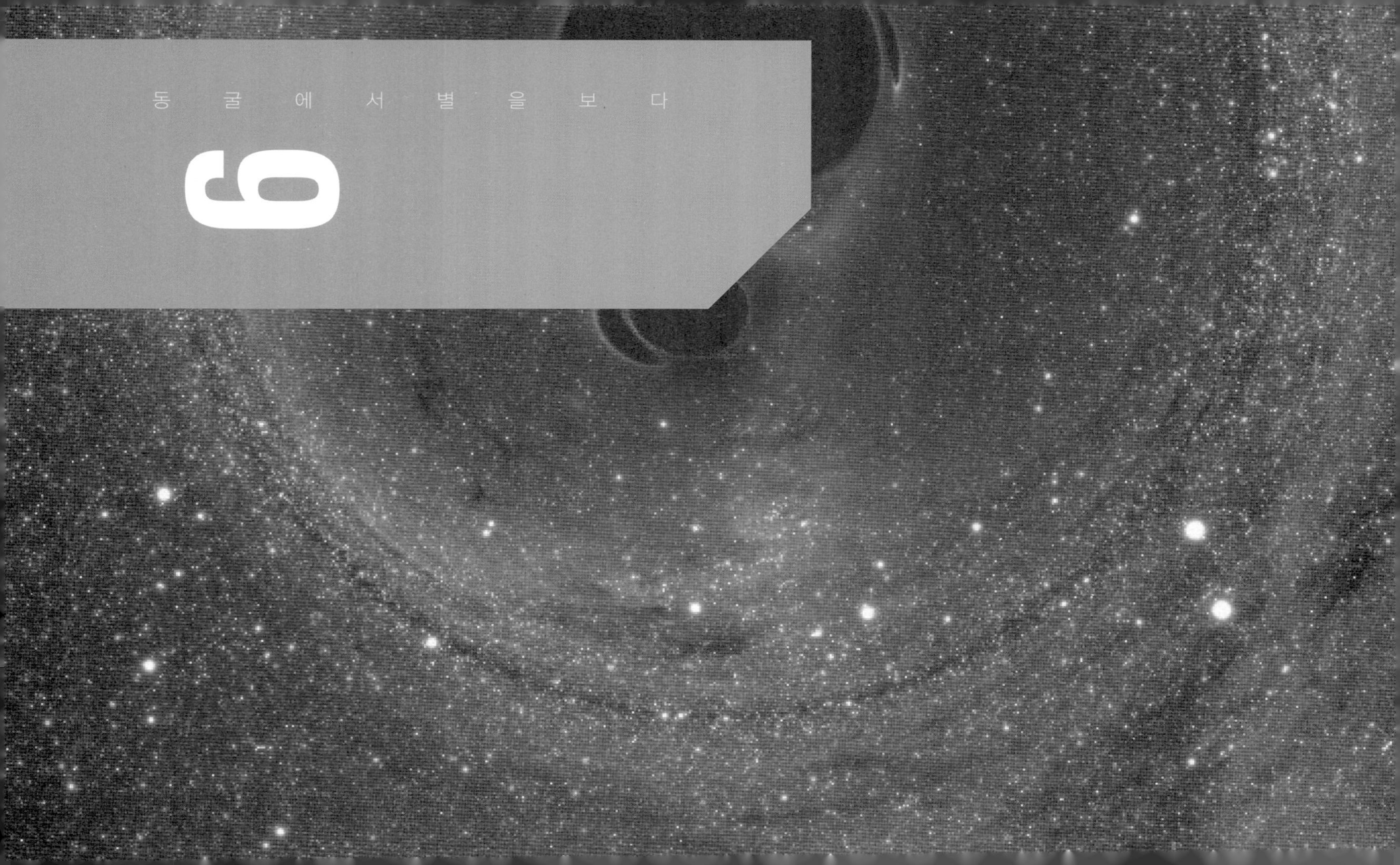

6

동굴에서 별을 보다

별의 집합,
은하

우리 은하

    우리 은하의 형태와 구조에 대해 처음으로 본격적인 연구를 한 사람은 허셜이었다. 독일의 하노버에서 출생한 그는 처음에는 아버지를 따라 군악대에서 일했으나 19살 때, 영국으로 이주했다. 영국의 왕실 천문학자였던 마스켈린Nevil Maskelyne, 1732~1811 의 조수로 일하면서 천문학에 발을 들여놓게 된다. 1781년 허셜은 자신이 직접 제작한 150 mm 뉴턴식 반사망원경을 이용하여 천왕성과 위성을 처음으로 관측하게 되면서, 천문학자로서의 명성을 얻었다. 이후 그는 토성의 위성들을 발견하였으며 프리즘과 온도계를 이용하여 태양으로부터 적외선이 방출된다는 사실을 처음으로 관측하였다. 그는 우주의 구조를 연구하기 위하여 별의 지도를 그릴 필요를 느꼈다. 아직은 외부 은하의 존재가 알려지지 않았던 시기였다. 이를 위해 그는 천왕성을 관측할 때 사용했던 망원경보다 훨씬 거대한 400배 이상의 배율을 가진 거대한 반사망원경을 제작하여 방위별로 관측되는 별의 수를 기록하였다. 그는 대부분의 별이 하늘을 둘러싼 은하수의 좁은 띠 안에 놓여있으며, 이 띠의 어느 방향에서나 별들의 숫자가 거의 같다는 것을 알았다. 당시의 망원경의 거리 한계를 고려한다면 당연한 일이지만, 그는 이 결과를 토대로 태양이 속해 있는 은하가 납작한 원반 구조로 되어있으며, 그 중심에 태양이 있다는 결론을 내렸다. 허셸이 그린 당시의 은하 모습은 오늘날 우리가 알고 있는 우리 은하의 모양과 거의 같지만, 태양의 위치는 잘못된 것이었다. 당시 허셸이 사용하던 망원경이 볼 수 있던 가장 먼 거리는 약 6,000광년 정도였기 때문이다. 허셸의 결론은 19세기 말까지 대체로 인정받았다. 현재 우리가 알고 있는 우리 은하의 구조에 대한 구체적인 지식은 샤플리에 의한 것이다. 샤플리는 허셸이 성능이 제한적인 망원경을 이용했기 때문에, 그가 볼 수 있었던 우주가 실제 우리 은하의 극히 한정된 영역일 수 있다고 생각했다. 그는 구상성단globular cluster 이 우리 은하의 일부이며, 이 성단이 우리 은하를 둘러싸고 있다는 가정을 하였다. 구상성단은 대략 100,000여 개의 별로 이루어진 천체로서 아주 먼 거리에서도 망원경을 이용하여 볼 수 있다. 샤플리는 구상성단의 밝기가 일정하다로 가정하고 구상성단의 상대적인 밝기와 세페이드 변광성을 통해 구상성단까지의 거리를 구하였다. 그리고 구상성단의 위치를 이용하여 우리 은하의 대략적인 크기를 구했다. 사실, 그는 우리 은하 내에 있는 성간물질들이 멀리서 오는 별빛을 차단하고 있을 것으로 생각했었다. 마치 안개와 같은 성간물질들이 은하수의 띠를 따라 분포하고 있었기 때문에, 그가 이 은하수 띠를 벗어난 지역에 있는 구상성단을 이용하기로 한 것은 훌륭한 선택이었다. 그는 우리 은하에 속해있는 구상성단들의 중심이 우리 은하의 중심이라는 과감한 결론을 내렸다. 샤플리는 곧바로 태양이 우리 은하의 중심이 아니라는 사실을 알게 되었다. 이 관측결과를 부정하는 커티스Herber Curtis, 1872~1942 와의 논쟁Shapley-Curtis debate 은 1920년대 당시에 천문학자들의 커다란 이야기 거리였다고 전해진다. 오늘날의 과학자들은 별빛뿐만이 아니라 여러 영역의 복사를 관측할 수 있는 장치들을 이용하여 성간물질 너머에 있는 별들을 볼 수 있기 때문에, 우리 은하의 모습과 태양의 위치를 잘 이해할 수 있다. 태양은 여러 개의 나선 팔을 가진 우리 은하의 가장자리에 있다. 우리 은하는 약 10^{11}개의 별을 가지고 있는데 이 숫자는 커다란 건물을 가득 채울 수 있는 모래의 숫자보다도 큰 것이다. 그리고 우리 은하의 주변을 헤일로halo 가 둥근 공처럼 감싸고 있다.

헤일로에 있는 구상성단과 별을 스펙트럼 관측을 통해서 살펴보면, 금속 성분이 풍부한 늙은 별들이라는 사실을 알 수 있으며, 반면에 은하의 팔에 있는 별들은 대부분 젊다. 헤일로의 특성을 관찰하는 것은 어려운 일 중의 하나이다. 상대적으로 어두운 별들을 관찰해야 하는데, 이런 경우 그 거리를 최소한의 오차 범위 내에서 측정하는 것이 어렵기 때문이다. 상대 광도만을 이용하여 가까운 곳에 있는 어두운 별과 먼 곳에 있는 밝은 별의 상대적인 위치를 결정해야 한다고 생각해 보라. 다행히 헤일로에는 표준 광원으로 사용할 수 있는 변광성들이 존재한다. 이 변광성들을 이용하여, 우리 은하가 지름이 대략 100,000광년이고 그 두께가 400광년 정도 되는 원반 부분과 이를 둘러싸고 있는 지름이 약 150,000광년 정도 되는 헤일로로 구성되어 있음을 알게 되었다. 우리 은하의 중심부 - 반지름이 약 3,000광년 정도 되는 - 에는 늙은 별들이 높은 밀도로 존재하여, 밝게 빛나는 커다란 가스 공처럼 보인다. 이러한 은하의 중심부를 팽대부bulge 라고 부른다. 이 영역의 별의 밀도는 매우 높고, 마치 커다란 구상성단처럼 구 형태를 취하고 있다. 우리 은하의 중심부는 별빛을 차단하는 성간물질 때문에, 적외선을 이용하여 살펴볼 수 있다. 성간물질은 대부분 이온화되지 않은 수소로 이루어져 있으며, 우리 은하 원반 부분에 걸쳐 풍부하게 분포하고 있다. 특히 차가운 수소가 방출하는 21 cm 복사는 먼지를 쉽게 통과할 수 있을 만큼 파장이 충분히 크기 때문에, 우리 은하 구석에 있는 성간물질의 존재도 쉽게 관측할 수 있다. 한편, 21 cm 복사의 도플러효과를 통해 우리 은하의 각 부분이 은하의 중심에 대해 서로 다른 속도로 운동한다는 사실도 밝혀졌다. 우리 은하 곳곳에 풍부하게 분포하는 수소의 21 cm 복사를 이용하여, 원반 부분에 대한 구체적인 구조와 운동상태를 이해한다. 과학자들은 비로소 우리 은하의 구체적인 형태를 파악할 수 있게 되었다. 우리 은하는 몇 개의 가지를 가지는 4개의 거대한 나선 팔을 가지고 있다. 우리 은하의 형태는 우리 은하로부터 가장 가까운 곳에 있는 안드로메다은하와 유사하다. 안드로메다은하는 우리 은하로부터 약 250만 광년 떨어져 있으며 은하의 중심부와 그 중심부로부터 뻗어 나온 팔을 가진 전형적인 나선은하이다.

이러한 은하의 나선 팔 형성을 설명하는 몇 개의 이론이 있다. 그중의 한 가지는 은하의 차등 회전differential rotation 때문이라는 것이다. 이는 태양으로부터 멀리 떨어진 행성의 공전 주기가 태양으로부터 가까운 곳에 있는 행성의 공전 주기보다 긴 것과 유사하게 은하의 중심을 축으로 하여 회전하는 은하의 경우 이러한 나선 팔이 자연스럽게 나타난다는 것이다. 이는 자연스럽게 휘어진 은하의 나선 팔을 설명할 수는 있지만, 시간이 지남에 따라 나선 팔의 형태가 점차로 사라져야 한다는 것을 암시한다. 그러나 많은 다른 나선은하에서 나선 팔이 여전히 관측된다는 사실은 은하의 나선 팔이 절대 사라지지 않는다는 것을 보여주고 있다. 또 다른 가능한 설명은 밀도파 이론density wave theory 이라는 것이다. 이 설명에 의하면 은하 내에 물질밀도가 높은 공간이 존재하며, 이 공간을 별들과 성간물질이 통과하는 과정에서 중력에 의한 회전속도가 잠시 느려지게 되면서 나선 팔이 형성된다는 것이다. 이 이론의 장점은 별들이 나선 팔에서 집중적으로 발생한다는 관측결과를 구체적으로 설명할 수 있다는 것이다. 별들이 물질밀도가 높은 곳을 통과하면서 그곳에 있는 먼지들과 충돌함으로써 발생하는 충격파가 별 형성에 필요한 성간물질의 압축이 쉽게 발생할 수 있도록 한다는 것이다. 물론 은하의 모든 성질을 하나의 이론(또는 모형)으로 설명할 수는 없을 것이다. 우리 은하와 같은 독특한 구조를 가능하게 하기 위해서는 적어도 한 가지 이상의 은하 형성과정이 개입되어 있다고 보는 편이 오히려 보편적인 생각일 것이다.

은하의 회전과 암흑물질

우리 은하에 있는 다른 별들과 마찬가지로 태양도 우리 은하의 핵을 중심으로 공전한다. 공전 궤도면은 우리 은하의 원반 부분과 평행하며 공전주기는 약 2.25×10^8년이다. 이 공전 주기를 1은하년이라고 부를 수 있다면, 우리 태양계가 생성된 지 약 22은하년이 지난 셈이다.[13] 이 공전 주기를 이용하여 은하의 질량을 계산할 수 있다. 태양은 우리 은하의 중심으로부터 약 26,000광년 정도 떨어진 곳에 있으므로 케플러의 법칙과 태양의 공전 주기를 통해 은하의 질량을 구할 수 있다. 태양보다 안쪽에 있는 은하의 질량은 대략 태양의 10^{11}배 정도 큰 값이었다. 이 값은 태양 바깥쪽에 별이 거의 없을 때만 우리 은하 전체에 대한 구체적인 값이 될 수 있다. 실제로 우리 은하의 중심으로부터 30,000광년 이상 떨어진 곳의 별의 밀도는 매우 낮지만, 별은 존재한다. 이 별의 공전 주기를 구한다면, 우리 은하 전체의 질량을 구할 수 있다. 이 별들의 공전 주기를 계산한 과학자들은 태양 바깥쪽에 있는 별들의 공전 주기가 예상보다 빠르며 거의 태양의 공전 주기와 같다는 사실에 깜짝 놀랐다. 이는 중력에 의해 은하 전체가 하나의 단단한 원반처럼 중력으로 묶여 자전한다는 의미였다. 하지만 이만한 중력을 만들어 낼 천체는 보이지 않았다. 아무것도 없는 빈 곳만이 존재했다. 눈에 보이지 않는 중력을 만들어 내는, 즉 질량을 가지고 있는 무엇인가가 이 빈 곳을 가득 채우고 있다는 것을 의미하는 것이다. 이를 암흑물질dark matter 이라고 부른다. 이곳에 우리 눈(또는 관측기구)에 보이지 않는 질량이 존재하는지를 어떻게 알아낼 수 있

---

13 지질학적인 관점에서 우리 지구의 나이는 약 45억 년이라고 알려져 있다.

동굴에서 별을 보다

었을까? 태양에서 멀리 떨어진 곳에 있는 행성의 공전 주기가 태양으로부터 가까운 곳에 있는 행성의 공전 주기보다 길다는 사실을 기억해 보자. 만약 태양으로부터 먼 곳에 있는 행성의 공전 주기가 지금보다 짧다면 행성들은 태양의 중력을 이겨내고 태양계로 부터 벗어날 것이다. 따라서 그 공전 궤도를 유지하기 위한 공전 주기는 정해져 있는 것이다. 만약 그 행성의 공전 주기가 지금의 값보다 짧음에도 불구하고 그 공전 궤도를 유지하고 있다면 우리는 태양의 질량이 우리의 생각보다 훨씬 큰 값이라는 결론을 내리게 될 것이다. 이와 같은 생각을 우리 은하의 중심으로부터 멀리 떨어진 별들의 공전 속도에 적용해 볼 수 있다. 다음의 식을 이용하면 은하의 중심으로부터 r만큼 떨어진 곳에 있는 천체의 공전 주기 T를 구할 수 있다.

$$G\frac{mM}{r^2} = \frac{mv^2}{r} = \frac{m}{r}\left(\frac{2\pi r}{T}\right)^2$$

이 식에서 질량 M은 거리 r보다 짧은 거리에 있는 천체들의 질량의 합이다. 따라서 우리 은하의 최외곽에 있는 천체를 관측의 대상으로 하면 M은 우리 은하 전체의 질량이 된다. 이 식을 공전 주기 T 또는 은하의 질량 M에 대해 정리하면

$$T = \sqrt{\frac{4\pi^2 r^3}{GM}}$$

$$M = \frac{4\pi^2 r^3}{GT^2}$$

을 구할 수 있다. 이 식들로부터 태양보다 은하의 중심에서 멀리 떨어진 별들의 공전 주기는 당연히 태양의 공전 주기보다 커야 할 것이다. 하지만 이들의 공전 주기는 태양보다 조금도 크지 않았고 때로는 태양보다 공전 주기가 빠른 경우까지 관측되었다. 이는 이들 천체가 우리 은하의 질량이 우리의 계산 결과보다 훨씬 큰 값이 아니라면 우리 은하를 오래전에 벗어났으리라는 것을

의미한다. 이 결과로부터 암흑물질이 우리 은하의 외곽, 즉 헤일로에 분포하고 있다는 것을 알 수 있다. 우리 은하의 중심으로부터 가장 멀리 떨어진 구상성단의 공전 주기로부터 위 식을 이용하여 얻어낸 우리 은하의 질량은 태양 질량의 10^{12}배이다.[14] 이는 우리가 관측한 질량의 10배나 되는 값이다. 다시 말해서 우리는 우리 은하에 존재하는 물질의 10%밖에 볼 수 없다는 것을 의미한다. 이처럼 우리 눈에 보이지 않지만, 우리 은하 질량의 90%를 암흑물질이 차지하고 있다. 과학자들은 지금도 암흑물질의 정체에 대해 연구하고 있으며 그 가능성 중에 블랙홀을 포함한 몇 종류의 천체들과 질량을 가진 입자elementary particle 등이 후보로 거론되고 있다. 이에 대해서는 뒤에 다시 설명하도록 하겠다.

외부 은하

우리 은하 바깥쪽에 외부 은하가 존재할 수 있을까에 대한 의문은 생각보다 오래되었다. 오늘날처럼 세계 곳곳에 많은 고성능 천체망원경이 설치되어 있고 역시 많은 수의 우주 망원경이 지구 주위를 공전하고 있는 시대에 사는 우리는 그런 의문이 있었다는 사실에 놀라워할지 모른다. 마치 태양계가 우주의 전체라고 믿었던 오해와 비슷하다고 생각할 수도 있다. 성운이라는 용어는 문자 그대로 별들로 이루어진 구름과 같은 천체라는 의미이다. 이 단어는 초기 망원경 관측을 통하여 알게 된 희미한 반점들을 일반 별들과 구분하기 위해 사용한, 라틴어로 구름을 뜻하는 "nebulae"로 부터 유래된 것이다. 일찍이 근대철학의 선구자인 칸트Immanuel Kant, 1724~1804 는 당시에 알려져 있던 성운 중의 일부는 우리 은하에 속하지 않은 또 다른 외부 은하라

---

14 우리 은하에 존재하는 별들의 개수가 약 10^{11}개라는 것을 기억하자.

동굴에서 별을 보다

고 생각했다. 관측기술이 발달함에 따라 1908년까지 거의 15,000여 개에 달하는 성운이 관측되었다. 이 성운들이 우리 은하 내에서 관측되는 별들과 거의 같은 거리 척도를 가지고 있다면 이들은 우리 은하 내의 가스 구름일 가능성이 크지만, 우리 은하의 거리 척도 - 우리 은하의 크기 - 보다 멀리 떨어진 곳에 있는 것이라면 이들은 우리 은하와 같은 종류의 외부 은하일 것이다. 따라서 성운까지의 거리를 측정하는 것이 매우 중요했다.

허블은 윌슨 천문대 Wilson Observatory 의 100인치 망원경을 이용하여 안드로메다은하를 포함하여 몇 개의 대형 나선은하에서 개개의 별들을 구분하였으며, 세페이드 변광성을 발견하였다. 당시 허블이 변광성을 이용하여 측정한 안드로메다은하까지의 거리는 오늘날 우리가 알고 있는 안드로메다은하까지 거리의 절반에도 미치지 않는 약 90만 광년이었다. 초기 세페이드 변광성을 이용한 거리 측정 방법의 오차를 생각하면 충분히 이해할 수 있는 측정값이다. 이 거리는 인간이 측정한 가장 긴 거리였으며 우리 은하의 크기보다 훨씬 큰 거리였다. 안드로메다은하가 우리 은하의 일원이 될 수 없다는 직접적인 증거였다. 이 결과는 천문학자들이 기다리던 새로운 분야, 즉 외부 은하 천문학의 탄생을 알리는 신호였다.

은하

알다시피 은하는 수많은 천체로 이루어진 복잡한 다체 多體 시스템이다. 안드로메다은하만 하더라도 약 1조 개의 별들로 구성되어 있다. 일반적으로 은하는 수억 개에서 수조 개의 별들로 구성되어 있으며 많은 양의 성간물질과 먼지를 가지고 있다. 그리고 이들은 또 다른 은하 및 은하 간 물질들과의 상호작용을 통해 서로 영향을 주고받는다. 천문학자들은 전통적으로 밝은 은하로 구성된 표본을 이용하여 은하들을 형태적으로 분류했다. 이

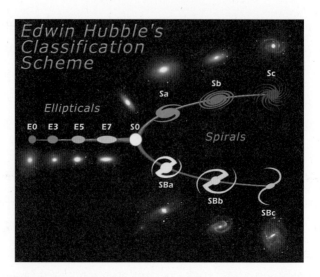

형태에 따른 은하의 분류. 허블은 은하의 형태에 따라 타원은하, 나선은하, 막대 나선은하로 분류하였으며, 여기에 속하지 않은 은하를 불규칙 은하로 분류하였다. © HST/ESO

러한 형태적 분류는 생각보다 많은 정보를 담고 있으며, 허블의 연구에도 많은 영향을 끼친 바 있다. 허블에 의해 체계적으로 분류된 은하들을 허블 계열Hubble sequence of galaxies 이라고 부른다. 은하들의 많은 물리적 정보들이 허블 분류에 따라 다르기 때문에, 진정한 의미에서 과학적인 중요성을 가지고 있다고 볼 수 있다. 개개의 은하들에 대해서 자세한 연구를 함으로써 은하를 연구하는 것도 가능하지만, 미국 뉴멕시코주 아파치포인트 천문대에 설치된 2.5 m의 지름을 가진 광각 망원경인 Sloan Digital Sky Survey SDSS 에서 얻어진 자료를 이용하는 방법도 가능하다. SDSS는 2000년부터 하늘의 35%에 해당하는 영역에서 천체들을 관측하여, 외부 은하들에 대한 많은 양의 자료를 보유하고 있다. 이 자료에는 은하를 분류하기 위한 은하의 이미지와 스펙트럼 분석 결과도 포함되어 있다.

외부 은하의 존재가 확립됨에 따라 허블을 포함한 여러 천문학자는 외계 은하의 형태와 기타 측정 가능한 성질에 주목했다. 물론 1920년대의 과학자

동굴에서 별을 보다

들에게 이와 같은 작업은 매우 힘든 일이었을 것이다. 오늘날에는 SDSS와 같은 더욱 편리한 장치들의 도입으로 상대적으로 수월한 작업이라 할 수 있지만, 이는 상대적인 표현으로서 오늘날의 과학자들에게도 여전히 힘들고 어려운 일이다. 새로운 종류의 천체를 이해하기 위한 첫 번째 시도는 형태를 비롯하여 여러 측정 가능한 정보를 얻어내는 것이다. 분광학을 이용한 관측도 당연히 필요한 것이다. 1920년대의 상황을 생각해 보면 하룻밤 내내 계속되는 조심스럽고 피곤한 관측이었을 것이며, 때로는 여러 날 계속되기도 했었을 것이다. 이러한 관측들을 통하여 천문학자들은 우선 은하들을 형태적으로 구분하였다. 대부분의 밝은 은하들은 크게, 나선 또는 타원 형태를 취하고 있으나 어두운 은하들은 이 기준으로 분류할 수 없는 불규칙한 모양을 하고 있는 은하들로 드러났다. 이렇게 형태를 구분해 놓은 다음 형태별 은하의 구성 성분 및 특징들 사이에서 공통적인 정보를 얻을 수 있다면 우리가 은하를 이해하는 데 많은 도움을 줄 것이 분명하다. 은하들을 그 형태로 구분하면 나선 은하, 타원은하 그리고 불규칙 은하로 분류할 수 있다. 그렇다면 "나선은하의 일반적인 특징과 타원은하의 일반적인 특징의 공통점은 무엇이고 어느 부분이 서로 다른가?"를 질문할 수 있다. 그리고 "나선은하와 타원은하의 형태는 영구적인 것인가?" 또는 "나선은하가 타원은하로 진화하거나 혹은 그 반대인가?" 아니면 "각 은하는 만들어졌을 때의 형태를 영원히 유지하는가?"를 물어볼 수 있을 것이다. 혹은 "어떤 은하가 더 젊은 별들로 구성되어 있는가?"를 질문할 수 있을 것이다. 말하자면 "특정 형태의 은하에서 가장 최근에 태어난 별의 나이는 얼마인가?"하는 질문이다.

우리 은하와 안드로메다은하는 전형적인 나선은하이다. 이 형태의 은하는 헤일로와 팽대부 그리고 몇 개의 나선 팔로 이루어져 있다. 성간물질은 은하의 원반과 동일한 평면에 대부분 위치한다. 또한, 태어난 지 얼마 되지 않은 젊은 별들과 밝은 성운들이 나선 팔에 집중적으로 존재한다는 것도 큰 특징이다. 구상성단은 대부분 나선은하의 헤일로에서 관측된다. 허블은 나선

은하의 핵과 나선 팔의 발달 정도에 따라 Sa, Sb, Sc로 분류하였다. Sc 형식은 은하의 나선 팔이 잘 발달하여 있고 상대적으로 은하의 핵이 작다. Sa 형식은 은하의 핵이 매우 크며 상대적으로 빈약한 나선 팔을 가지고 있다. Sb 형식은 이 중간에 해당하는 나선은하이다. 젊은 별들이 은하의 나선 팔에서 집중적으로 관측되는 특징을 이용하여 Sc 형식의 은하가 Sa 형식의 은하보다 더 젊다고 생각할 수 있을 것이다. 나선은하의 약 1/3 정도는 마치 막대가 은하의 팽대부를 관통하는 것과 같은 모양을 가진 경우도 있다. 이러한 모양을 가진 은하를 막대나선은하barred spiral galaxy 라고 한다. 이 은하는 젊은 별들이 매우 풍부하다는 특징을 가지고 있다. 왜 이런 막대형식의 별 무리가 은하의 팽대부를 관통하는지 아직 자세히 모른다. 이 형식은 SBa, SBb, SBc 형식으로 구분하고 맨 뒤의 알파벳은 나선은하의 형식 구분과 같다.

분광학적 특징을 보면 타원은하는 대부분 늙은 별들로 이루어져 있다는 것을 알 수 있다. 이들은 대부분 공 모양이나 타원의 형태를 취하고 있으며 나선 팔은 관측되지 않는다. 마치 나선은하의 중심부와 형태가 유사하다는 것을 의미한다. 그러나 나선은하와 달리 타원은하에는 성간물질이 심하게 결핍되어 있다는 특징이 있다. 우리 은하와 가까운 거리에 있는 타원은하에서는 구상성단들이 많이 관측되고 있으며 소량의 성간물질을 포함하고 있는 것으로 보인다. 타원은하는 E0부터 E7까지 총 여덟 단계의 형식으로 구분한다. 타원의 이심률에 따라 구분하며, 이심률이 0인 완전한 구 모양이 E0이다. 타원은하는 그 크기가 매우 다양하며 그 은하 내부에 있는 별들의 운동도 일정하지 않은 것으로 관측된다. 성간물질이 결핍되어 있고, 대부분의 늙은 별들로 이루어진 것으로 보아 타원은하는 나선은하보다 상대적으로 나이가 많다고 추측할 수 있다. 만약 은하의 형성과정이 모두 같다면, 나선은하가 시간이 지나 타원은하로 발전한다는 추론도 가능하다.

이상의 두 가지 범주에 들지 않는 은하를 불규칙 은하irregular galaxy 라 한다. 가장 잘 알려진 불규칙 은하는 대 마젤란 은하와 소 마젤란 은하이다. 이

동굴에서 별을 보다

불규칙 은하에서는 별의 형성이 활발하게 진행되고 있으나, 가벼운 원자만으로 이루어진 별뿐만 아니라 무거운 금속을 포함한 별들도 모두 관측된다. 가까운 불규칙 은하의 질량과 광도는 일반적인 나선은하보다 작다. 이런 불규칙 은하들이 만들어지는 과정은 자세히 알려져 있지 않지만, 한 가지 가능한 설명은 우주 공간 내에 있는 은하들이 서로 병합되거나 충돌하는 과정을 거쳐 만들어질 수 있다고 생각한다. 은하들이 병합 또는 충돌하거나 큰 은하가 작은 은하를 잡아먹는 과정[15]을 어렵지 않게 관측할 수 있다. 우리 은하도 먼 미래에 안드로메다은하와 병합 또는 충돌할 것으로 예상하고 있다.

성운의 목록

아마 천문학 또는 천체에 관심이 있는 사람이라면 다양한 이름의 성운을 알고 있을 것이다. 육안으로도 관찰이 가능한 오리온성운부터 시작해서 매우 다양한 이름의 성운들이 있다. 이들은 대부분 망원경으로 관찰했을 때 보이는 모양으로부터 유래한 것이다. 예를 들면 오리온의 허리춤에 있는 말머리성운 같은 경우도 여기에 해당한다. 하지만 대부분의 성운에는 알파벳과 숫자의 조합으로 이루어져 있다. 사실 이 숫자들은 특별한 의미가 있는 것이 아니라 성운의 목록에 그 성운이 몇 번째에 실려 있는지를 나타낸 것이다.

가장 유명한 성운 분류표는 프랑스의 천문학자인 메시에 Charles Messier, 1730~1817 가 만든 것이다. 사실 혜성을 발견하는 것이 취미였던 메시에는 태양에 가까이 다가오기 시작한 꼬리가 없는 희미한 혜성을 성운들과 구분하기 위하여 혜성으로 오해할 수 있는 천체 목록을 만들었다. 그는 새로운 혜성을 발견했다고 환호하다가, 그것이 이미 알려진 성단이거나 또는 성운이었다는

---

15 이를 은하 잡아먹기(galactic cannibalism)라고 부른다.

사실에 여러 번 낭패를 겪었을 것이다. 그에게는 혜성 발견을 위한 도구였던 천체 목록이 이제는 성운을 구분하는데 널리 사용되고 있다. 우리가 안드로 메다은하라고 부르는 외부 은하는 100개 이상의 천체가 기록되어 있는 메시에 목록의 31번째 천체이다. 따라서 이 은하를 M31이라고 부르기도 한다.

1888년 메시에 목록보다 훨씬 자세한 목록이 출판되었다. 흔히 NGC new general catalog of nebulae and star clusters 라고 부르는 목록은 아일랜드 아르마Armagh 천문대의 드라이어John Dreyer, 1852~1926 가 허셸을 비롯하여 여러 천문학자가 발견한 성운을 집대성한 것이다. 무려 13,000개 이상의 천체가 수록된 이 목록 또는 NGC 번호는 오늘날에도 성운과 성단을 구분하는 데 사용되고 있다. 이외에도 전파원radio source 에 대한 캠브리지 목록도 존재한다.

태양은 에너지를 대부분 가시광선을 통해 방출하고 있다. 따라서 과학자들이 다른 항성들도 그럴 것이라고 생각했던 것은 자연스러운 것이었다. 하지만 1931년 잰스키Karl Guthe Jansky, 1905~1950가 우리 은하 내부에서 방출되는 전파를 관측한 후, 전파 천문학은 천문학의 한 분야로서 연구되기 시작하였다. 한 아마추어 천문가는 1939년에 우리 은하가 아닌 전파를 방출하는 외부 은하를 관측하는데 성공하기도 하였다.[16] 1953년 제니슨Roger Jennison, 1922~2006 과 굽타M. K. Das Gupta, 1923~2005 는 보통의 은하보다 매우 높은 세기를 가진 전파를 방출하는 은하를 발견하였다. 은하가 전파를 방출하는 것이 확실하다면 이 은하까지의 거리를 정확하게 측정함으로써 은하가 방출하는 전파의 방출량을 계산할 수 있을 것이다. 이들이 발견한 은하는 백조자리의 Cygnus A(3C 405)라는 은하로서 적색편이 z 값이 0.05로 관측되었다. 상대론적인 도플러효과를 고려하면 편이된 파장 λ 는 원래의 파장 λ_0 를 이용하여 다음과 같이 표현할 수 있다.

---

16 레버(Grote Reber)는 1937년에 자신의 집 뒤뜰에 지름이 9 m인 안테나를 직접 설치하여 우주로부터 오는 전파를 탐색하였다.

동굴에서 별을 보다

$$\lambda = \sqrt{\frac{1+\beta}{1-\beta}}\,\lambda_0 = \lambda_0 + \left(\sqrt{\frac{1+\beta}{1-\beta}}-1\right)\lambda_0 = \lambda_0 + \Delta\lambda$$

적색편이 z는 $\Delta\lambda/\lambda_0$로 정의되기 때문에 적색편이 z와 후퇴속도는 다음과 같다.

$$\beta = \frac{v}{c} = \frac{(1+z)^2 - 1}{(1+z)^2 + 1}$$

Cygnus A의 z 값이 0.05였으므로 이 천체의 후퇴속도를 위 식을 이용하여 계산하면, 약 14,630 km/s이다. 허블의 법칙을 이용하여 이 천체까지의 거리를 구하면 허블 상수 H_0가 (70.6 ± 3.1) km/s/Mpc이므로 다음과 같이 계산할 수 있다.

$$d = \frac{v}{H_0} = \frac{14{,}630\text{km/s}}{70.6\text{km/s/Mpc}} = 2.07 \times 10^5 \text{ pc}$$

따라서 이 천체까지의 거리는 $2.07 \times 3.26 = 6.65$이므로 약 6.65×10^5광년 떨어진 천체임을 알 수 있다.[17] 이 천체의 겉보기 광도가 16등급이므로 절대 광도-거리 관계식을 이용하여 절대등급으로 환산하면 약 -8등급에 해당한다. 이 보름달의 겉보기 등급이 약 -12등급이므로, 이 천체가 지구로부터 10pc에 위치하고 있다면, 보름달보다 40배나 밝게 보일 것이다.

퀘이사와 활동은하

1959년 슈미트Maarten Schmit, 1929~ 는 3C 273이라는 그때까지 경

---

17 은하의 적색이동은 공간의 팽창으로부터 비롯되기 때문에 은하의 이동 속도가 빛의 속도보다 빠를 수 없는 제한이 있는 상대론적인 도플러 효과를 적용할 수 없다. 다만 가까운 천체의 경우에는 제한적인 적용이 불가능한 것은 아니다.

험하지 못했던 매우 강력한 전파를 방출하는 천체를 발견하였다. 과학자들이 이 전파를 방출하는 이 천체의 스펙트럼을 얻기 위해 노력하였으며 그 결과는 지구상에서 발견되는 어떤 원소의 스펙트럼과도 일치하지 않는다는 것이었다. 이는 두 가지의 가능성을 말해주는 것이었다. 과학자들이 기존에 가지고 있던 원자 스펙트럼에 관한 결과를 모두 부정하거나 아니면 전파를 방출하는 천체에 새로운 현상이 숨어있을 가능성이었다. 이후 3C 273으로부터 얻어낸 스펙트럼을 자세히 분석한 결과, 과학자들은 그동안 생소하게 보였던 이 천체의 스펙트럼이 놀랍게도 적색편이의 결과라는 것을 이해하였다. 3C 273의 적색편이는 이 천체가 지구로부터 빛의 속도의 50% 속도로 멀어지는 것을 의미하는 것이었다. 이 적색편이는 허블의 법칙에 의하면 지구로부터 약 69억 광년만큼 떨어져 있다는 것을 암시하고 있기 때문이었다. 과학자들은 이렇게 먼 거리에 있는 천체가 별인지 아니면 은하의 한 종류인지 결정할 수 없었기 때문에 준 항성 전파원quasi-stellar radio source, 줄여서 퀘이사quasar 라고 불렀다. 이 퀘이사까지의 거리가 알려지자, 곧바로 이 퀘이사의 절대 광도를 계산할 수 있었다. 우리 은하보다 무려 1,000배나 큰 값이었다. 무려 우리 은하를 1,000개 합쳤을 때, 예상되는 밝기였다. 이런 사실이 발표되자 과학자들은 더욱 큰 값의 적색편이를 갖는 퀘이사들을 찾기 시작하였다. 표본이 많으면 많을수록 이와 같은 천체의 성질을 연구하는 데 도움을 얻을 수 있기 때문이다. 곧바로 몇 개가 더 발견되었다. 특히, PC 1158+4635는 적색편이 z 값이 무려 4.73이나 되는 퀘이사였다. 이는 정지해있는 수소 원자의 리만Lyman -α 선의 121.4 nm 파장이 이 퀘이사로부터는 696.0 nm에서 관측된다는 것을 의미한다. 만약 이 적색편이가 도플러효과에 의한 것이라면 이 퀘이사는 지구로부터 빛의 속도의 94%에 해당하는 속도로 멀어지고 있다는 것을 의미한다.

다른 방법으로 퀘이사의 적색편이를 설명할 수 없다면, 허블의 법칙을 통하여 이해할 수밖에 없다. 또한, 퀘이사들은 일반적인 은하들과는 다른 특성

슈미트가 발견한 3C 273 퀘이사. 지구로부터 69억 광년 떨어져 있는 천체로서 빛의 속도의 절반에 해당하는 속도로 지구에서 멀어지고 있다. 천체의 이름은 세 번째 캠브리지 목록에 273번째로 수록된 천체라는 것을 의미한다.

을 가지고 있다. 한 예로 일반적인 은하에서 많이 발견되는 흡수 스펙트럼보다는 방출 스펙트럼이 더 많다. 퀘이사가 방출하는 에너지를 설명하는 것도 쉬운 일은 아니다. 만약 퀘이사의 크기를 알 수 있다면 퀘이사의 정체를 이해하는 것이 약간 수월해 질 것이다. 다행히도 퀘이사의 크기를 측정하는 일은 비교적 쉽다. 일반적으로 퀘이사는 밝기가 변화하는 경우가 많기 때문이다. 이 밝기 변화로부터 퀘이사의 크기를 계산할 수 있다. 지름이 1광년인 퀘이사가 밝아진다고 하자. 지구 쪽에 가까운 부분의 빛이 지구에 먼저 도달할 것이기 때문에 지구에서 관측할 때에는 퀘이사가 서서히 밝아진다고 생각할 것이다. 최고 밝기로 퀘이사가 빛나기 위해서 퀘이사의 가장 안쪽 부분의 빛이 퀘이사를 가로질러 지구에 도달해야 한다. 지름이 1광년이었으므로, 퀘이사가 최대로 밝아지기까지 1년이 걸릴 것이다. 따라서 이 시간에 빛의 속도를 곱하면, 퀘이사의 크기를 구할 수 있다. 퀘이사의 밝기 변화는 보통 수개월에 걸쳐 진행되기 때문에, 퀘이사의 지름은 빛의 속도로 수개월을 진행할 수 있는 정도이거나, 그보다 작은 값이다. 일반적인 퀘이사의 크기는 거의 태양계의 크기와 비교될 수 있을 만큼 작다. 문제는 "그와 같이 작은 크기를 가진 천체에서 어떻게 일반적인 은하의 수십 배에서 수백 배까지의 에너지를 만들 수 있는가?"이다. 일반적인 핵융합을 이용하여, 그렇게 막대한 에너지의 방출을 설명할 수는 없기 때문이다. 그러므로 핵융합과는 전혀 다른 과정을 통해 에너지를 방출한다고 생각하는 것이 자연스러운 일이다. 만약 퀘이사의 내부에 강력한 중력을 만들어 내는 블랙홀과 같은 천체가 있다면 설명할 수 있다. 강력한 중력에 의해 하전입자들이 블랙홀의 중심으로 이동한다면 하전입자들은 강한 세기의 싱크로트론 복사를 방출해야 한다. 이 싱크로트론 복사가 퀘이사의 비정상적인 에너지를 설명할 수 있을 것이다. 또한 퀘이사의 적색편이를 허블의 법칙을 제외한 다른 방법으로 설명할 수 없다면, 큰 값의 적색편이 값을 가지고 있는 퀘이사는 거의 우주의 지평선에 있는 천체이며 따라서 초기우주의 모습을 우리에게 보여주는 것이라고 이야기할 수 있을 것이다.

퀘이사가 발견 초기에 정상적인 은하들과 많은 부분에서 매우 다른 특징을 보았다. 예를 들면 퀘이사는 정상적인 은하보다 훨씬 밝았지만 다른 특징을 가진 은하들도 있다. 관측기술의 발달로 일반 은하와 퀘이사는 그 특징에서 커다란 차이를 보이지만 그 중간의 특징을 가진 은하들도 존재한다는 것을 알게 되었다. 이런 종류의 은하들을 활동은하active galaxy 라고 부른다. 활동은하의 가장 대표적인 예는 흔히 세이퍼트 은하Seyfert galaxy 라고 부르는 집단이다. 이 이름이 붙은 이유는 이러한 형태의 은하를 처음으로 발견한 칼 세이퍼트Carl Keenan Seyfert, 1911~1960 를 기념하기 위하여 붙인 이름이다. 세이퍼트 은하는 나선은하로서 강력한 방출선들이 관측된다는 특징이 있다. 이는

동굴에서 별을 보다

지구에서 1,400만 광년 떨어진 곳에 있는 센타우루스 A 은하. 지구에서 가장 가까운 곳에 있는 특이 은하로서 활동 은하핵을 가지고 있다. 이 이미지는 가시광선, 전파, x−선으로부터 얻은 정보를 합성한 것이다. 은하핵에서 방출되는 강력한 제트를 확인할 수 있다. ⓒ ESO/WFI (가시광선), MPIfR/ESO/APEX/A.Weiss et al. (전파), NASA/CXC/CfA/R.Kraft et al. (x−선)

은하의 중심핵 주변에 매우 뜨거운 가스 구름이 형성되어 있다는 것을 의미한다. 또한, 흡수선의 이동으로부터 이 가스의 이동속도를 얻을 수 있었는데 1,000 km/s의 빠른 속도로 이동하고 있었다. 허블망원경으로 촬영한 NGC 1068이라는 세이퍼트 은하의 중심핵은 매우 복잡한 구조로 되어 있으며 지름이 약 10광년 정도의 작고 복잡한 구조를 보여주고 있었다. 세이퍼트 은하는 일반적으로 퀘이사와 같이 전파 영역과 x-선 영역을 모두 방출하고 있으며 적외선도 강하게 방출하는 특징을 가지고 있다. 가시광선 영역은 일반 은하들과 크게 다르지 않지만 다른 복사 영역을 모두 합하면 일반적인 정상적인 은하들보다 100배 정도의 복사에너지를 방출하고 있는 것으로 알려져 있다.

나선형 은하들만이 은하의 중심핵에서 특이한 동향을 보이는 것은 아니다.

타원형 은하에서도 은하의 중심부에 강력한 에너지원을 가지고 있는 것들이 있다. 이들을 타원 활동은하라고 부르며 이 중심부를 활동은하핵active galaxy nuclei, AGN 이라고 부른다. 또한, 이들 대부분은 강력한 전파를 방출하기 때문에 전파은하radio galaxy 라고 불리기도 한다. 전파는 파장이 길기 때문에 상대적으로 작은 구성원소로 구성된 가스를 갖는 은하의 중심 부분을 잘 보여줄 수 있다. 전파 영상을 통해 살펴본 타원 활동은하는 중심에 강한 전파 방출원과 수천 광년 이상 뻗어 나온 강력한 제트jet 가 존재한다는 것을 보여준다.

과학자들은 이러한 종류의 천체가 강력한 에너지를 방출하는 원인으로서 해당 은하의 중심에 거대한 블랙홀이 존재하기 때문이라는 결론을 내렸다. 블랙홀에 물질이 빨려 들어가면서 강력한 에너지를 방출한다는 것은 이미 앞에서 이야기한 바 있다. 많은 물질이 빨려들어 갈수록 더욱 많은 에너지를 방출하는 것이다. 계산에 의하면 태양 질량의 10억 배에 달하는 질량을 가진 블랙홀이 한 달에 1개 정도의 태양 질량에 해당하는 물질을 흡수한다면 퀘이사와 같은 천체들이 방출하는 에너지를 설명할 수 있다.

허블우주망원경이 거대 타원은하인 M87을 촬영하면서 이 이론을 지지하는 첫 번째 관측 증거를 제시하였다. M87의 중심밀도는 정상적인 거대 타원은하의 300배 이상 크며, 별들의 밀도 역시 우리 태양 근처보다 1,000배나 높았다. 중력만이 별들을 모을 수 있으므로 이 별 밀도를 근거로 계산한 결과 약 25억 개의 태양 질량에 해당하는 거대블랙홀만이 이 현상을 설명할 수 있었다. 문제는 "이렇게 거대한 블랙홀이 어떻게 만들어졌는가?"이다. 일반 별들의 폭발로 살아남은 많은 수의 소형 블랙홀들이 서로 결합하여 만들어졌을 것이라는 견해도 있다는 것을 밝힌다.

앞에서 퀘이사는 지구로부터 가장 먼 곳에 있는 천체라고 말한 바 있다. 80억 광년 떨어진 퀘이사를 관측했다면 우리는 80억 년 전의 우주를 보고 있는 것이다. 그리고 지구에 가까이 있는 은하들일수록, 말하자면 최근의 은하들일수록 정상은하에 가깝다. 이는 먼 과거에 은하의 중심에 존재했을 거대한 블랙홀이 사라졌다는 것을 의미한다. 그렇다면 초기 은하의 형성에서 존재했던 퀘이사나 활동은하들의 중심에 존재했던 블랙홀들은 어디로 사라진 것일까? 실제 대부분 은하의 중심에서 방출되는 빛의 스펙트럼에는 강도만 낮을 뿐 퀘이사나 활동은하에서 보이는 스펙트럼 특징들을 보여준다. 이를 근거로 대부분 은하의 중심에 여전히 거대한 블랙홀이 있으며 충분한 물질을 공급받고 있지 못하기 때문에 상대적으로 조용하다는 의견이 있다. 그러나 이것이 사실로 확인되기까지는 더욱 많은 증거가 필요하다.

우주 방사선 또는 우주선

우주선은 태양계 밖에서 유래하는 매우 높은 에너지를 가진 우주 방사선의 한 종류이다. 주로 양성자나 무거운 원자의 핵인 경우가 많으며 때로는 매우 높은 에너지를 가진 γ 선도 여기에 포함된다. 지구 상층부에 도착하는 우주선의 에너지는 지구상에 인간이 건설한 어떤 입자가속기보다 높은 에너지를 가지는 경우가 많다. 심지어 10^{21} eV에 이르는 우주선도 있으며 이는 인간이 만든 입자가속기의 최대에너지인 10^{13} eV의 무려 일억 배에 해당하는 에너지이다. 이렇게 높은 에너지를 가지고 있는 우주선의 대부분은 어디에서 유래되었는지 모르기 때문에 많은 과학자는 이 초고에너지 우주선의 기원에 대해 아직도 많은 연구를 진행하고 있다. 한때 활동 은하핵이 그 후보로 떠오르기도 했으나, 최근에는 활동 은하핵 외에도 여러 가능한 기원들이 신빙성 있게 논의되고 있다. 이들은 지구 대기권의 상층부에서 공기와 만나 입자의 소나기shower 를 만들어 낸다. 아마 앞에서 뮤온의 평균 수명에 대한 시간 확장을 이야기할 때 이미 한번 이야기를 들었을 것으로 생각한다. 이때 생성된 입자들은 지상에까지 대부분 도착하며, 일부는 중간에서 전자와 같은 안정적인 입자로 붕괴하기도 한다.

우주선의 존재는 1912년 헤스Victor F. Hess, 1883~1964 에 의해 처음으로 그 존재가 알려졌다. 헤스는 1909년 불프Theodor Wulf, 1868~1946 가 개발한 검류계electrometer 를 기구에 싣고 기구의 높이에 따른 방사선의 세기를 측정하였다. 헤스는 불프의 검류계를 이용하여, 자연 방사선이 지구의 암석으로부터 유래한다는 것을 증명하고자 하였다. 만약 헤스의 가설이 옳다면, 기구가 지표면으로부터 멀어질수록 방사선의 세기는 높이의 제곱에 반비례하면서 감소할 것이다. 하지만 헤스는 기구가 높이 상승할수록 오히려 방사선의 세기가 커진다는 사실을 발견하였다. 그는 이 방사선이 하늘, 즉 우주로부터 기원한다고 가정하였으며, 이를 학계에 보고하였다. 이 방사선을 우주선이라고 한다. 이후 많은 과학자에 의해 우주선의 종류에 따른 에너지 분포가 측정되었으며, 우주선 물리라는 새로운 분야를 개척하였다. 헤스는 이 공로로 1936년 노벨물리학상을 받았다. 우리는 방사선의 높은 에너지를 설명할 수 있는 몇 가지 증거들을 가지고 있다. 초신성 폭발도 그중 하나이다. 그러나 여전히 우주선의 기원에 대해 정확하게 말할 수 없다.

은하단

우리가 여러 가지 관측 도구를 이용하여 볼 수 있는 하늘은 극히 일부분에 불과하다. 이는 그 깊이 또는 거리만을 의미하는 것이 아니라 그 범위를 포함하는 것이다. 우리는 먼 곳의 물체를 망원경을 통해서 관측하면 우리의 시야가 좁아진다는 사실을 잘 알고 있다. 다시 말해서 한 번의 관측으로 볼 수 있는 하늘은 전체 우주의 극히 작은 일부분이라는 것이다. 초기 외부 은하에 관한 연구를 수행하던 허블은 하늘을 여러 개의 조각으로 나누어서 그중의 한 표본에 대해 집중적인 관찰을 수행했다. 마치 공장에서 불량률을 조사하기 위한 표본조사와 유사한 것이다. 허블은 1930년대에 하늘을 1,283개의 영역으로 나누고 이 영역 전체에 대한 사진 촬영을 통해 은하의 수를 측정하였다. 허블은 대부분 영역에서 관찰되는 은하의 수가 거의 일치한다는 사실을 발견하였다. 또한, 사진 건판에 나타난 흐릿한 은하의 수가 또렷한 상을 가진 은하의 수보다 많다는 사실에 주목했다. 이 두 결과로부터 우리는 우주의 전 영역에 걸쳐 은하의 밀도가 거의 같으며 그 깊이 - 우리 은하로부터의 거리 - 에 있어서도 그 밀도가 거의 변화하지 않는다는 것을 의미한다. 허블의 발견은 매우 중요한 것이다. 이 발견들은 우주가 등방적이며, 균일하다는 것이다. 즉, 공간 일부분에서 나타날 수 있는 국소적인 요동을 제외한다면 우주의 한 부분이 다른 부분과 전혀 다르지 않는다는 것을 의미하는 것이다. 이를 우주원리cosmological principle 라 한다. 이는 관측된 결과이므로 모든 우주 모형은 이를 당연히 설명할 수 있어야 한다. 따라서 우주원리는 다양한 우주 모형에서 초기 조건 역할을 한다. 허블은 당시의 기구로는 은하까지의 거리를 정확하게 측정할 수 없었으므로 단지 은하의 수를 세었지만, 오늘날의 과학자들은 더욱 잘 고안된 관측기구를 통하여 각 은하까지의 거리를 측정하고 이들의 속도를 구한다. 이 값들을 토대로 과학자들은 의미 있는 우주의 대략적인 구조를 그려냈다.

우리가 가진 대부분의 상세한 정보는 우리와 이웃한 우주 공간에 국한되어 있다. 우리 은하는 주변의 몇몇 은하들을 포함하는 국부 은하군local group 의 일부이다. 보통 은하군은 수십 개의 은하를 갖고 있고, 은하단galaxy cluster 은 수백 또는 수천 개의 은하를 포함하고 있다. 은하군과 은하단은 우주의 구조가 형성되는 과정에서 중력에 의해 은하들이 모여 형성되는 거대 구조이며 이들이 모여 우주의 전체적인 구조가 형성되는 것으로 믿어지고 있다. 은하군과 은하단은 약 100억 년 전부터 형성되기 시작하였으며 수십 개에서 수천 개까지의 은하들이 모여서 구성된다. 은하군과 은하단은 내부에 얼마나 많은 은하를 포함하느냐에 따라 부유 은하단rich cluster 과 부족 은하단poor

Abell 2218 은하단에 의해 관측된 중력렌즈 효과. 이 효과를 일으킬 수 있는 중력을 계산한 결과 눈에 보이는 천체만으로는 설명할 수 없다는 것이 밝혀졌다. © A. Fruchter et al./WFPC/HST/NASA

cluster 으로 분류된다. 우리 은하로부터 가장 가까운 거리에 있는 부유 은하단은 처녀자리 방향에 있는 처녀자리 은하단Virgo cluster 으로서 우리 은하로부터 약 5천만 광년 떨어져 있으며, 대략 1,300여 개의 은하를 포함하고 있다. 처녀자리 은하단보다 훨씬 큰 규모의 은하단은 우리 은하로부터 약 3억 3천만 광년 떨어진 머리털자리 은하단(Coma cluster 또는 Abell 1656)이다. 이 은하단은 천여 개의 은하들을 포함하고 있으며 주변의 사자자리 은하단(Leo cluster 또는 Abell 1367)과 더불어 머리털자리 초은하단을 형성하고 있다.

과학자들은 은하단을 발견한 후에 이들 은하단이 모여 더 큰 구조를 이루는지에 대해 궁금해 했다. 은하단들도 역시 몇 개가 모여 초은하단super cluster 이라는 구조를 이룬다는 사실이 밝혀졌다. 그리고 초은하단의 빈터에서 은하를 거의 발견할 수 없는 빈 공간void 도 동시에 발견되었다. 최근까지 가장 상세한 정보를 얻을 수 있는 초은하단은 우리 은하를 포함하는 주변의 국부 초은하단local super cluster 이다. 이는 그 지름이 약 일억 광년에 달하는 거대한 영역이다. 국부 초은하단의 연구결과에 의하면 공간 대부분은 텅 비어 있다는 것이다. 대부분의 은하는 은하단에 집중적으로 분포하며 그 부피는 전체 국부 초은하단의 5%에 불과하다는 것이다. 우주의 원리를 생각한다면 다른 국부 초은하단도 거의 유사한 결과를 줄 것이다.

동굴에서 별을 보다

Abell 1689 은하단의 중심부에 파랗게 빛나는 강한 x-선을 확인할 수 있다. 이 x-선은 암흑물질의 중력에 의해 성간가스와 먼지들의 운동에너지가 증가하였기 때문에 발생한 것이다. ©Chandrasekhar/HST

은하단과 암흑물질

암흑물질을 직접 관측할 수 있을까? 우리 태양계의 경우를 생각해보면 우리 태양계에는 암흑물질이 거의 존재하지 않는 것으로 보인다. 이는 행성들의 궤도와 우주선들의 비행을 통해 미지의 중력에 의한 어떤 변화도 관측되지 않았기 때문이다. 그렇다면 "암흑물질은 우주의 모든 곳에 균일하게 분포되어 있는가?"라는 질문에 하나의 힌트를 제공하는 셈이다. 암흑물질은 중력과의 상호작용을 통해 그 존재를 알 수 있다. 만약 다른 상호작용을 통해 격렬하게 반응했다면, 이미 "암흑"이라는 단어를 사용할 필요가 없었을 것이다. 외부은하의 회전을 관측하면 우리 은하와 마찬가지로 은하의 헤일로를 둘러싸고 있는 암흑물질의 존재를 알 수 있다. 이들 은하단이나 초은하단에 적용해볼 수 있다. 은하단이나 초은하단도 질량중심을 축으로 회전하고 있다. 이는 각운동량 보존 때문이라는 설명을 이미 한 바 있다. 하지만 공전주기가 매우 길기 때문에, 은하단이나 초은하단의 회전을 통해 암흑물질의 존재를 자세하게 연구하는 것은 불가능하다.[18] 하지만 다른 방법이 있다. 허블의 법칙을 이용하는 것도 한 방법이다. 은하단들이나 초은하단들은 공간의 팽창에 따라 거리가 점점 멀어질 것이다. 이는 적색편이 값을 통해 측정할 수 있다. 은하단이나 초은하단 내부에서 은하들이 서로 멀어지는 속도는 허블의 법칙을 통해 계산된 값보다 약간 작다. 이를 중력에 의한 효과로 살펴보면 은하단이나 초은하단을 구성하고 있는 은하 전체의 질량보다 훨씬 많은 질량이 은하단을 둘러싸고 있다는 결과를 준다. 은하단이나 초은하단에 의한 중력렌즈 효과를 통해서도 은하단이나 초은하단의 질량을 계산할 수 있는데 이 값 역시 허블의 법칙을 이용한 결과와 거의 같은 값을 준다.

한편, x-선을 강하게 방출하는 은하단들이 있다. 이 x-선 복사는 은하단 내부의 별들이 방출하는 것은 아니다. 이는 은하단이나 초은하단 사이에는 많은 양의 성간가스로부터 비롯된다. 이들은 중력에 의해 빠른 속도로 운동하면서 주위의 성간가스와 충돌하면서 복사를 방출한다. 빠른 속도로 운동할수록 더욱 높은 에너지를 가진 복사를 할 수 있기 때문에, x-선을 방출할 수 있을 만큼의 에너지를 만들어 낼 수 있는 중력을 계산할 수 있다. 은하단이나 초은하단을 구성하는 별과 성간물질만을 고려하여 계산한 중력으로는 이 x-선 발생을 설명할 수 없다는 결론을 얻었다. 또 다른 눈에 보이지 않는 질량의 존재를 가정해야만 가능한 것이다. 암흑물질인 셈이다. 암흑물질은 우주

---

18 보통 은하단이나 초은하단은 하나의 가스 구름이 수축해서 만들어진 게 아니라 주로 주변 물질의 유입을 통해서 자라난 구조물이다. 그리고 유입되는 물질들의 방향이 제각각이어서 다 합치면 최종 각운동량이 거의 0이 되기 때문에 보통 은하단이나 초은하단이 회전하고 있다고 이야기하지는 않는다. 하지만 적은 수의 은하단들은 회전하고 있기도 하다.

동굴에서 별을 보다

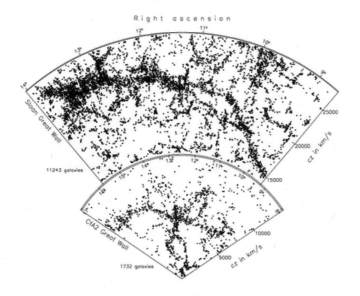

Right ascension

겔러와 후크라가 완성한 우주 지도(아래쪽 부채꼴)와 SDSS 탐사로 완성한 우주 지도(위쪽 부채꼴)가 보여주는 우주 거대구조. 커다란 벽이 존재하는 것을 확인할 수 있다. 하늘의 매우 작은 영역이지만, 임의로 선택한 이 영역이 특별할 이유가 없기 때문에, 우주는 모든 공간에서 이와 유사한 구조로 되어 있을 것으로 본다.

공간에 거의 균일하게 분포된 것이 아니라 은하단이나 초은하단 주변에 존재하며, 이 암흑물질들이 은하단이나 초은하단의 형성에 관여했을 것이라고 보는 것이 합리적인 추론일 것이다.

우주의 구조

국부 초은하단을 벗어나면 광대한 우주에 직면하게 된다. 그것은 비로소 우주의 거대구조에 대해 첫발을 딛는 것이며, 우주를 이해하는 데 있어 매우 중요한 과정의 시작이라는 것을 의미한다. 물론 우리가 볼 수 있는 전체적인 우주의 구조가 어떻게 되어 있는지를 연구하는 것은 여전히 어려운 일이다. 하지만, 지구를 중심으로 은하까지의 거리와 위치가 결정되면 우리 은하를 포함한 우주의 3차원적인 지도를 그릴 수 있을 것이다. 이때, 은하까지의 거리는 은하의 적색편이를 측정함으로써 구한다. 1990년 수만 개의 눈에 보이는 은하에 대한 적색이동 측정이 이루어졌다. 이 적색이동 값을 이용하여 은하들까지의 거리를 결정할 수 있었으며 3차원적인 우주의 지도를 완성할 수 있었다. 이 지도는 각각의 적위 declination 에 대해 적색편이 z(은하까지의 거리)와 반시계방향으로 각도를 증가시킴으로써 적위와 적경 right ascension 을 이용하여 극좌표 polar coordinate 형태로 그릴 수 있다. 겔러 Margaret Geller, 1947~ 와 후크라 John Huchra, 1948~2010 는 이런 방법을 통해 우주의 구조를 대략 이해할 수 있었다. 그들은 은하들이 우주 공간에 균일하게 배치되지 않았으며 우주에 은하로 형성된 거대한 벽 Great Wall 이 존재한다는 것을 알게 되었으며 이 벽은 지구로부터 100 Mpc에서 250 Mpc 사이에 걸쳐 있는데 그 두께는 수 Mpc 정도로서 매우 얇다는 것을 발견하였다. 이 벽의 질량은 태양의 2×10^{16}배 정도인데 이는 우리 은하 질량의 10^5배에 해당하는 것이다. 또한, 곳곳에 빈 공간이 존재하는데 이 부분은 평균 은하밀도의 1/5 정도의 밀도를 가진 곳이다. 이 구조는 우주 생성 초기에 거대한 폭발이 있었으며, 이 폭발 때문에 물방울과 같은 껍질 형태로 원자들을 바깥으로 불어내서 생성되었다는 견해가 있다. 하지만 이 거대한 벽을 만들 만큼의 충분한 에너지를 가진 폭발의 원인을 제시하지는 못했다. 그렇다면 우주의 원리가 여전히 적용되는가에 대해 의문이 생길 수 있다. 여기에 대한 과학자들의 답은 여전히 "그렇다"이다. 과학자들은 우리가 보지 못했던 전 우주를 모두 관측할 수 있다면 이 거대한 벽은 일종의 요동으로 생각할 수 있다고 믿는다. 그리고 이런 요동들은 우주 전체에 걸쳐 고르게 분포하고 있을 것이다. 말하자면 앞에서 본 우주의 구조는 특정한 방향에서만 관측되는 것이 아니라 모든 방향에 대해서도 거의 같은 모습으로 관측될 것이라는 의미이다. 그리고 이와 같은 우주의 거대 구조에는 암흑물질들이 관여하기 때문에 암흑물질의 성격에 따라 우주의 세부구조가 영향을 받을 수 있다. 이는 뒤에 따로 설명하기로 한다.

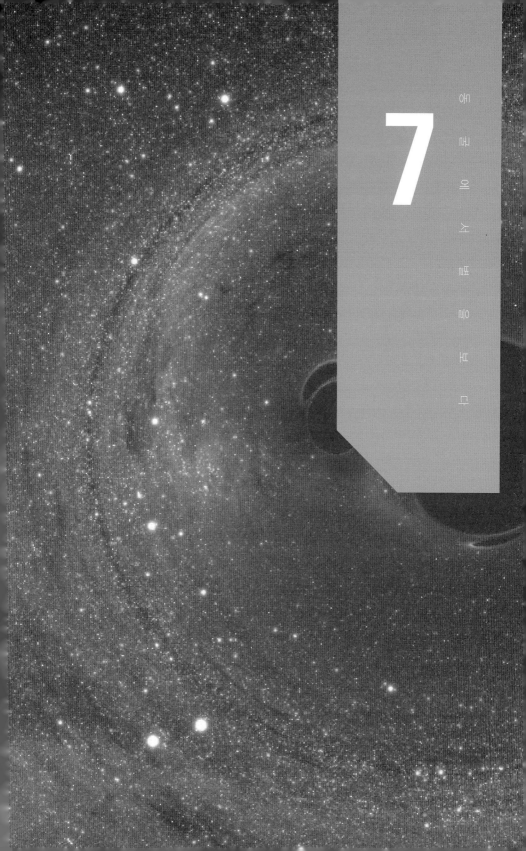

팽창하는 우주[19]

팽창하는 우주

　　과학자들이 천체를 연구할 수 있는 수단은 극히 제한적이다. 사실상 천체를 연구하는 방법은 대부분 간접적인 정보로부터 최대한의 정보를 얻는 과정이라 말할 수 있다. 별의 흑체복사 스펙트럼 분석을 통하여 별의 표면 온도에 대한 정보를 얻게 되며 특성 스펙트럼 분석을 통하여 별의 표면을 구성하는 원소들에 대한 정보를 얻는다. 만약 이 둘 사이에 연관성을 찾을 수 있다면 과학자들은 별의 표면 온도와 별의 구성 원소들 사이에 존재하는 연관성을 설명하는 이론을 제안할 수 있을 것이다.

19　이 장에서는 수많은 수식이 등장한다. 과학자들이 어떠한 근거를 가지고 우주에 관해 이야기하는지 설명하기 위하여 꼭 필요한 것이기 때문이다. 또는 어떤 과정을 거쳐 우주에 대해 과학자들이 설명하는지 궁금해 하는 독자들을 위한 것이기도 하다. 하지만 수식에 너무 집착하지 말기를 바란다. 과학에서 수식이나 방정식은 도구일 뿐이다.

특성 스펙트럼은 천체의 내부에서 생성되는 빛이 천체의 대기를 거치면서 대기의 원자들을 들뜨게 하면 대기의 구성 원자들에 대한 정보를 가지게 되는데 이를 가리키는 용어이다. 비록 천체의 표면에 국한된 정보이지만 과학자들은 이 특성 스펙트럼의 분석을 통하여 별들에 대한 여러 가지 정보를 얻는다.

1912년 로웰 천문대의 슬라이퍼Vesto Melvin Slipher, 1875~1969 는 이 작업을 하고 있었던 중이었다. 그는 한 은하로부터 나오는 빛의 스펙트럼을 분석하면서 이상한 현상을 발견하였다. 눈에 익은 수소의 특성 스펙트럼선들이 모두 파장이 긴 쪽으로 옮겨진 것이었다. 적색편이라고 이름 붙여진 이 현상이 은하에만 국한된 것인지를 확인하기 위해 슬라이퍼는 몇 개의 은하에 대한 수소의 특성 스펙트럼을 분석하였다.

결과는 놀라운 것이었다. 모든 은하에서 적색편이가 나타났던 것이다. 더군다나 지구로 멀리 떨어진 은하일수록 그 정도는 더욱 커졌다. 이 결과를 설명할 수 있는 방법은 현실적으로 두 가지밖에 없다. 첫 번째는 다른 천체를 구성하는 원자들이 지구상의 원자들과 다른 물리적인 특성을 갖는다고 가정하는 것이다. 이와 같은 가정에 의하면 모든 은하는 서로 물리적인 특성이 다른 원자로 구성되어 있다는 것을 의미하는 것이다. 모든 천체가 서로 다른 물리적인 특성을 가지는 원자로 이루어져 있다는 생각도 받아들여지기 어려운 것이지만, 지구에서 멀리 떨어질수록 보다 긴 파장 쪽으로 이동해가는 스펙트럼의 특성은 이 가설로 입증할 수 있는 성질이 아니다. 두 번째 가능한 설명은 우주의 모든 원소는 모두 같은 물리적 특성이 있으나 어떤 효과에 의해 특성 스펙트럼이 긴 파장 쪽으로 이동한다고 설명하는 것이었다. 이는 멀리 떨어져 있는 천체의 원자 특성 스펙트럼이 지구의 원자 특성 스펙트럼과 같지만, 우리가 지구에서 관측할 때는 원래의 것보다 파장이 긴 쪽에서 수소의 특성 스펙트럼이 관측된다는 것을 의미한다.

광원에서 방출되는 빛의 파장이 원래의 파장보다 길게 관측되는 것은 도플러효과 때문이다. 빛의 도플러효과란 광원과 관측자의 상대운동에 의해 광원에서 나오는 빛의 파장이 다르게 관측되는 현상이다. 예를 들면 광원과 관측자가 서로 다가가는 경우 광원이 내는 빛의 파장이 짧아져 보이며 이를 청색편이 blue shift 라 한다. 또한, 광원과 관측자가 서로 멀어지는 경우, 광원이 내는 빛의 파장이 길어져 보이는데 이를 적색편이라 한다. 만약 슬라이퍼가 관측한 특성 스펙트럼의 이상 분포가 도플러효과에 의한 것이라면 은하들이 지구로부터 멀어지고 있다는 것을 의미했다. 원래의 빛의 파장을 λ_{true} 라 하고 관측되는 빛의 파장을 λ_{obs} 라 하면 다음과 같은 관계식을 통하여 지구와 별 또는 은하 사이의 상대 속도 v 를 측정할 수 있다.

$$v = \frac{\lambda_{obs} - \lambda_{true}}{\lambda_{true}} c = \frac{\Delta\lambda}{\lambda_{true}} c = zc$$

여기에서 $z = \Delta\lambda / \lambda_{true}$ 는 적색편이 값이라고 한다. 물론, 도플러효과는 모든 파동에 적용된다.

또한 슬라이퍼는 지구에서 멀리 떨어진 은하일수록 적색편이가 크게 나타나는 것을 발견했다. 즉, 지구에서 멀리 떨어진 은하일수록 지구로부터 더 빠른 속도로 멀어져간다는 것을 의미했다. 슬라이퍼가 관측한 최대 후퇴속도는 무려 300 km/s였다. 이 결과를 처음에는 이해하기 어려웠지만 허블은 이 결과가 갖는 의미를 알아차릴 수 있었다. 허블은 윌슨 천문대의 100인치 망원경을 이용하여 은하의 외형적 특징을 기준으로 정상나선은하, 막대나선은하, 타원은하 및 불규칙 은하 등으로 분류할 만큼 경험이 많은 학자였다. 또한, 은하까지의 거리는 보통 세페이드 변광성을 이용하지만, 지나치게 먼 거리에서는 별이 충분히 밝지 않기 때문에 보통 1 Mpc 3,260,000광년 까지가 그 한계이며, 이보다 먼 거리에 있는 은하에 대해서는 은하 내의 초거성의 광도를 측정함으로써 그 거리를 결정할 것을 제안하기도 하였다. 즉, 모든 은하에서 초거성의 광도는 모두 같다고 가정하는 것이다.

동굴에서 별을 보다

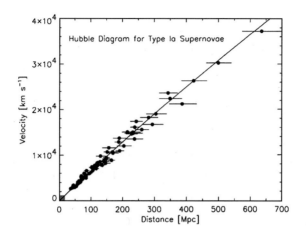

허블의 법칙. 왼쪽 아래 작은 사각형이 허블이 관측한 영역이다. 허블은 초기에 관측장비의 한계로 먼 거리에 있는 은하들의 후퇴속도를 측정하지 못했다는 것을 알 수 있다. © S. Jha, Ph.D thesis, Havard University (2002)

허블은 24개의 은하에 대한 적색편이를 자세히 관측함으로써 은하가 위치한 거리와 후퇴속도(또는 적색편이 값) 사이에 일정한 관계가 성립한다는 사실을 발견했다. 그는 멀리 떨어진 은하일수록 지구로부터 빠르게 멀어져가며 다른 요인들 - 예를 들어 은하의 크기, 방향 또는 은하의 밝기 등 - 은 은하의 후퇴속도에 관여하지 않는다는 것도 확인했다. 따라서 은하와 지구 사이의 거리 d와 은하의 후퇴속도 v 사이에 다음과 같은 간단한 일차함수로 표현할 수 있는 관계가 성립하며 이를 허블의 법칙이라 한다.

$$v = Hd$$

허블 상수 H는 허블의 법칙에서 기울기에 해당하는 값으로써, 시간의 역수로 표현되기 때문에 우주의 나이와 관련된 정보를 담고 있다. 1936년 허블의 제자이자 동료인 휴메이슨Milton Humason, 1891~1972 은 빛의 속도의 15%에 해당하는 후퇴속도를 가진 은하단을 발견했다. 허블의 법칙에 의하면 이 은하단은 지구로부터 30억 광년 정도 떨어진 곳에 위치하는 것이다. 이 결과는 먼 거리에서도 여전히 지구와 은하 사이의 거리와 은하의 후퇴속도 사이에 허블의 법칙이 적용된다는 것을 보여주었다. 다시 말하자면 허블의 법칙이 몇몇 은하에만 국한적으로 적용할 수 있는 특별한 법칙이 아니라 어쩌면 전 우주적인 일반적인 법칙이라는 것을 의미하고 있었다. 실제로 허블의 법칙은 우주가 균일하고 등방적이라는 "우주원리"를 만족한다는 것을 보여주고 있다.

허블의 법칙이 전우주적인 일반적인 법칙이라면 우주는 여전히 역동적이며 끊임없이 변화하고 있어야 했다. 상트페테르부르크대학에서 유명한 천체물리학자였던 프리드만Alexander Friedman, 1888~1925 에게 1925년까지 지도를 받았던 가모프는 프리드만과 르마이트르Georges Lemaitre, 1894~1966 에 의해 제기되었던 우주의 폭발과 관련된 이론을 정교하게 다듬었다. 그리고 미국으로 이주 후, 1948년에 제자인 알퍼Ralph Alper, 1921~2007 와 함께 우주가 거대한 폭발을 통해 탄생했다는 이론을 발표하였다. 이 이론에 의하면 우주는 크기가 없고 에너지가 무한대인 하나의 특이점 singularity 에서 출발했다는 것이다. 그렇다면 우주는 정말 하나의 점으로부터 출발한 것인가? 만약에 그렇다면 이를 뒷받침할 만한 증거는 있는가?

우주 배경복사

1964년 미국의 벨연구소Bell Laboratory 에 근무하는 윌슨Robert Woodrow Wilson, 1936~ 과 펜지아스Arno Allan Penzias, 1933~ 는 위성통신을 위해 개발하고 있던 안테나를 점검하고 있었다. 거대한 나팔 모양의 안테나 바로 아래에 설치된 제어실에서 그들은 막바지 작업인 안테나의 잡음을 제거하는 일에 열중했다. 알 수 없는 이유 때문에 지속적으로 나타나는 잡음을 제거하는 작업은 처음에는 금방 끝날 것 같았다. 우선 안테나의 잡음을 제거하기 위해, 잡음의 원인을 파악하려고 했다. 그들은 진공관 회로를 점검하면서 가능한 잡음의 원인을 이해하려 했지만, 회로는 잘못되어 있는 것이 없었다. 다음으로 해야 할 일은 안테나의 표면을 검사하는 것이었다. 거대한 크기의 안테나 - 나팔 모양이어서 심지어 새들에게는 안락하기까지 했다 - 였으므로 때때로 근처의 새들이 안테나의 내부에 둥지를 트는 일이 전에도 가끔 있었기 때문이다. 안테나를 깨끗이 청소하고 새 둥지를 말끔하게 치운 뒤에도 잡음은 여전히 없어지지 않았다.

이때부터 그들은 잡음과 관련하여 뭔가 다른 원인이 있을 수 있다는 사실을 깨닫기 시작했다. 우선 윌슨과 펜지아스는 잡음이 언제 가장 많이 나타나는지 그리고 안테나가 어떤 방향을 향하고 있을 때 가장 많이 나타나는지를 조사하기로 했다. 혹시 주변의 다른 기지국의 전파가 섞여 들어오는지, 또는 태양을 포함하는 특정한 천체가 방출하고 있는 전파인지를 검사할 수 있는 방법이었기 때문이었다. 그들은 밤과 낮, 심지어 계절과 관계없이 잡음이 일정한 수준으로 발생한다는 사실을 알았으며 안테나의 방향과도 상관없다는 사실도 알게 되었다. 그들은 이 잡음이 마침내 지구나 특정한 천체에서 발생한 것이 아니라는 결론에 도달하게 되었다. 만약 지구 또는 특정한 천체에서 발생한 잡음이라면 어떤 방식으로든지 잡음의 시간 혹은 방향 의존성이 드러나야 했기 때문이다. 이 잡음은 태양의 위치와도 상관없었으며, 태양계 내에서 지구의 위치와도 상관없었다. 심지어 모든 방향에서 고르게 관측되었다. 동료 물리학자들과의 의견 교환을 통해 그들은 자신들이 발견한 잡음이 매우 중요한 결과라는 사실을 알게 되었으며, 이 결과를 정리하여 "Astrophysical Journal"에 발표하였다. 1965년에 발표된 "A Measurement of Excess Antenna Temperature at 4,080 Mc/s"라는 한 페이지짜리 논문에서 그들은 자신들이 관측한 잡음은 4,080 Mc/s의 진동수를 가지는 복사에 해당하며 이는 절대온도 3.5 K에 해당한다고 주장했다. 아래에 윌슨과 펜지아스의 논문 일부를 인용하고자 한다.

Measurements of the effective zenith noise temperature of the 20-foot horn-reflector antenna (Crawford, Hogg, and Hunt 1961) at Crawford Hill Laboratory, Holmdel, New Jersey, at 4080 Mc/s have yielded a value about 3.5 K higher that expected. This excess temperature is within the limits of our observations, isotropic, unpolarized, and free from seasonal variations (July, 1964~April, 1965). A possible explanations for the observed excess noise temperature is the one given by Dicke, Peebles, Roll, and Wilkinson (1965) in companion letter in this issue.

여기에서 언급된 디케Robert Henry Dicke, 1916~1997 등의 "Cosmic Black-Body Radiation"이라는 논문은 우주의 팽창에 따른 온도의 변화를 언급한 것이었다. 이들에 의하면 우주가 등방적이고 균일하게 팽창했다면 현재 우주의 물질밀도는 2×10^{-29} g/cm^{3}이며 흑체복사에 의한 온도가 3.5 K에 해당한다고 설명했다. 다시 말하자면 우주가 폭발을 통해 팽창하고 있다면 현재 우주의 온도가 3.5 K이며, 윌슨과 펜지아스가 관측한 것이 바로 이 온도에 해당하는 복사라는 것이다.

이 논문은 즉시, 커다란 반응을 불러일으켰다. 이 논문을 요약하자면 윌슨과 펜지아스는 새롭게 제작된 안테나의 잡음을 연구하던 중에 시간에 무관하며 방향성을 가지지 않는 균일한 세기의 잡음이 검출되었으나, 이 잡음은 그들이 사용하던 실험 장비에 의한 것이 아니라 약 3.5 K에 해당하는 흑체복사에 해당한다는 것이다. 이 잡음이 바로 가모프가 이야기한 태초의 빛의 흔적, 즉 우주 배경복사cosmic microwave background, CMB 였다.

1970년대에 접어들면서 윌슨과 펜지아스의 관측 결과를 확인하는 광범위한 관측들이 진행되면서, 윌슨과 펜지아스가 관측한 복사가 빅뱅으로부터 방출된 것이라는 공감대가 과학자들 사이에 형성되어 갔다. 1970년대 초반 젤도비치

조지 가모프. 러시아 태생 미국 물리학자로서 빅뱅에 대한 아이디어를 제안하였다. 가모프는 이외에도 태양과 같은 별 내부에서 발생하는 핵 합성(nucleosynthesis) 연구에 많은 이바지했으며, 별의 형성과 진화에 관한 연구에서도 뛰어난 업적을 남겼다. 특히 대중들을 위하여 위트가 담긴 많은 과학책을 저술한 것으로도 유명하다.

를 포함한 과학자들은 우주 탄생 초기에 $10^{-4} \sim 10^{-5}$ 정도의 불균일성이 우주의 팽창에 관여하였으며 슈니아에프 Rashid Alievich Sunyaev, 1943~ 는 이 불균일성이 우주 배경복사에 남아있다는 계산 결과를 발표하였다. 이 불균일성은 빅뱅의 또 다른 증거로 떠오르고 있었다. 1980년대에 접어들면서 $10^{-4} \sim 10^{-5}$의 미세한 불균일성을 우주 궤도 위에서 관측하려는 연구 과제가 시작되었다. 1989년 11월 18일 발사된 COBE Cosmic Ray Background Explorer 위성에는 DMR differential microwave radiometer 배경복사 검출기가 실려 있었다. COBE가 관측한 우주 배경 복사는 2.73 K에 해당하는 흑체복사와 거의 일치하였다. COBE의 관측결과는 우주의 진화와 관련하여 매우 중요한 세 가지 결과를 보여주었다. 첫 번째는 우주 배경 복사가 뜨겁고 균일한 상태로부터 진화했다는 것이다. 두 번째는 COBE의 운동 방향에 대한 우주 배경 복사의 적색편이와 청색편이를 관측했다는 것이다. 이는 우리 지구에서 우주 배경 복사의 적색과 청색편이를 관찰하면,

우주 탄생 후, 375,000년 후를 촬영한 사진. 서로 다른 색은 서로 다른 온도를 의미하며 그 차이는 약 $\pm 10^{-5}$ K에 해당한다. WMAP(Wilkinson Microwave Anisotropy Probe)에 의해 촬영되었다. 이 미세한 온도 차이로부터 우주의 거대 구조가 형성되었다. © WMAP/NASA

우주 공간에서 지구의 운동 방향과 그 속도를 구할 수 있다는 것을 의미한다. 마지막 결과는 초기우주가 아주 평온했다는 것이다. COBE의 관측결과에 의하면 우주 배경 복사는 모든 파장 영역에서 특정한 온도에서의 흑체복사 분포를 보여준다. 만약 우주 탄생 초기에 여러 가지 격렬한 사건이 발생했었다면 이 분포곡선은 그런 사건들의 영향을 받아서 심하게 일그러진 형태를 취해야 했다. 흔히, 우주원리라고 알려진 우주의 균일성 또는 등방성은 지상에서도 확인할 수 있는 것이다. 관측에 의하면 $1°$ 이내의 천구상의 두 점에서 측정한 우주 배경 복사는 $\pm 10^{-5}$ K 정도의 범위에서 서로 같은 값을 보여준다. 이 미세한 차이는 초기우주에서 물질의 밀도 요동으로 별들과 은하 그리고 은하단과 같은 현재의 우주적 구조를 만들었다는 증거이기도 하다. 오늘날 우리가 관측하고 있는 은하와 은하단 근처에서의 우주 배경 복사는 이런 영향을 받아 그 온도가 미세하게 낮게 측정된다.

우주가 팽창하고 있다는 사실로부터 빅뱅이론이 제안되고 심지어 미시적인 세계를 이해할 수 있는 대부분의 이론적 도구들이 갖추어져 가고 있음에도 불구하고 1965년에야 우주 배경복사가 우연히 발견되었다는 것은 좀처

동굴에서 별을 보다

럼 받아들이기 힘들다. 사실 초기우주에 대해 왕성한 연구를 진행하고 있던 알퍼와 허먼은 가모프와 함께 초기우주에 대한 구체적인 각본을 가지고 있었다. 그들은 광자와 물질과의 상대적인 비율을 가정하고 현재 관측되고 있는 헬륨과 수소의 비율을 토대로 초기우주에서 어떤 일들이 진행되고 있었는지 연구하였다. 그들은 - 사실과는 다르지만 - 최초로 합성된 입자들이 중성자라고 가정하였다. 그리고 이 중성자들이 β붕괴를 통해 양성자와 전자, 그리고 중성미자를 만들어 낸다고 가정하였다. 현재 우리가 알고 있는 헬륨의 양이 수소의 1/3~1/4 정도이기 때문에 중성자는 양성자의 1/7~1/10 정도이다. 이는 우주가 양성자에 대한 중성자의 비율이 1/7~1/10 정도였던 시기에 더 물질이 에너지로 전환되지 않고 팽창했다는 것을 의미하며 당시의 온도를 계산할 수 있게 하는 근거가 된다. 흑체복사 법칙으로부터 이 온도에 대한 광자의 개수를 계산할 수 있으므로, 현재의 우주 밀도로부터 현재의 광자밀도를 계산할 수 있는 것이다. 그런데도 오랫동안 과학자들의 주목을 받지 못하고 "우연히" 우주의 배경복사가 발견된 이유에 대해 와인버그Steven Weinberg, 1933~ 는 "처음 3분간first Three Minutes"이라는 책에서 "참고문헌의 홍수 속에서 한두 가지 새로운 과학적 견해가 묻히는 경우는 드물지 않은 일"이라고 설명하였다.

우주 배경복사는 우주는 그 자체가 고립계이기 때문에, 우주의 팽창은 곧 단열팽창을 의미하며, 태초의 높은 온도상태가 현재까지 이르렀을 때, 그 온도가 대략 영하 270도가 된다는 것이다. 이제 간단한 가정을 통해 초기의 우주 팽창과 관련된 물리적인 표현과 그 의미를 살펴보자.

프리드만 방정식

우주의 팽창을 살펴보기 위해 프리드만Alexander Friedmann,

1888~1925이 제안했던 방정식을 살펴보자. 이 방정식은 과학자들이 자연현상을 이해하고자 할 때, 자연을 어떻게 단순화시키고 생각을 발전시켜 나가는지 잘 보여준다. 프리드만 방정식은 우주를 팽창하는 고립된 구로 이해하고 구의 반지름 R_s와 질량 M_s를 이용하여 균일하고 등방적인 팽창uniform and isotropic expansion 을 표현하는 간단하지만, 매우 통찰력 있는 방정식이다. 우주를 반지름이 R_s인 구이고, 질량이 M_s라고 가정하자. 그리고 구의 표면에 있는 질량 m인 천체가 팽창하는 것을 표현한다면, 다음과 같은 식을 적용할 수 있다.

$$m\frac{d^2R_s}{dt^2} = -G\frac{mM_s}{R_s^2}$$

이 식의 양변을 m으로 나누고 dR_s/dt를 곱한 다음 적분하면, 다음과 같이 에너지와 관련된 가속도 방정식을 얻을 수 있다.

$$\frac{1}{2}\left(\frac{dR_s}{dt}\right)^2 = \frac{GM_s}{R_s} + U$$

수학적으로 U는 적분상수이지만, 운동에너지와 위치에너지의 합을 의미하기 때문에, 구 표면에 위치한 $m = 1$의 총에너지를 의미한다는 것을 알 수 있다.

위 식에서 $U > 0$인 경우, 식의 우변은 항상 양수이기 때문에 우주가 영원히 팽창한다는 것을 의미한다. $U < 0$인 경우, 식의 우변은 점차 0에 접근한 후 음수로 바뀔 것이기 때문에 언젠가는 다시 수축하게 될 것이다. 이렇게 간단한 식을 통해서 우주의 팽창과 수축에 대한 조건을 얻을 수 있다는 것이 흥미로울 것이다.

이제 반지름 R_s를 다음과 같은 형태로 표현해 보자.

$$R_s = a(t)r_s$$

여기에서 r_s는 $a(t) = 1$일 때의 반지름으로써, 현재 우주의 물리적인 반지름을 의미한다. 이제 에너지-질량 등가원리를 이용하여, 우주의 질량 M_s를 질량 또는 에너지 밀도 $\rho(t)$를 이용하여 정리해 보자. 밀도를 이용하여 정리하면, 프리드만 방정식은 다음과 같은 형태가 된다.

$$\frac{1}{2}r_s^2\dot{a}^2 = \frac{4\pi}{3}Gr_s^2\rho(t)a(t)^2 + U$$

위 식의 양변을 $r_s^2 a^2/2$로 나누어 주면

$$\left(\frac{\dot{a}}{a}\right)^2 = \frac{8\pi G}{3}\rho(t) + \frac{2U}{r_s^2 a(t)^2}$$

를 얻을 수 있다. 밀도는 $\rho(t) \propto 1/a(t)^3$이기 때문에, $U < 0$인 경우, 위 식의 우변은 $a(t)$가 커지면, 우주의 팽창속도는 줄어들었다가 수축하게 된다는 것을 보여주고 있다.

이 식은 고전적인 표현이기 때문에 상대론적인 표현으로 수정해야 할 필요가 있으며, 상대론적인 표현의 근사적 표현임을 기억해야 한다. 상대론적인 표현을 얻기 위하여 두 가지 사항을 고려할 것이다. 첫 번째는 에너지 질량 등가 법칙으로써, $\rho(t) = \epsilon(t)/c^2$를 사용할 것이다. 여기에서 $\epsilon(t)$는 질량뿐만 아니라 복사에너지까지 포함된 총에너지를 의미한다. 두 번째는 퍼텐셜 에너지를 $U = -\kappa c^2 r_s^2/2R_0^2$과 같이 공간의 곡률로 표현하는 것이다. 여기에서 R_0는 현재의 곡률반경 curvature radius 이고 κ는 소위 프리드만 - 로버트슨 - 워커 Friedmann-Robertson-Walker 의 공간계량 metric 에서의 공간 곡률지표 curvature index 를 의미하며 공간의 곡률에 따라 각각 κ는 +1, 0 또는 -1 값을 가질 수 있다.[20]

---

20 이는 각각 닫힌 공간, 평평한 공간, 열린 공간으로 부르며, 닫힌 공간의 경우는 구의 표면을, 열린 공간은 말 안장과 같은 공간을 상상하면 된다.

이 두 가지 고려를 이용하여 프리드만 방정식을 다시 정리하면, 다음과 같은 상대론적인 프리드만 방정식을 얻을 수 있다.

$$\left(\frac{\dot{a}}{a}\right)^2 = \frac{8\pi G}{3}\frac{\epsilon(t)}{c^2} - \frac{\kappa c^2}{R_0^2}\frac{1}{a(t)^2}$$

여기에서 $\kappa \leq 0$이고 에너지 밀도가 양수인 경우, 식의 우변은 항상 양수이기 때문에, 우주가 영원히 팽창한다는 사실을 알 수 있다. 또한, 물질이 우주 에너지의 대부분을 차지한다면 $\epsilon(t) \propto 1/a(t)^3$일 것이다. 따라서 이 경우 $\kappa = +1$이라면 언젠가는 팽창을 멈추고 다시 수축할 것이라는 사실을 이해할 수 있다. 이제 상대론적 표현을 통해 우주의 팽창과 수축에 공간의 곡률이 관련되어 있다는 것을 알 수 있었다.

한편 a와 $\dot{a}$는 우주 공간에서 두 점 사이의 거리와 서로 멀어져 가는 속도이기 때문에 $\dot{a}/a$는 허블의 법칙으로부터 허블 상수에 해당한다는 것을 알 수 있다. 따라서 프리드만 방정식에서 허블의 법칙을 이용하여 $\dot{a}/a$를 허블 상수 $H(t)$로 치환하면

$$H(t)^2 = \frac{8\pi G}{3}\frac{\epsilon(t)}{c^2} - \frac{\kappa c^2}{R_0^2}\frac{1}{a(t)^2}$$

을 얻을 수 있다. 만약 우주의 평균 밀도가 다음과 같이 임계 밀도를 갖는다면, 공간이 평평하다는 사실($\kappa = 0$)을 알게 된다.

$$\rho_c(t) = \frac{\epsilon_c(t)}{c^2} = \frac{3H(t)^2}{8\pi G}$$

이는 $\dot{a}/a$와 임계 밀도를 이용하여 평평한 우주[21]에 대한 프리드만 방정식의 성질을 살펴볼 수 있다는 것을 의미한다.

---

21 Einstein-de Sitter 우주라고 부른다.

때때로 에너지 밀도를 다음과 같이 밀도 매개변수density parameter, Ω를 이용하여 표현할 수가 있다.

$$\Omega \equiv \frac{\epsilon}{\epsilon_c} = \frac{\epsilon}{c^2} \times \frac{8\pi G}{3H^2}$$

즉, 임계 에너지 밀도와 총에너지 밀도의 비로써 Ω를 정의하는 것이다. 이를 프리드만 방정식에 대입하면

$$H(t)^2 = \Omega H^2 - \frac{\kappa c^2}{R_0^2} \frac{1}{a(t)^2} \Rightarrow 1 - \Omega(t) = -\frac{\kappa c^2}{H(t)^2 a(t)^2 R_0^2}$$

을 얻을 수 있다. $\Omega = 1$인 경우, $\kappa = 0$이다. 또한 $\Omega > 1$이거나 $\Omega < 1$인 경우, κ값의 부호가 각각 $+$와 $-$에 대응된다는 사실도 알 수 있다. 현재 관측값에 대하여 위 식을 정리하면

$$R_0 = \frac{c}{H_0} \frac{\sqrt{\kappa}}{a(t)} |1 - \Omega_0|^{-1/2}$$

임을 알 수 있다. 만약 $\Omega_0 \sim 1$이라면, 공간의 곡률 반지름 R_0가 허블 반지름, c/H_0 보다 매우 큰 값이며, 이는 공간이 거의 편평하다는 것을 암시하는 것이다.

유체 및 가속 방정식

프리드만 방정식이 중요하기는 하지만 이 방정식만을 가지고 시간에 따라 $a(t)$가 어떻게 변화하는지 알 수는 없다. 설령 매우 엄격한 경계조건 - 예를 들면, 정밀한 ϵ_0 또는 H_0 - 을 갖는다고 할지라도 여전히 하나의 방정식에 두 개의 미지수, $a(t)$와 $\epsilon(t)$를 갖기 때문이다.

우리가 $a(t)$와 $\epsilon(t)$를 얻고 싶다면 a와 ϵ을 포함하는 또 다른 방정식이 필요하다. 프리드만 방정식은 에너지 보존 법칙을 설명하고 있다. 말하자면 중력 퍼텐셜 에너지와 팽창에 의한 운동에너지의 합이 항상 일정하다는 것이다. 에너지 보존 법칙은 매우 유용한 도구이다. 따라서 이를 다른 관점에서 바라볼 필요가 있다. 다음과 같은 열역학 제1법칙을 살펴보자.

$$dQ = dE + PdV$$

여기에서 dQ는 우리가 고려하는 공간과 주변과의 열에너지 출입이다. 또한 P는 압력이며, dE와 dV는 현재 고려하고 있는 영역의 내부 에너지 변화 및 부피의 변화를 나타낸다. 이 식은 빛(또는 광자)으로 가득 찬 공변comoving 부피에 적용할 수 있다.[22] 이는 임의의 유체로 가득 찬 공변 부피를 고려하는 것과 같다. 우주는 고립계이므로, 열에너지 출입을 고려할 주변이 없다. 따라서 $dQ = 0$인, 단열과정adiabatic process 을 의미한다. 우주가 단열팽창을 하고 있다면, 엔트로피의 변화 $dS = dQ/T$로부터, 균일하고 등방적인 우주의 단열팽창은 엔트로피의 변화를 동반하지 않는다는 것을 알 수 있다. $dQ = 0$이므로, 우리가 고려하고 있는 광자로 가득 찬 동행 부피에 열역학 제1법칙을 적용하면

$$\dot{E} + P\dot{V} = 0$$

이다.[23] 이 의미를 살펴보기 위하여 동행 반지름이 r_s이고 균일한 팽창을 하는 구를 고려하자. 이 경우 고유 반지름proper radius 은 $R_s(t) = a(t)r_s$로 표현될 것이다. 따라서 구의 부피는

---

22 공변이라는 낯설은 단어가 등장한다. 우주는 팽창하고 있으므로 관측자와 관측대상 모두 운동하고 있다. 따라서 운동하는 관측자가 다른 천체를 관측하는 경우, 서로 같이 움직인다고 생각할 수 있다. 이때 관측자가 측정한 길이와 시간을 "comoving"이라는 단어를 붙여 표현한다.

23 $\dot{E} = \dfrac{dE}{dt}$이며, $\ddot{E} = \dfrac{d^2E}{dt^2}$를 의미한다.

동굴에서 별을 보다

$$V(t) = \frac{4\pi}{3} r_s^3 a(t)^3$$

이며, 부피의 시간 변화율은 다음과 같을 것이다.

$$\dot{V} = \frac{4\pi}{3} r_s^3 (3a(t)^2 \dot{a}) = V \times \left(3\frac{\dot{a}}{a}\right)$$

구의 내부 에너지는 $E(t) = V(t)\epsilon(t)$ 이므로 구의 내부 에너지 변화율은 다음과 같다.

$$\dot{E} = V\dot{\epsilon} + \dot{V}\epsilon = V \times \left(\dot{\epsilon} + 3\frac{\dot{a}}{a}\epsilon\right)$$

위의 결과를 이용하면 팽창하고 있는 우주에 적용된 열역학 제1법칙으로부터, 다음과 같은 표현을 얻을 수 있다.

$$V\left(\dot{\epsilon} + 3\frac{\dot{a}}{a}\epsilon + 3\frac{\dot{a}}{a}P\right) = 0$$

또는

$$\dot{\epsilon} + 3\frac{\dot{a}}{a}(\epsilon + P) = 0$$

이를 유체방정식fluid equation 이라고 하며, 우주의 팽창을 표현하는 두 번째 방정식이다.

프리드만 방정식과 유체방정식은 에너지 보존에 관한 표현이다. 이 두 식을 결합하면, 시간에 따라 우주의 팽창률이 시간에 따라 어떻게 변화하는지를 알려주는 가속 방정식acceleration equation 을 얻을 수 있다. 프리드만 방정식의 양변에 a^2을 곱하면,

$$\dot{a}^2 = \frac{8\pi G}{3c^2}\epsilon(t)a^2 - \frac{\kappa c^2}{R_0^2}$$

을 얻을 수 있다. 이 식에 대한 시간 미분을 취한 후, 그 결과를 $2a\dot{a}$로 나누어 주면

$$\frac{\ddot{a}}{a} = \frac{4\pi G}{3c^2}\left(\dot{\epsilon}\frac{a}{\dot{a}} + 2\epsilon\right)$$

을 얻을 수 있다. 이 식에 유체방정식을 대입하면

$$\frac{\ddot{a}}{a} = -\frac{4\pi G}{3c^2}(\epsilon + 3P)$$

를 얻을 수 있다. 이를 가속 방정식이라 한다. 이 식에서 만약 ϵ이 양수라면 "−"가속도를 가지게 되며 $\dot{a}$의 값이 줄어든다는 것을 의미한다. 즉 우주 공간에서 두 점 사이의 상대속도가 줄어든다는 것을 의미한다. 또한, 가속 방정식은 물질로 가득 찬 우주 공간과 관련된 압력 P를 포함하고 있다는 것에 관심을 가질 필요가 있다.

일반적으로 무거운 입자baryonic matter로 이루어진 가스는 $+P$를 가지게 되는데, 이는 분자, 원자 및 이온들의 열적 자유 운동에 기인한다. 광자 역시 중성미자나 WIMPs weakly interacting massive particles 처럼 $+P$를 갖는다. 이와 같은 $+P$는 우주의 팽창 속도를 느려지게 하는 원인이 된다. 만약 우주가 $P < -\epsilon/3$인 물질들이 있다고 가정하면 가속 방정식으로부터 우주의 팽창 속도가 빨라진다는 것을 알 수 있다. 장력tension과 같은 $-P$는 물리적으로 전혀 이상한 표현이 아니다. 예를 들어 고무를 압축시키면 내부 에너지는 증가할 것이다. 하지만 고무를 잡아당긴다면 당연히 내부 에너지는 음수를 가질 것이다. 우주론에서 많이 논의되고 있는 우주항cosmological constant도 음수 값을 가지고 있다.

상태 방정식

이제 우주의 팽창을 표현하는 세 개의 중요한 방정식들을 다시 정리해 보자. 프리드만 방정식은 다음과 같이 표현되고

$$\left(\frac{\dot{a}^2}{a}\right) = \frac{8\pi G}{3}\frac{\epsilon(t)}{c^2} - \frac{\kappa c^2}{R_0^2}\frac{1}{a(t)^2}$$

유체방정식과 가속 방정식은 각각 다음과 같이 표현됐었다.

$$\dot{\epsilon} + 3\frac{\dot{a}}{a}(\epsilon + P) = 0$$

$$\frac{\ddot{a}}{a} = -\frac{4\pi G}{3c^2}(\epsilon + 3P)$$

이 식 중에서 두 개만 서로 독립인데 이는 가속 방정식의 경우, 프리드만 방정식과 유체방정식을 이용하여 얻어낸 식이기 때문이다. 이제 두 개의 방정식과 세 개의 미지수, $a(t)$, $\epsilon(t)$ 및 $P(t)$를 가지게 되었다. 이들 척도 인자, 에너지 밀도 및 압력을 시간에 대한 함수로 얻기 위해서는 또 다른 방정식이 필요하다. 소위 상태 방정식equation of state 이라고 부르는 것이다. 이 방정식은 우주에 충만한 "그 무엇" - 무거운 입자, 광자, 중성미자 및 WIMPs 등등 - 의 압력과 에너지 밀도 사이의 관계식을 의미한다. 만약 우리가 $P = P(\epsilon)$을 가지게 된다면 적절한 경계조건들을 통해 이 방정식을 구할 수 있을 것이며, 마침내 우주의 과거 역사와 미래에 대한 예상을 할 수 있게 될 것이다.

하지만 일반적으로 상태 방정식은 "매우" 복잡하다. 예를 들어 고체물리학자들은 압력과 밀도 사이에 아주 복잡한 비선형적인 관계를 갖는 물질들을 주로 다룬다. 다행스럽게도 우주론에서는 상태 방정식이 비교적 단순한 - 즉, 선형 관계를 갖는 - 밀도가 낮은 가스를 다룬다. 따라서 상태 방정식을 다음과 같이 표현할 수 있다.

$$P = \omega\epsilon$$

여기에서 ω는 단위가 없는 숫자이다. 예를 들어 낮은 밀도의 천천히 운동하는(비상대론적인) 무거운 입자들을 생각해 보자. 이와 같은 상태의 입자들은 이상 기체처럼 행동하기 때문에 다음과 같은 이상 기체 상태 방정식으로 표현할 수 있다.

$$P = \frac{\rho}{\mu} kT$$

여기에서 μ는 가스의 평균 질량이다. 비상대론적인 운동($v \ll c$)을 하는 입자의 경우 운동에너지가 정지질량 에너지보다 매우 작으므로 에너지 밀도는 거의 정지질량으로부터 온다. 따라서 $\epsilon \approx \rho c^2$이므로 ϵ을 이용하여 위 식을 다시 표현하면

$$P \approx \frac{kT}{\mu c^2}$$

으로 표현된다.

비상대론적인 경우, 온도 T와 속도 제곱의 평균root mean square, rms $\langle v^2 \rangle$의 관계는 다음과 같이 주어진다.[24]

$$3kT = \mu\langle v^2 \rangle$$

따라서

$$P \approx \frac{\langle v^2 \rangle}{3c^2}\epsilon$$

을 얻을 수 있다. 이는

---

24 Maxwell-Boltzmann 분포, $\langle v^2 \rangle = \int v^2 p(v) dv$로 주어진다. 여기에서 $p(v)$는 속도 v를 가질 확률이다.

동굴에서 별을 보다

$$\omega \approx \frac{\langle v^2 \rangle}{3c^2} \ll 1$$

임을 보여준다. 우리가 일상적으로 만나게 되는 대부분 가스는 비상대론적 운동을 한다. 실내온도에서 공기 중의 질소분자는 약 $500\,\text{m/s}$의 속도를 가지며 $\omega \sim 10^{-12}$에 해당한다. 천문학적인 관점에서 보더라도 현재의 가스들은 대부분 비상대론적 운동을 한다. 예를 들어 이온화된 수소 구름 내에서 운동하는 전자의 경우, $T \ll 6 \times 10^9\,\text{K}$의 환경에서는 비상대론적 운동을 한다. 양성자도 $T \ll 6 \times 10^{13}\,\text{K}$에서는 상대론적인 고려를 할 필요가 없다. 하지만 광자의 경우에는 상대론적 표현이 필요하다. 광자가 질량은 없으나 운동량을 가지고 있으므로, 당연히 압력도 작용시킨다. 광자 혹은 상대론적 운동을 하는 입자에 대한 상태 방정식은 다음과 같다.

$$P_r = \frac{1}{3}\epsilon_r$$

이는 $\langle v^2 \rangle \sim c^2$을 고려하면 쉽게 이해할 수 있으며, 이는 $\omega = 1/3$에 해당하는 값이다. 따라서 임의의 입자는 $0 < \omega < 1/3$의 범위를 갖는다.

상태 방정식에 포함된 ω는 임의의 값을 가질 수 없다. 만약 공간에 아주 작은 변화perturbation가 생기면 이는 음파의 속도로 전달될 것이다.[25] 단열과정인 경우, 압력 P와 에너지 밀도 ω를 갖는 매질에서의 음파의 속도는 다음과 같이 주어진다.

$$c_s^2 = c^2 \frac{dP}{d\epsilon}$$

따라서 $\omega > 0$인 경우, 음파의 속도는 $c_s = \sqrt{\omega}c$로 주어진다. 물론 물질의

---

[25] 일반적으로 음파(sound wave)란 빛의 속도보다 훨씬 작은 전달 속도를 갖는 파동을 의미한다. 그리고 음파는 매질의 밀도변화를 전달하는 파동이라는 것을 기억하자.

속도가 c보다 클 수 없으므로 ω가 1보다 큰 값을 가질 수 없다는 것을 알 수 있다. 몇몇 ω값들은 특별한 관심을 기울일 만하다. 예를 들면 ω = 0의 경우, 현재 우주가 비상대론적 운동을 하는 물질을 포함하고 있다는 측면에서 관심이 있다. 또한 ω = 1/3의 경우는 우주 공간에 충만한 광자의 경우에 해당할 것이다. 앞으로는 ω ≈ 0인 경우를 물질matter, ω = 1/3인 경우에는 광자 혹은 상대론적 운동을 하는 입자들을 복사radiation 라고 부르겠다. 한편 ω < −1/3인 경우는 $\ddot{a} > 0$인 결과를 준다. 이는 우주의 팽창 속도가 점점 빨라지는 것을 의미하는 것으로서 ω < −1/3 성분들을 암흑 에너지dark energy 라고 부른다.[26] 실제 관측된 증거를 가지고 있는 암흑 에너지는 우주가 ω = −1이고 $P = −\epsilon$인 우주항을 가지고 있다는 것을 보여주고 있다. 그리스 문자 Λ로 표현되는 우주상수 또는 우주항cosmological constant - 앞으로는 우주상수로 표현하겠다 - 은 역설적인 역사가 있으며 여전히 논쟁의 중심에 있기도 하다. 이제 이 Λ에 대한 간략한 개괄을 해보기로 하자.

우주상수, Λ

우주항 또는 우주상수로 불리는 Λ는 아인슈타인에 의해 도입되었다. 1915년에 일반상대론을 발표한 아인슈타인은 자신의 방정식을 실제 우주에 적용하고자 했다. 아인슈타인은 우주가 물질과 복사로 가득 차 있으며, 복사는 별빛만이 유일하다고 생각했다.[27] 따라서 그는 우주의 복사에너지 밀도가 별들의 물질밀도보다 매우 작다는 것을 토대로 ω ≈ 0인 우주를 고려하고 있었다.

---

26 천체물리학자(Michael Turner)가 명명했다.
27 그 시기에 우주 배경복사의 존재를 알고 있는 사람은 아무도 없었다.

동굴에서 별을 보다

여기까지 아인슈타인은 아무런 실수를 하지 않았다. 하지만 이때는 우주가 팽창하고 있다는 것을 알고 있는 천문학자들이 없었다. 말하자면 외부은하들의 운동에 대해 모르고 있었다. 이와 같은 상황 때문에 아인슈타인은 우주가 정적인 - 팽창하거나 수축하지 않는 - 상태를 유지하고 있다고 생각했다. 아인슈타인은 "우주가 비상대론적인 물질 외에 아무것도 가지고 있지 않다면, 어떻게 안정적일 수 있을까?"라고 자문하게 되었다. 우주가 물질 외에 아무것도 가지고 있지 않다면 우주는 팽창하거나 수축해야만 했기 때문이다.

이를 살펴보기 위하여 질량 밀도가 ρ인 우주를 상상해 보자. 이 경우 중력 퍼텐셜 - 퍼텐셜 에너지가 아님에 다시 한번 주의하자 - Φ는 다음과 같은 소위, 푸아송Poisson 방정식으로 주어진다.[28]

$$\nabla^2 \Phi = -4\pi G\rho$$

공간상 임의의 한 점에 작용하는 중력가속도, $\vec{a}$는 다음과 같이 중력 퍼텐셜, Φ에 대한 공간도함수로 주어진다.

$$\vec{a} = -\vec{\nabla}\Phi$$

정적인 우주에서는 우주 공간 어느 곳에서도 중력가속도가 존재할 수 없으므로 Φ는 상수이어야 하므로

$$\rho = \frac{1}{4\pi G}\nabla^2\Phi = 0$$

이어야 한다. 이는 우주에 물질이 존재할 수 없다는 것을 보여주고 있다. 즉 ρ ≠ 0라면 우주 공간 임의의 점에 중력가속도가 작용하고 있으므로 정적일 수 없다는 것을 말하고 있다. 정적인 우주란 우주 공간에 아무것도 존재하지

---

28 $\vec{\nabla} = \hat{i}\frac{d}{dx} + \hat{j}\frac{d}{dy} + \hat{k}\frac{d}{dz}$로 정의되는 공간도함수(gradient)이다. 중력은 반지름 r 방향에만 의존하므로 이 식은 $d^2\Phi/dr^2 = -4\pi G\rho$로 써도 된다. 아마 훨씬 이해하기 쉬울 것이다.

않아야 한다. 정적인 텅 빈 우주 공간에 물질을 채우게 되면 중력에 의해 수축을 하게 될 것이고, 초기 상태가 팽창하고 있는 공간이었다면 물질을 채우게 되었을 때, 영원히 팽창($U > 0$)하던지 또는 최대 반지름에 도달한 후 다시 수축($U < 0$)해야 한다.[29]

이제 하늘을 향해 던진 공을 공중에 띄우는 데 필요한 일이 무엇인지 생각해보자. 지면으로 낙하하는 공을 공중에 띄우기 위해서는 무엇인가로 공을 공중으로 끌어당기고 있어야 한다. 아인슈타인은 이 문제를 어떻게 극복했을까? 물질로 채워졌지만, 정적인 우주를 만들기 위해서는 마치 공을 공중으로 잡아당길 수 있는 "무엇"인가가 필요했다. 이는 푸아송 방정식을 다음과 같이 수정한 것과 비슷하다.

$$\nabla^2\Phi + \Lambda = -4\pi G\rho$$

여기에 등장한 그리스 문자 Λ가 바로 우주상수로 알려진 그 "무엇"이다. 우주상수가 만약 $\Lambda = -4\pi G\rho$이면 물질이 존재하더라도($\rho \neq 0$) $\vec{a}=0$을 만들 수 있다.

이 생각을 일반상대론으로 확장한 사람이 바로 아인슈타인이다. 흔히 아인슈타인 중력장 방정식으로 불리는 방정식은 위 푸아송 방정식을 일반상대론 관점에서 다시 쓴 것이다. 우주상수가 포함된 중력장 방정식으로부터 프리드만 방정식을 다시 쓰면 다음과 같다.

$$\left(\frac{\dot{a}^2}{a}\right) = \frac{8\pi G}{3}\frac{\epsilon(t)}{c^2} - \frac{\kappa c^2}{R_0^2}\frac{1}{a(t)^2} + \frac{\Lambda}{3}$$

그리고 유체방정식은 우주상수의 영향을 받지 않지만 가속 방정식의 경우는 다르다. 우주상수가 존재하는 경우, 가속 방정식은 다음과 같이 수정된다.

---

29 프리드만 방정식을 참고하라.

$$\frac{\ddot{a}}{a} = \frac{4\pi G}{3c^2}(\epsilon + 3P) + \frac{\Lambda}{3}$$

일반상대론적인 프리드만 방정식을 다음과 같이 다시 수정하면

$$\left(\frac{\dot{a}^2}{a}\right) = \frac{8\pi G}{3c^2}(\epsilon + \epsilon_\Lambda) - \frac{\kappa c^2}{R_0^2}\frac{1}{a(t)^2}$$

우주에 다음과 같은 에너지 밀도를 가진 새로운 성분을 추가하는 것과 같다는 것을 알 수 있다.

$$\epsilon_\Lambda = \frac{c^2}{8\pi G}\Lambda$$

우주상수 Λ가 시간에 따라 변화하지 않는 상수라면, 유체방정식으로부터 Λ와 관련된 압력은 다음과 같이 표현되어야 한다는 것을 알 수 있다.

$$P_\Lambda = -\epsilon_\Lambda = -\frac{c^2}{8\pi G}\Lambda$$

여기에서 "−" 부호는 Λ가 정적인 우주를 표현하기 위하여 도입된 항이기 때문이다. 따라서 우주상수는 일정한 에너지 밀도 ϵ_Λ와 압력 $P_\Lambda = -\epsilon_\Lambda$를 가지는 성분이 우주에 새로 추가된다는 것을 의미하고 있다.

아인슈타인은 Λ를 도입함으로써 자신이 원하던 정적인 우주를 얻었다. 우주가 정적이 되기 위해서는 척도인자 a의 경우, 팽창이 없기 때문에, $\dot{a}=0$과 $\ddot{a} = 0$이어야 한다. 가속 방정식으로부터 $\ddot{a} = 0$이면,

$$\frac{\ddot{a}}{a} = 0 = \frac{4\pi G}{3c^2}(\epsilon + 3P) + \frac{\Lambda}{3}$$

이기 때문에, 아인슈타인은 $\Lambda=4\pi G\rho$로 놓았다. 한편 $\dot{a}=0$이면, 프리드만 방정식은 다음과 같이 표현된다.

$$\left(\frac{\dot{a}^2}{a}\right) = 0 = \frac{8\pi G}{3}\rho - \frac{\kappa c^2}{R_0^2 a^2} = 4\pi G\rho - \frac{\kappa c^2}{R_0^2 a^2}$$

여기에서 $\epsilon = \rho c^2$과 정적인 우주를 표현하기 위해 척도 인자에 $a = 1$을 적용할 것이다. 따라서 정적인 아인슈타인 우주는 $\kappa = +1$이고 다음과 같은 반지름을 가진 우주가 된다.

$$R_0 = \frac{c}{2\sqrt{\pi G\rho}} = \frac{c}{\Lambda}$$

아인슈타인은 자신의 이 견해를 1917년에 발표하였으나 만족하지는 못하였다. 임의로 특정 조건을 위해 우주상수를 집어넣은 것을 "아름다운 수학적 이론에 대한 심각한 오류"로 생각하였으며 더군다나 우주상수에 의한 평형은 불안정한 평형이었기 때문이다. 이 불안정한 평형은 마치 바늘 끝에서 아슬아슬하게 균형을 잡고 있는 접시와 같아서 약간의 변화를 통해 돌이킬 수 없는 상태를 일으킨다는 것을 잘 알고 있었기 때문이다.

아인슈타인은 이 "불편하고 기괴한" 우주상수를 없애고 싶어 했다. 1929년 허블이 우주 팽창을 의미하는 외부은하의 적색편이 결과를 발표하자 우주상수를 과감하게 버렸다.[30] 하지만 역설적으로 허블의 이 논문은 오히려 다른 과학자들에게는 우주상수를 옹호하는 계기가 되었다.

허블의 초기논문에서 허블은 외부은하까지의 거리를 실제보다 가깝게 고려했기 때문에 허블 상수를 지나치게 크게 얻었다. 허블이 처음 얻은 허블 상숫값은 500 km/s/Mpc였으며, 이는 우주의 나이가 $1/H_0 = 2$ Gyr라는 것을 의미했다. 지구의 지질학적 나이의 절반에도 미치지 못하는 값이었다. 당연히 과학자들은 고민에 빠졌었는데 이때 등장한 것이 우주상수였다. 만약 Λ가 충분히 커서 $\ddot{a} > 0$이라면 과거의 팽창 속도는 현재의 팽창 속도보다 작

---

30 아인슈타인은 우주상수의 도입을 자신의 경력에서 제일 큰 오점으로 생각했었다.

을 것이고 결과적으로 우주의 나이는 $1/H_0$ 보다 훨씬 큰 값을 가질 수 있기 때문이었다.

문제는 우주상수의 근원에 관한 것이다. 도대체 이 우주상수는 어디에서 비롯되었는가? 우주상수가 물리적인 의미가 있으려면 "우주의 어떤 성분이 우주가 팽창하거나 수축하는 것에 상관없이 항상 일정한 에너지 밀도 ϵ_Λ를 가질 수 있는가?"하는 질문에 답해야 한다. 현재 이 질문에 대한 가장 신빙성 있는 답은 "진공 에너지vacuum energy"이다.

고전물리학에서는 진공 에너지라는 개념 자체가 없다. 고전물리학의 관점에서 보면 마치 셰익스피어의 리어왕에 나오는 대사처럼 "무로부터는 아무것도 만들 수 없다".[31] 하지만 양자역학에서는 진공이 그저 아무것도 만들 수 없는 황폐한 진공 그 자체가 아니다. 하이젠베르크의 불확정성 원리는 진공 중에서 입자 - 반입자 쌍이 순간적으로 생성되었다 소멸하는 것을 허용한다. 즉 ΔE 만큼의 에너지 변화가 $\Delta E \Delta t \approx h$식을 만족시키는 Δt 동안 허용된다. 이때 생성되는 입자 쌍을 가상 입자virtual particle 라고 부른다. 이 가상 입자들에 의한 우주의 에너지 밀도, ϵ_{vac}는 우주의 팽창이나 수축과는 무관한 양자역학적인 현상이다.

이 ϵ_{vac}를 계산하는 것은 양자장론quantum field theory 의 한 분야이지만, 유감스럽게도 아직 완전한 성공을 거두지는 못했다. 한 가지 간단한 접근은 ϵ_{vac}가 다음과 같은 플랑크 에너지 밀도라는 것이다.

$$\epsilon_{vac} \sim \frac{E_P}{l_P^3}$$

여기에서 E_P와 l_P는 각각 플랑크 에너지($E_P = 1.2 \times 10^{28}$ eV)와 플랑크 길이($l_P = 1.6 \times 10^{-35}$ m)이다. 이는 $\epsilon_{vac} \sim 3 \times 10^{133}$ eV/m^{3}에 해당하는 값이

---

31 William Shakespeare, King Lear, Nothing can come of nothing.

며 현재 우주의 물질밀도보다 약 10^{124}배나 큰 값이다!!! 말하자면 우리는 아직 우주의 진공 에너지 밀도에 대해 정확하게 알고 있지 못하다는 것이다. 이는 천문학자 또는 천체물리학자들의 관측을 통해 해결해야 하는 문제이다. 그들이 우주의 팽창으로부터 얻은 ϵ_Λ 값을 통해 이해해야만 한다. 우주가 매우 광대한 공간이라는 것을 생각해보면 우리가 관측할 수 있는 영역이 얼마나 작은지 알 수 있을 것이다. 따라서 이 역시 간접적인 방법을 통해 접근할 수밖에 없을 것이다.

에너지 밀도의 변화

실제로 우주가 서로 다른 상태 방정식을 가지는 다른 성분들로 구성되어 있으므로 우주의 진화는 복잡하다. 우주를 이루는 성분에 복사와 비상대폭적 운동을 하는 물질들이 있다는 것을 이미 알고 있다.

따라서 우주는 $\omega = 0$인 상태 방정식과 $\omega = 1/3$인 성분을 포함하고 있다. 그리고 우주상수와 관련된 $\omega = -1$인 성분을 가질 수 있으며, 더 나아가 이 값들과 다른 값을 가지는 또 다른 성분이 있을 가능성이 충분히 있다. 한 가지 다행인 점이라면 우주를 구성하는 성분들의 에너지 밀도와 압력은 다음과 같이 서로 더할 수 있는 값이라는 점이다.

$$\epsilon = \sum_\omega \epsilon_\omega$$
$$P = \sum_\omega P_\omega = \sum_\omega \omega \epsilon_\omega$$

여기에서 ω는 서로 다른 성분을 의미한다. 에너지 밀도와 압력이 서로 더할 수 있는 값들이기 때문에 각 ω에 대응되는 유체방정식은 다음과 같이 표현할 수 있다.

동굴에서 별을 보다

$$\dot{\epsilon}_\omega + 3\frac{\dot{a}}{a}(\epsilon_\omega + P_\omega) = 0$$

또는

$$\dot{\epsilon}_\omega + 3\frac{\dot{a}}{a}(1 + \omega)\epsilon_\omega = 0$$

이 식을 정리하면

$$\frac{d\epsilon_\omega}{\epsilon_\omega} = -3(1 + \omega)\frac{da}{a}$$

로 표현된다. 만약 ω가 상수라고 가정한다면 이 식의 해는 매우 간단하게 구해지며 다음과 같은 꼴을 갖는다.

$$\epsilon_\omega(a) = \epsilon_{\omega,0}\, a^{-3(1+\omega)}$$

여기에서 현재의 척도 인자와 에너지 밀도를 각각 $a_0 = 1$ 및 $\epsilon_{\omega,0}$로 놓았다. 이 해를 구하기 위하여 프리드만 방정식을 직접 사용하지 않았다는 점에 주의를 기울이자.

비상대론적인 성분의 경우($\omega = 0$), 에너지 밀도를 ϵ_m이라 하면 우주가 팽창함에 따라 ϵ_m은 다음과 같이 감소할 것이다.

$$\epsilon_m(a) = \epsilon_{m,0}a^{-3}$$

또한, 복사의 경우($\omega = 1/3$), 에너지 밀도 ϵ_r은 우주의 팽창에 따라 비상대론적 성분보다 다음과 같이 급격하게 감소하게 된다.

$$\epsilon_r(a) = \epsilon_{r,0}a^{-4}$$

왜 이런 일이 일어나게 될까? 만약 n을 입자 수 밀도라 하고, E를 입자가 갖는 평균 에너지라고 하면, $\epsilon = nE$로 표현될 것이다. 우주가 팽창함에 따라

입자 수 밀도는 $n \propto a^{-3}$일 것이므로 우주가 팽창하는 동안 입자가 생성되거나 소멸하지 않는다면 비상대론적 운동을 하는 입자의 경우, 에너지 대부분이 정지질량 에너지이므로 비상대론적 성분의 경향을 설명할 수 있다.

이제 복사의 경우를 생각해보자. 광자 또는 질량이 없는 입자의 에너지는 hc/λ로 표현된다. 여기에서 λ는 우주가 팽창함에 따라 커질 것이기 때문에 $hc/\lambda \propto a^{-1}$이다. 그리고, 공간의 팽창에 따라 입자밀도 역시 a^{-3}에 비례하여 감소할 것이다. 따라서 광자 또는 질량이 없는 입자가 생성되거나 소멸하지 않는다고 가정하면 $\epsilon_r = nE = nhc/\lambda \propto a^{-3}a^{-1} = a^{-4}$이다. 물론 정확한 가정은 아니지만, 틀린 가정도 아니다. 태양과 수많은 별을 보자. 광자는 끊임없이 방출되고 있다. 예를 들어 태양은 초당 무려 10^{45}개의 광자를 방출한다. 하지만 우주배경복사는 우주의 모든 역사를 통해 별들이 방출한 광자의 합보다 훨씬 많다.

이러한 예상이 사실인지 살펴보자. 현재 우주의 온도인 2.725 K를 갖는 우주배경복사 에너지 밀도는 다음과 같다.

$$\epsilon_{\mathrm{CMB},0} = \frac{4}{c}\sigma T_0^4 = 4.17 \times 10^{-14}\,\mathrm{J/m^3} = 0.260\,\mathrm{MeV/m^3}$$

여기에서 σ는 스테판-볼츠만 상수이다. 우주배경복사에 의한 밀도 매개변수는

$$\Omega_{\mathrm{CMB},0} \equiv \frac{\epsilon_{\mathrm{CMB},0}}{\epsilon_{c,0}} = \frac{0.260\,\mathrm{MeV/m^3}}{5,200\,\mathrm{MeV/m^3}} = 5.0 \times 10^{-5}$$

의 값을 갖는다. 현재의 임계 에너지 밀도, $\epsilon_{c,0}$와 비교하면 매우 작은 값이지만 별들이 방출하는 에너지 밀도에 비하면 매우 큰 값이다. 현재 은하로부터 방출되는 광도 밀도는 다음과 같다.

$$nL \approx 2 \times 10^8 L_\odot/\mathrm{Mpc^3} \approx 2.6 \times 10^{-33}\,\mathrm{W/m^3}$$

따라서 우주의 현재 나이를 $t_0 \approx H_0^{-1} \approx 14\,\mathrm{Gyr} \approx 4.4 \times 10^{17}\,\mathrm{s}$라 하면,

$$\begin{aligned} \epsilon_{\star,0} &\approx nLt_0 \approx (2.6 \times 10^{-33}\,\mathrm{J/s/m^3})(4.4 \times 10^{17}\,\mathrm{s}) \\ &\approx 1 \times 10^{-15}\,\mathrm{J/m^3} \approx 0.007\,\mathrm{MeV/m^3} \end{aligned}$$

이다. 이는 우주배경복사의 -3%에 해당하는 값이다. 이는 대략적인 계산 값으로서 자외선부터 근적외선까지 모든 파장의 에너지를 고려한다면 $\epsilon_{\star}/\epsilon_{\mathrm{CMB}} \approx 0.1$정도이다. 초기우주에서 우주가 진화함에 따라 별들이 생성되었을 것이기 때문에 이 값은 과거에 오늘날의 값과 비교하면 매우 작았을 것이다. 따라서 우주의 평균 에너지 밀도를 구하는 데 있어 별들이 방출하고 있는 광자를 무시하고 우주배경복사만을 고려하는 것이 크게 잘못된 방법은 아니다.

우주배경복사는 우주가 광자가 자유롭게 이동할 수 없을 만큼 뜨겁고 밀도가 높았던 시기의 빛이라는 것을 알고 있을 것이다. 좀 더 시간을 거슬러 올라가면 온도와 밀도가 더욱 높은 상태여서 중성미자조차 자유롭게 이동하지 못했던 시기를 예상할 수 있다. 이때 방출되었던 중성미자를 우주 배경 중성미자라고 한다. 이 중성미자의 에너지 밀도는 우주배경복사의 에너지 밀도와 정확하게 같지는 않지만 비교할 수 있을 만큼의 에너지 밀도를 갖는다. 엄밀한 계산에 의하면 우주 배경 중성미자의 에너지 밀도는 다음과 같은 값을 갖는다.

$$\epsilon_\nu = \frac{7}{8}\left(\frac{4}{11}\right)^{4/3} \epsilon_{\mathrm{CMB}} \approx 0.227\,\epsilon_{\mathrm{CMB}}$$

이는 중성미자의 질량이 아주 작아서 중성미자들이 상대론적($\epsilon_\nu > m_\nu c^2$)으로 운동하고 있다고 가정한 것이다. 현재 알려진 세 종류의 중성미자(ν_e, ν_μ, ν_τ)를 모두 고려하면 밀도 매개변수는 다음과 같다.

$$\Omega_\nu = 3 \times 0.227\,\epsilon_{\mathrm{CMB}} = 0.681\,\epsilon_{\mathrm{CMB}}$$

우주 배경 중성미자의 평균 에너지는

$$E_\nu \approx \frac{5 \times 10^{-4}\,\text{eV}}{a}$$

로써, 우주배경복사와 비교할 만한 값을 가지고 있다고 알려져 있다. 특정 종류의 중성미자의 운동에너지가 자신의 정지질량 에너지보다 작다면, 중성미자는 복사에서 비상대론적인 물질이 된다. 아직 우주 배경 중성미자를 실험적으로 검출한 적은 없다. 현재 검출기 기술로 검출할 수 있는 한계인 0.1 eV 보다 훨씬 작은 에너지를 가지고 있기 때문이다. 만약 각 중성미자의 질량이 $m_\nu c^2 \ll 5 \times 10^{-4}$ eV라면 복사에 의한 밀도 매개변수는

$$\Omega_{\text{r},0} = \Omega_{\text{CMB}} + \Omega_{\nu,0} = 5.0 \times 10^{-5} + 3.4 \times 10^{-5} = 8.4 \times 10^{-5}$$

의 값을 가진다. 우리는 우주배경복사가 가지는 에너지 밀도를 매우 높은 정밀도로 측정하였으며, 우주 배경 중성미자의 에너지 밀도 역시 이론적으로 계산할 수 있다. 하지만 우주상수 및 비상대론적 물질과 관련된 에너지 밀도에 대해서는 거의 알지 못한다. 하지만 관측 결과를 토대로 비상대론적 물질과 관련된 에너지 밀도가 $\Omega_{m,0} \sim 0.3$이고, 우주상수와 관련된 에너지 밀도가 $\Omega_\Lambda \sim 0.7$인 값이 현재의 우주를 가장 잘 설명한다는 것을 알고 있다. 현재의 관측 결과를 잘 설명하고 있는, 이 값을 가지는 모델을 때때로 벤치마크 모델benchmark model 이라고 부른다. 벤치마크 모델에서는 복사에너지 밀도, $\Omega_{r,0} = 8.4 \times 10^{-5}$, 비상대론적 물질 에너지 밀도, $\Omega_{m,0} \sim 0.3$ 그리고 우주상수와 관련된 에너지 밀도가 $\Omega_\Lambda \sim 0.7$ 값을 갖는다.[32]

벤치마크 모델에서는 현재 Λ와 물질 에너지 밀도의 비가 다음과 같은 값을 갖는다.

---

32 벤치마크 모델은 평평한 우주에 해당한다.

$$\frac{\epsilon_{\Lambda,0}}{\epsilon_{m,0}} = \frac{\Omega_{\Lambda,0}}{\Omega_{m,0}} \approx \frac{0.7}{0.3} \approx 2.3$$

벤치마크 모델에 의하면 현재는 우주상수가 물질보다 우위에 있다고 볼 수 있다. 하지만 과거에는 척도 인자 값이 작았을 것이므로 이 에너지 밀도의 비는

$$\frac{\epsilon_{\Lambda,0}}{\epsilon_{m,0}} = \frac{\epsilon_{\Lambda,0}}{\epsilon_{m,0}/a^3} \approx \frac{\epsilon_{\Lambda,0}}{\epsilon_{m,0}} a^3$$

이었을 것이다. 만약 과거에 우주가 매우 밀도가 높은 상태에서부터 팽창을 시작했다면 물질밀도와 우주상수의 에너지 밀도가 서로 같은 값이었던 시기가 있었을 것이다. 따라서

$$\frac{\epsilon_{\Lambda,0}}{\epsilon_{m,0}} a^3{}_{m\Lambda} = 1$$

이었을 것이다. 여기에서 $a_{m\Lambda}$는 물질과 우주상수 에너지 밀도가 같았던 시기의 척도 인자를 의미하며 다음과 같은 값을 갖는다.

$$a_{m\Lambda} = \left(\frac{\Omega_{m,0}}{\Omega_{\Lambda,0}}\right)^{1/3} \approx \left(\frac{0.3}{0.7}\right)^{1/3} \approx 0.75$$

비슷한 논의를 복사와 물질에 대해서 해보면

$$\frac{\epsilon_{m,0}}{\epsilon_{r,0}} = \frac{\Omega_{m,0}}{\Omega_{r,0}} \approx \frac{0.3}{8.4 \times 10^{-5}} \approx 3{,}600$$

의 값을 가진다. 만약 중성미자의 질량이 충분히 크지 않아서 오늘날에도 여전히 우주 배경 중성미자가 상대론적으로 운동하고 있다면 현재의 우주는 물질이 복사를 압도하고 있다고 말할 수 있다. 하지만 과거를 되돌아보면

$$\frac{\epsilon_m(a)}{\epsilon_r(a)} = \frac{\epsilon_{m,0}/a^3}{\epsilon_{r,0}/a^4} = \frac{\epsilon_{m,0}}{\epsilon_{r,0}} a$$

이므로 물질과 복사에 의한 기여가 같았던 시기의 척도 인자, $a_{r,m}$은 다음과 같은 값을 가질 것이다.

$$a_{r,m} = \frac{\epsilon_{r,0}}{\epsilon_{m,0}} \approx \frac{1}{3,600} \approx 2.8 \times 10^{-4}$$

한편 우주 배경 중성미자의 에너지가 다음과 같이 척도 인자에 의존하는 값을 가지고 있었으므로

$$E_v \approx \frac{5 \times 10^{-4}\text{eV}}{a}$$

중성미자의 질량이 $m_v c^2 \ll (3,600) \times (5 \times 10^{-4}\text{eV}) \sim 2\,\text{eV}$라면, 척도 인자 $1/3,600$에서 중성미자는 상대론적인 운동을 하고 있었을 것이다.[33]

일반적으로 말하자면 척도 인자가 $a \to 0$이라는 극한에서는 ω 값이 큰 성분이 우위에 있었다고 이야기할 수 있다. 만약 우주가 영원히 팽창을 계속한다면, 즉 $a \to \infty$, ω가 작은 값을 갖는 성분이 우위를 차지할 것이다. 만약 벤치마크 모델이 틀리지 않았다면, 관측 증거들을 통해 초기우주는 $\omega = 1/3$이었으며, 그 후 $\omega = 0$인 우주를 지나서, 우주상수가 우위에 있는 상태인 $\omega = -1$대로 접어들었다고 이야기할 수 있다.

한편, 우주가 연속적인 팽창을 지속한다면 척도 인자 a는 시간 t에 따라 지속해서 증가한다. 따라서 지속해서 팽창하는 우주에서는 a는 시간 t의 다른 표현일 것이다. 또한, 척도 인자 a와 적색편이 z 사이에는 다음과 같은 간단한 관계식이 존재하기 때문에

$$a = \frac{1}{1+z}$$

---

33 중성미자의 질량을 현재까지도 알지 못한다. 우리가 실험을 통해 알고 있는 것은 서로 다른 세 종류 중성미자의 질량 제곱의 차이만 알고 있을 뿐이다. 그런데도 중성미자 질량에 대한 상한값을 실험적으로 확인할 수는 있다.

동굴에서 별을 보다

적색편이 z를 척도 인자 a 혹은 시간 t 대신에 사용하기도 한다. 예를 들어 "$z_{r,m} \approx 3{,}600$에서 물질과 복사의 기여가 동등하다"라는 표현은 물질과 복사의 기여가 동등하던 시기에 방출된 빛의 파장은 원래의 파장보다 3,600배 길어져서 우리 눈에 관측될 것이라는 의미이다.

우주론에서 시간 t 대신에 척도 인자 a 혹은 적색편이 z를 사용하는 주요 이유는 다중성분 우주 multiple component universe 에서 a를 t로 변환하기가 쉽지 않기 때문이다. 다중성분 우주는 다음과 같은 프리드만 방정식으로 표현된다.

$$\dot{a}^2 = \frac{8\pi G}{3c^2} \sum_{\omega} \epsilon_{\omega,0} a^{-1-3\omega} - \frac{\kappa c^2}{R_0^2}$$

이 식의 오른편은 서로 다른 ω에 따라 척도 인자에 의존하는 형태가 다르다. 예를 들면 복사의 경우 $\propto a^{-2}$, 물질의 경우는 $\propto a^{-1}$, 공간 곡률은 $\propto a$, 그리고 우주상수는 $\propto a^2$이다. 이 식은 벤치마크 모델처럼 $a(t)$에 대한 간단한 형태로 구할 수 없다. 만약 이 성분 중에서 하나의 성분만을 고려한다면 팽창하는 우주에 대한 유용한 정보를 얻을 수 있을 것이다. 이제 몇 가지 특별한 경우를 통해 이 식이 우리에게 주는 정보들을 살펴보기로 하자.

공간 곡률

이제 물질도, 복사도, 우주상수도 없는 매우 단순한 우주를 상상해 보자. 이 우주를 표현하는 프리드만 방정식은 다음과 같이 표현될 것이다.

$$\dot{a}^2 = -\frac{\kappa c^2}{R_0^2}$$

이 방정식의 해 중의 하나는 $\kappa = 0$일 때이다. 즉 $\dot{a} = 0$이기 때문에 정적이고 아무것도 존재하지 않는 평평한 우주 공간을 의미한다. 이러한 공간 역시 프리드만 방정식의 해에 해당한다. 이런 우주 공간은 민코프스키 Hermann Minkowskii, 1864~1909 공간계량으로 표현되며, 특수상대성 이론의 모든 변환 관계식이 여전히 유효하다.

또 다른 가능성은 $\kappa = -1$인 경우이다. 이 경우 $\dot{a} = \pm c/R_0$이므로 텅 빈 우주는 팽창하든지 또는 수축을 하든지 해야 한다. 한편 $\kappa = +1$인 경우는 $\dot{a}$가 허수를 갖게 되므로 이 가능성은 배제한다. 팽창하는 텅 빈 우주의 경우, 위 식을 적분하게 되면 척도 인자는 다음과 같은 값을 가지게 되는데

$$a(t) = \frac{t}{t_0}$$

여기에서 $t_0 = R_0/c^2$이다. 고전역학의 관점에서 보면 중력이 작용하지 않기 때문에 두 점 사이의 상대 속도는 일정하다. 따라서 척도 인자 a가 시간에 따라 일정하게 증가하는 것을 이해할 수 있다. 우주의 팽창을 지연시키거나 감소시키는 요인이 없는 경우, $t_0 = 1/H_0$이기 때문에 우주의 나이는 허블 시간과 같다.

팽창하는 텅 빈 우주에는 관측자조차 존재할 수 없다는 모호성이 있지만, 우주의 에너지 밀도 ϵ이 임계 밀도 ϵ_c보다 매우 작은 경우를 생각하면 ($\Omega \ll 1$) 시간에 따라 일정하게 증가하는 척도 인자, $a(t) = t/t_0$가 훌륭한 근삿값이 될 수 있다.

밀도 매개변수 Ω가 무시할 수 있을 만큼 매우 작은 경우를 생각해보자. 이 경우에는 바로 위에서 이야기한 음의 곡률을 가진 텅 빈 우주 공간으로 근사가 될 것이다. 적색편이 z를 가진 멀리 떨어진 임의의 은하가 방출하는 빛을 상상해 보자. 이 빛을 관측한 시간을 $t = t_0$라고 하면 이 빛은 그보다 훨씬 전인 t_e에 그 은하에서 방출되었을 것이다. 따라서 팽창하는 텅 빈 우주에서, $a = 1/(1 + z)$이었으므로

$$1 + z = \frac{1}{a(t)} = \frac{t_0}{t_e}$$

이기 때문에 우리가 관측한 시간과 빛이 방출된 시간은 다음의 관계를 가지고 있다는 것을 알 수 있다.

$$t_e = \frac{t_0}{1+z} = \frac{H_0^{-1}}{1+z}$$

우리가 적색편이가 z인 은하를 관측하면서 "이 빛이 언제 저 은하를 출발하였을까?"라고 묻는 것은 "저 은하는 우리로부터 얼마나 멀리 떨어져 있는가?"라고 묻는 것과 같다. 프리드만-로버트슨-워커 공간계량으로 표현되는 우주를 이야기할 때, 좌표 (r, θ, ϕ)에 위치한 은하와 좌표계의 원점에 있는 관측자 사이의 고유거리는 다음과 같이 계산할 수 있다.[34]

$$d_p(t_0) = a(t_0) \int_0^r dr$$

빛이 t_e에 은하에서 방출된 후, t_0에 관측되었다면, 빛이 진행하는 경로의 길이는

$$c \int_{t_e}^{t_0} \frac{dt}{a(t)} = \int_0^r dr = d_p(t)$$

일 것이다. 이 식은 프리드만-로버트슨-워커 공간계량을 따르는 모든 공간에 대해 유효하므로 $a(t) = t/t_0$로 표현되는 척도 인자를 가진 팽창하는 텅 빈 우주의 경우, 고유거리는

$$d_p(t_0) = ct_0 \int_{t_e}^{t_0} \frac{dt}{t} = ct_0 \ln(t_0/t_e) = \frac{c}{H_0} \ln(1+z)$$

로 표현된다. 여기에서 $\ln(1+z) = z - z^2/2 + z^3/3 - z^4/4 + \cdots$이므로,

---

34 이를 구 좌표계(spherical coordinates)라고 한다.

$z \ll 1$인 경우, $d_p = cz/H_0$인 허블의 법칙에 대응되며, $z \gg 1$인 경우는 $d_p \propto \ln(z)$임을 알 수 있다. 따라서 팽창하는 텅 빈 우주에서 $d_p(t_0) \gg c/H_0$의 경우, 적색편이가 $z \propto e^{d_p}$에 의존한다는 것을 알 수 있다.

그러나 d_p가 관측자가 관측한 고유거리이지만, 빛이 방출된 시각에서 고유거리 $d_p(t_e)$는 $a(t_e)/a(t_0) = 1/(1+z)$ 만큼 줄어든다. 따라서 빛이 방출된 시각의 고유거리는

$$d_p(t_e) = \frac{c}{H_0} \frac{\ln(1+z)}{1+z}$$

가 된다. 따라서 팽창하는 텅 빈 우주에서 $d_p(t_e)$의 최댓값은 $z = e - 1 \approx 1.7$일 때이며, $d_p(t_e) = (1/e)(c/H_0) \approx 0.37(c/H_0)$이다. 즉, $z \geq 1.7$이면, 생각보다 멀리 있는 것처럼 관측되지 않는다는 것을 의미한다.

시간에 따른 에너지 밀도와 온도의 변화

우주가 빅뱅 이후 어떤 물리적인 상태에 있었는지 이해하는 열쇠는 당시 우주의 온도와 에너지 밀도이다. 이는 시간에 따라 우주의 에너지 밀도와 온도가 어떻게 변화했는지 이해할 수 있어야 한다는 의미이다. 우선 우주의 총에너지는 복사에너지와 질량의 합으로 주어진다. 따라서 우주의 에너지 밀도는 다음과 같이 나타낼 수 있다.

$$\epsilon = \epsilon_r + \epsilon_m$$

여기에서 ϵ_r은 복사에너지 밀도이고 ϵ_m은 질량 밀도이다.[35] 우선 현재 우주의

---

35 엄밀하게는 정지질량 에너지 밀도이며, 특별한 설명 없이 물질밀도라는 용어와 같이 사용될 것이다.

동굴에서 별을 보다

물질밀도는 우리 눈에 보이는 별들로부터 구해진다. 관측을 통해 우주에 존재하는 별들의 수와 공간의 크기로부터 구해진 물질밀도의 값은 다음과 같다.

$$\epsilon_m \approx \frac{M_\odot \times 10^{11}}{\mathrm{Mp}c^3} c^2 \approx 0.5\,\mathrm{GeV/m^3}$$

여기에서 $M_\odot$는 태양의 질량을 의미한다.

복사에너지의 경우 우주 배경복사 관측을 통해 현재 우주의 온도가 -2.7 K의 흑체복사에 해당한다는 사실을 알 수 있다. 따라서 앞에서 이야기한 것처럼 복사에너지 밀도를 계산할 수 있다.

$$\epsilon_r = \frac{4}{c}\sigma T^4$$

여기에 1.9 K에 해당하는 우주 배경 중성미자 cosmic neutrino background, CNB 에 의한 기여를 추가해야 한다. 아직 에너지가 너무 낮아서 관측된 적이 없는 CNB는 광자의 7/4배 만큼 존재해야 하므로 이를 더해주면 현재 우주의 복사에너지 밀도는 다음과 같다.

$$\epsilon_r \approx 0.4\,\mathrm{MeV/m^3}$$

따라서 우리는 $\epsilon_r \ll \epsilon_m$으로 부터 현재 우주의 에너지 대부분은 물질에 의한 것이라는 것을 알 수 있다.

한편 우주의 에너지 밀도는 우주가 팽창함에 따라 감소할 것이다. 복사에너지의 경우 우주가 열적 평형상태에 있기 때문에 흑체복사 법칙을 통해 구한다. 초기우주도 광자와 입자 사이의 상호작용을 통해 열적 평형상태를 유지했을 것이다. 복사에너지 밀도는 스테판-볼츠만 법칙에서 볼 수 있듯이 $\epsilon_r(t) \propto T^4$라는 것을 알 수 있다. 우주가 팽창함에 따라 광자들의 파장도 다음과 같은 관계식을 통해 반지름 a에 선형적으로 비례하여 커졌을 것이다.

$$\lambda \propto \frac{1}{kT} \propto a$$

이 결과는 아래의 식을 통해 앞에서 이미 얻었던 결과와 같다는 것을 볼 수 있다.

$$\epsilon_r(t) \propto T^4 \propto \frac{1}{a^4}$$

이 식은 우주가 팽창함에 따라 광자의 파장이 길어지고 그 결과로 우주가 점차 냉각되었다는 것을 보여주고 있다. 빛의 평균 에너지는 열적 평형상태에서 kT로 주어지기 때문에 현재 우주의 온도인 2.7 K를 이용하면 현재 우주 배경복사의 광자 에너지, E_p를 다음과 같이 구할 수 있다.

$$E_p = \frac{1}{40}\,\mathrm{eV} \times \frac{2.7\mathrm{K}}{300\mathrm{K}} = 2 \times 10^{-4}\,\mathrm{eV}$$

여기에서 $(1/40)\,\mathrm{eV}$는 상온인 300 K에 해당하는 에너지이다. 따라서 광자 온도와 복사에너지 밀도를 계산하는 데 곧바로 적용할 수 있다. 임의의 온도 T에서 복사에너지 밀도는 다음과 같이 주어진다.

$$\epsilon_r(T) \approx 0.4\,\mathrm{MeV/m^3} \times \left(\frac{T}{2.7\mathrm{K}}\right)^4$$

시간에 따른 우주 온도를 구하기 위하여 이 식을 이용할 수 있다. 근사적으로 허블 상수의 역수가 우주의 팽창시간, t_{ex}이므로

$$t_{ex} = \frac{1}{H(t)} = \left(\frac{3c^2}{8\pi G\epsilon}\right)^{1/2}$$

으로 부터 시간과 온도 사이에 대한 다음과 같은 관계식을 얻을 수 있다.

$$t_{ex} \approx \frac{4 \times 10^{20}\,\mathrm{K^2}}{T^2}\,\mathrm{s}$$

이 식을 이용하여 빅뱅 직후 시간에 따른 우주 온도를 계산할 수 있으며, 이를 근거로 당시에 어떤 물리현상들이 있을 수 있었는지 추론할 수 있다.

기본 상호작용과 기본 입자

초기 우주에 관한 연구는 단순히 우주의 구조와 진화를 연구하는 우주론이나 천문학의 지식만으로는 수행하기 어렵다. 실제로 초기우주는 복사에너지가 물질로 바뀌거나 물질이 에너지로 바뀌는 일이 빈번히 발생하며, 에너지 밀도가 매우 큰 시기였기 때문에 원자핵의 크기보다 작은 세계에 적용되는 지식을 필수적으로 필요로 한다.

물질의 기본원소와 그들 사이에 작용하는 기본 상호작용에 관한 연구의 시작은 고대 그리스 시대까지 거슬러 올라간다. 기록에 남아있지는 않더라도 그 이전부터 사람들은 자신의 주변에서 무슨 일이 일어나고 있으며 그 일들이 왜 일어나는지를 생각했을 것이다. 전자가 발견되기 전까지 과학자들은 물질을 이루는 기본원소가 원자라고 생각했다. 그들은 원자의 결합 때문에 분자가 생성되고 이 분자야말로 특정한 물질의 속성을 가지는 가장 작은 단위라고 생각했다. 하지만 물질의 기본원소로서 원자들의 종류가 너무 많았으며 멘델레프가 작성한 원소주기율표에서 원자들의 화학적 속성이 규칙적으로 반복되어야 하는지 이해할 수는 없었다.

19세기 말 음극선이 발견되고 톰슨에 의해 이 음극선이 전자로 규명된 이후 과학자들은 물질의 기본원소인 원자가 더는 쪼개질 수 없는 가장 작은 물질의 단위라는 생각을 포기했다. 1911년 러더퍼드에 의해 원자핵의 존재가 제안되었으며 1912년 보어는 러더퍼드의 원자모형에 플랑크의 양자론을 추가하여 새로운 원자모형을 발표하였다. 미시적인 세계에서 그동안 관측되어 왔던 많은 경험적 법칙들이 모두 보어의 원자모형을 바탕으로 한 슈뢰딩거 방정식의 해를 통해서 이해할 수 있으며, 원소주기율표에서 나타나는 원자의 주기적인 성질까지 모두 이해할 수 있다는 것을 보여주었다. 그 이후 1932년 러더퍼드가 지휘하는 캐번디시 연구소의 채드윅 James Chadwick, 1891~1974 이 원자핵을 구성하는 중성자를 발견하자 물질을 이루는 기본원소는 양성자, 중성자, 전자인 것처럼 보였다.

잠깐의 안도감이 과학자들 사이에 있었다. 사실 원자들의 종류가 너무 많았던 것이었다. 그 많은 원자가 단지 세 개의 입자들로 구성되어 있다는 사실은 그동안 물질의 기본원소로서의 원자의 존재를 의심해 왔던 과학자들의 우려를 한꺼번에 날려 보내는 듯했다. 문제는 같은 전하를 가진 양성자들이 전하가 없는 중성자들과 결합하여 매우 단단한 원자핵을 구성하는 원리를 알수 없다는 것이었다. 1936년 일본의 유카와 Yukawa Hideki, 1907~1981 는 양성자와 중성자, 또는 양성자와 양성자(이들은 심지어 서로 전기적인 반발력까지 가지고 있었다), 그리고 중성자와 중성자들이 π-중간자 meson 라는 입자를 교환하는 과정을 통해 서로 강하게 결합한다고 제안하였다. 이 양성자들과 중성자들을 강하게 결합하는 힘을 강한 상호작용 strong interaction 이라고한다. 제2차 세계대전이 끝난 직후, 1947년 포웰 Cecil Frank Powell, 1903~1969 등에 의해 유카와가 예언한 π(파이온이라고 읽는다)이 발견되었다. 당시에는 이 중간자 역시 물질을 이루는 기본 입자로 인정받았다. 그러나 곧바로 새로운 입자들이 차례차례 발견되기 시작했다. 이 입자들은 π처럼 전자보다는 질량이 매우 크며, 양성자나 중성자보다는 질량이 작은 값을 가지고 있었다. 말하자면 새로운 중간자들이었다. 한편으로는 양성자보다는 훨씬 큰 질량을 가진 입자들도 발견되기 시작했다. 이들은 중간자와는 다른 물리적 특성이 있었으며 오히려 양성자나 중성자와 그 물리적인 특성이 비슷하였다. 이 입자들을 중입자 baryon 라고 부른다. 원자들이 연속적으로 발견되던 때와 유사한 상황이 시작된 것이다. 물론 새롭게 발견되는 중간자나 중입자가 매우 짧은 수명을 가지고 있다가 곧바로 전자나 양성자와 같은 안정된 입자로 붕괴하기는 하지만 틀림없이 새로운 입자였다.

거의 매일같이 새롭게 발견된 모든 입자가 물질을 이루는 기본적인 원소일 수는 없었다. 과학자들은 마치 멘델레프가 작성한 원소주기율표가 원자의 구조를 이해하는 데 큰 역할을 했던 것을 기억했다. 그들은 새롭게 발견되는 입자들의 물리적인 특징을 기준으로 분류표를 작성하기 시작했다. 1960년 겔만Murray Gell-mann, 1929~ 은 입자들의 분류를 이해하는 방법을 제안했다. 그때까지 발견된 입자 중에서 질량이 무거운 중입자들은 3개의 작은 입자의 조합으로 설명할 수 있으며, 중간자들은 2개의 작은 입자 조합으로 설명할 수 있다는 가설이었다. 이때 겔만이 제안한 이 입자를 쿼크quark 라고 부른다. 겔만은 쿼크-반쿼크의 결합으로 중간자가 구성되며, 3개의 쿼크가 결합함으로써 중입자들을 구성한다고 주장하였다. 이후 겔만의 쿼크모형에 의해 그 존재가 예언된 Ω입자가 발견됨으로써 쿼크모형은 확실한 실험적 증거를 가지게 된다.

자연은 모두 4가지의 기본 상호작용을 갖는다. 뉴턴에 의해 발견된 중력(gravity), 원자핵을 구성하는 힘인 강한 상호작용, 전지와 자기 현상을 설명하며 원자와 분자를 구성하는 전자기 상호작용, 그리고 원자핵 내의 중성자를 붕괴시키는 약한 상호작용으로 구성되어 있다. 힘의 세기를 나타내는 결합 상수는 강한 상호작용의 결합 상수를 1이라고 할 때, 전자기 상호작용은 ~1/137, 약한 상호작용은 10^{-5}, 중력은 뉴턴 상수를 고려할 때 10^{-38} 정도이다. 현재 과학자들이 실험적인 증거를 토대로 이해하고 있는 자연의 기본원소로는 중간자와 중입자를 이루는 6개의 쿼크와 중성미자나 전자와 같은 가벼운 입자들인 6개의 경입자가 물질을 구성하고 있으며 상호작용을 매개하는 게이지 보존gauge boson 들을 포함한다고 생각한다. 이를 표준모형standard model 이라고 한다. 이들 기본 입자들은 모두 반입자anti-particle 들을 동반하고 있으며 해당 입자를 표현하는 방정식의 수학적인 해이다. 반입자들은 대응되는 입자와 결합하면 빛으로 소멸하는데 이는 아인슈타인의 에너자-질량 등가 법칙으로부터 이해할 수 있다. 따라서 에너지가 충분히 큰 빛은 입자 쌍을 생성시킬 수 있으며, 이 입자-반입자 쌍은 서로 결합하여 빛으로 소멸할 수 있다.

동굴에서 별을 보다

8

동굴에서 별을 보다

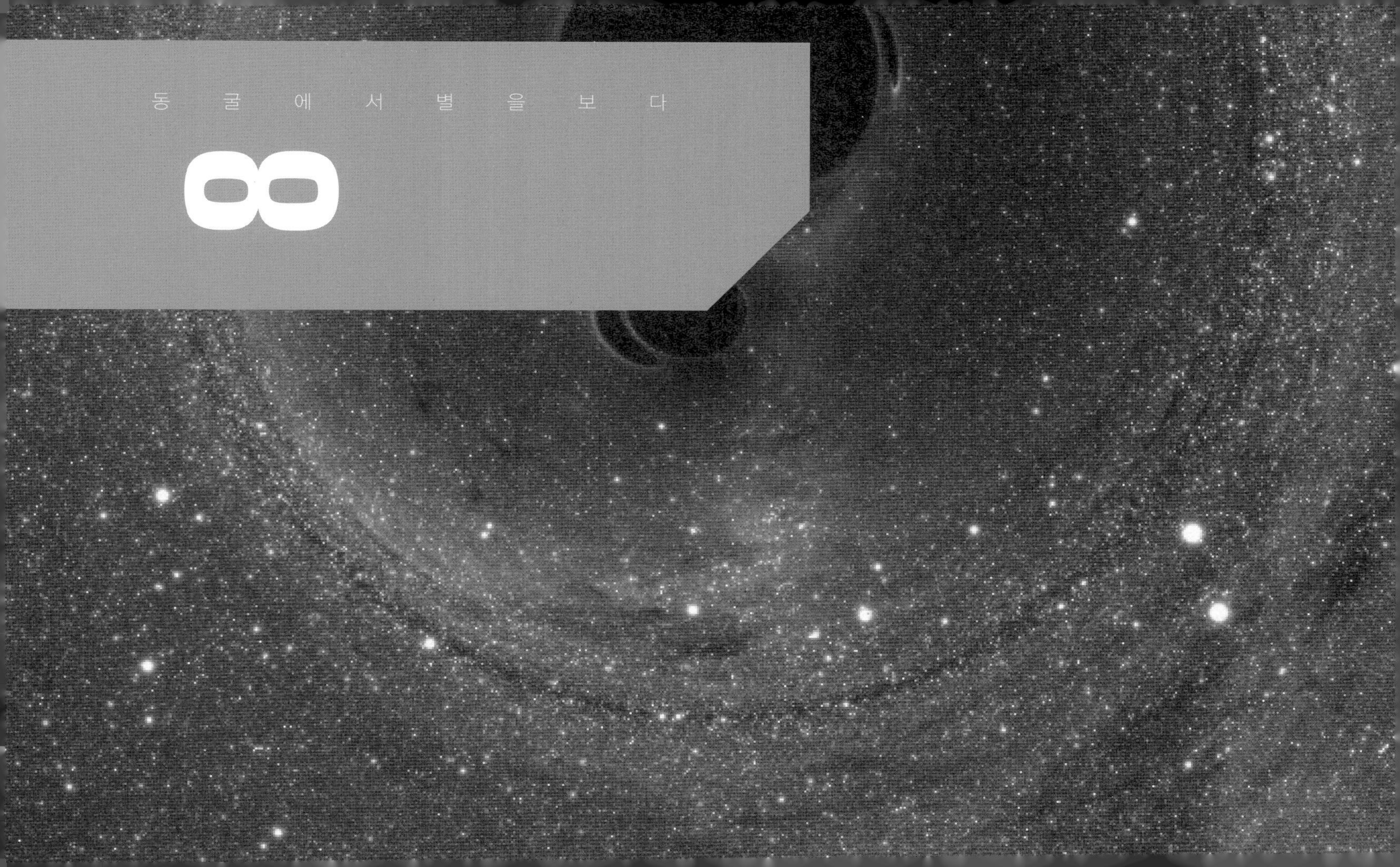

초기우주의 진화

우주 탄생 직후에 대해서는 아직 명확한 이론은 없다. 더 정확하게 말한다면 여러 후보 이론들을 실험적으로 규명할 방법이 없었다는 표현이 정확할 것이다. 마침내 2010년 유럽 원자핵 공동연구소CERN, European Organization for Nuclear Research 는 대형 강입자 충돌형 가속기Large Hadron Collider 를 이용하여 무거운 원자핵을 충돌시키는 실험을 시작했다. 최대 4 TeV(4×10^{12} eV)까지 에너지를 높일 수 있는 입자가속기를 이용하여 핵자 하나당 2.76 TeV의 에너지를 가지는 납lead 핵을 서로 반대 방향으로 운동시킨 다음 서로 정면충돌시켰다. 2010년 11월 8일 최초의 반응이 검출기에 나타났다. 이 실험은 우주의 탄생 직후에 대한 실험적 규명이 본격적으로 시작되었음을 알리는 것이다. 이는 우주의 최초에 대한 이론이 여전히 시험 중인 상태에 있으며 앞으로도 우주의 초기 상태에 대한 우리의 지식이 수정될 수 있다는 것을 의미하고 있다.

초기우주가 어떻게 진화했는지에 대해 설명하는 것은 어려운 일이다. 하지만 간단한 계산을 통해 대략적인 상황을 가늠해보는 것은 가능하다. 초기우주는 우주의 반지름과 에너지 밀도, 즉 온도가 밀접한 관계를 맺고 있다. 이 에너지는 장래에 원자를 구성하고 더 나아가 별과 은하를 구성하고 은하군과 은하단을 이루게 될 것이다. 우주가 처음 탄생했을 때는 우주의 크기가 매우 작았을 것이다. 이는 우주 탄생 직후에 현재 우주의 모든 에너지가 원자의 크기보다 작은 지역에 밀집되어 있으며 완전히 양자역학적인 규칙을 따른다는 것을 의미한다. 중력도 예외는 아니다. 초기우주에서는 특정한 사건들이 우주의 에너지 밀도에 의해 결정되기 때문에 이 에너지 밀도를 통해서 초기우주에 어떠한 일들이 발생했는지 가늠해보기로 하자.

앞에서 자연에는 기본 상호작용들이 있으며, 이들의 역할을 설명한 적이 있다. 예를 들어 중력은 인력의 형태로만 존재하며 질량을 갖는 물질들 사이에만 작용한다. 강한 상호작용은 핵력이라고도 불리며, 원자핵을 구성하는 힘이다. 전자기 상호작용은 전기력과 자기력에 관한 모든 것에 관여한다. 반면에 약한 상호작용은 매우 작은 거리에만 그 영향력을 발휘하며 불안정한 원소의 붕괴 등에 관여한다. 각각의 상호작용이 존재하기 위해서는 항상 그 대상이 존재해야만 한다. 예를 들면 중력이 존재하기 위해서는 질량을 가진 물질이 꼭 존재해야 한다. 모든 상호작용에는 상호작용의 대상이 항상 존재해야 한다. 초기우주의 크기는 에너지만 존재하고 그 반지름이 매우 작았을 것이기 때문에 기본 상호작용들은 모두 하나의 형태 속에 감춰져 있었을 것이라고 예상하는 것이 자연스럽다. 따라서 초기우주를 연구하는 데 있어 기본 상호작용의 분리가 언제 어떤 과정을 통해 분리되었으며 그에 따라 우주가 어떤 상태에 있었는지를 추론해 볼 수 있다. 중력은 질량에만 작용하며 기본 상호작용 중에서 가장 작은 결합 상수, G를 갖는다. 따라서 가장 느슨하게 결합하여 있던 중력이 가장 먼저 분리되었을 것이다. 이제 특별한 사건이 있었던 시기를 나누어서 생각해보자. 이때 가장 중요한 것이 앞에서 이야기했던 우주의 단열팽창에 따른 우주의 온도, 또는 에너지 밀도이다.

플랑크 시기

우주에는 시작이 있었다. 우주는 우리가 빅뱅이라고 부르는 사건에서 출발했으며 그 후로 팽창하고 있다. 우주의 크기 또는 반지름이 계속 커지는 것이다. 따라서 우주의 시작 직후에는 매우 작은 크기에 현재 우리 우주의 모든 것들이 농축된 상태로 있었을 것이다. 중력은 질량에만 작용하기 때문에 중력이 분리되었을 때를 간단한 계산을 통해 엿볼 수 있다.

아직 질량 또는 물질이 존재하지 않기 때문에 먼저 중력에 의한 에너지를 구한 후, 이를 복사에너지로 바꿔서 생각하면 매우 쉽게 접근할 수 있다. 먼저 질량이 m인 두 입자가 거리 r만큼 떨어져 있을 때, 중력에 의한 퍼텐셜 에너지는 Gm^2/r으로 주어진다. 이 퍼텐셜 에너지에 대한 에너지-질량 등가 법칙을 적용하면

$$G \frac{m^2}{r} = mc^2$$

으로 표현될 것이다. 이때 mc^2이 파장 λ를 가지는 복사로 변환된다면 $mc^2 = hc/\lambda$로 표현할 수 있으므로 이 복사의 파장, λ가 입자 사이의 거리 r과 같다면 다음과 같이 식을 전개할 수 있다.

$$mc^2 = \frac{hc}{\lambda} = \frac{hc}{r}$$

이 식으로부터 얻은 질량과 거리 r 사이의 관계식인 $m = h/rc$를 이용하여 에너지 표현식에 대입하면 다음과 같이 질량에 무관한 거리 r를 얻을 수 있다.

$$r = \sqrt{\frac{Gh}{c^3}}$$

만약 우주가 이 크기까지 팽창하는 시간을 t_p라고 정의하면 $t_p = r/c$이므로

$$t_p = \sqrt{\frac{Gh}{c^5}}$$

임을 알 수 있다. 이 식에 뉴턴의 중력 상수 또는 중력 결합 상수 $G = 6.7 \times 10^{-11}$ Nm^2/kg^{2}와 플랑크 상수 $h = 6.6 \times 10^{-34}$ Js를 대입하면 $t_p \approx 1.34 \times 10^{-43}$ s를 구할 수 있다. 이때까지는 아직 질량이 나타나지 않았고 우주는 오로지 에너지로만 충만되어 있을 것이다. 따라서 우주가 탄생한 후, 10^{-43}초까지는 중력까지 에너지 형태로 존재했다는 것을 의미하며, 이는 중력을 포함한 모든 상호작용이 하나의 상호작용으로 통합되어 있었음을 보여준다. 이때 얻은 t_p를 플랑크 시간 Planck time 이라고 부른다. 10^{-43}초가 지난 후, 우주 크기는 플랑크 시간에 빛의 속도를 곱하면 얻을 수 있으며, $ct_p \sim 10^{-35}$m 정도임을 알 수 있다. 이 시기의 우주의 에너지 밀도를 간단하게 계산해볼 수 있다. 파장이 10^{-35}m인 드브로이의 물질파의 에너지는

$$E = pc = \frac{hc}{\lambda} = \frac{(6.6 \times 10^{-34} \text{ Js}) \times (3.0 \times 10^8 \text{m/s})}{10^{-35}\text{m}}$$

이므로 이를 이용하여 이 시기의 우주의 평균온도를 구해볼 수 있다. 우주의 크기가 10^{-35}m이므로 우주 온도를 계산해보면

$$t_p = kpc = k\frac{h}{\lambda}c = 7.24 \times 10^{22}\text{K}\frac{(6.6 \times 10^{-34}\text{Js})}{10^{-35}\text{m}} \times 3.0 \times 10^8\text{m} \approx 10^{32}\text{K}$$

를 얻을 수 있으며 이는 10^{27} eV(10^{15} TeV)에 해당하는 막대한 에너지이다. 현재 우리는 초대형 가속기를 이용하여 겨우 10^{13} eV($\sim$10 TeV)의 에너지 밀도를 만들 수 있을 뿐이다. 그리고 이 에너지는 우주의 모든 것을 10^{-35}의 크기로 압축시켰을 때의 에너지와 같은 값이기 때문에 결코 접근할 수 없는 값이기도 하다. 이는 우리가 결코 중력까지 통합된 이론을 검증할 수 없다는 의미이기도 하다. 물론 간접적으로 이 이론을 시험할 수는 있겠지만 그것은 매

우 어려운 일이 될 것이다.

과학자들은 이 온도 이상에서는 모든 상호작용이 하나로 통합되어 있었을 것으로 생각한다. 이를 TOE theory of everything 라고 부르기도 한다. 이 시기가 지나면 중력은 나머지 상호작용으로부터 분리되어 나오게 된다.

플랑크 단위

단위란 일종의 계량을 의미한다. 우리가 알고 있는 단위는 기본 단위로서 길이, 질량, 시간으로서 이 단위들은 서로 "독립"적이다. 말하자면 시간 하나를 이용해서 질량이나 시간을 계산해 낼 수 없다는 의미이다. 그리고 이 기본 단위를 토대로 다른 단위들을 정의해왔다. 에너지는 줄(J)이라는 단위를 사용하지만 기본 단위로는 "질량 곱하기 거리의 제곱 나누기 시간의 제곱"이다. 또한, 힘의 단위는 뉴턴(N)이지만 기본 단위로는 "질량 곱하기 거리 나누기 시간의 제곱"이다. 인류는 역사적으로 문화권에 따라 다양한 단위계를 사용해왔다. 국제표준단위계는 프랑스 대혁명 이후 영국을 제외한 유럽에서 채택된 미터법이다. 반면 영국과 영국의 식민지였던 미국은 여전히 피트나 파운드 같은 단위계를 사용한다. 이는 단위에 대한 절대적인 기준이 없기 때문이다. 절대적인 기준이 없으므로 사람들이 모여 특정 기준계를 "정의"해서 써왔다. 따라서 지구상에서는 미터법이나 피트 같은 상대적인 환산표만 있으면, 단위에 대해 혼돈을 겪을 필요는 없다. 하지만 지구밖에 사는 지적 생명체가 있다면 이야기는 달라질 것이다.

플랑크는 혹시 조우할지 모르는 외계 지적 생명체들과의 단위에 대한 혼란을 없애기 위해 독특한 단위계를 제안한다. 만약 충분한 지적능력이 있다면 그들은 뉴턴의 중력 상수, 플랑크 상수 그리고 빛의 속도에 대해 자신들의 단위에 근거한 값을 가지고 있을 것이다. 따라서 이를 조합하여 길이, 질량, 시간을 정의한다면 외계 지적 생명체와의 교류에 매우 유용할 것이라고 보았다. 이를 각각 플랑크 시간, 플랑크 질량 그리고 플랑크 거리라고 한다.

강한 상호작용의 분리

빅뱅 이후, 10^{-43}초가 지나면, 중력 상수가 나머지 상호작용보다 현저히 작으므로 중력이 나머지 기본 상호작용으로부터 가장 먼저 분리되었을 것이다. 중력을 제외한 나머지 기본 상호작용들은 여전히 통합되어 있기 때문에, 중력을 제외한 나머지 상호작용이 언제까지 통합된 형태로 존재했는지 이 시기의 온도를 통해 알 수 있다. 강한 상호작용과 전기약작용이 통합되기 위해서는 다음과 같은 GUT grand unification theory 에너지 밀도가 필요하다.

$$E_{\mathrm{GUT}} = 10^{16} \text{ GeV}$$

이를 온도로 환산하면

$$T_{\mathrm{GUT}} = 10^{29} \text{ K}$$

에 해당한다. 따라서

$$t_{\mathrm{ex}} \approx \frac{4 \times 10^{20} \mathrm{K}^2}{T^2} \text{ s}$$

를 이용하여 이 온도에 도달한 시간을 구해보면

$$t_{\mathrm{GUT}} \approx \frac{4 \times 10^{20} \mathrm{K}^2}{(10^{29} \text{ K})^2} \text{ s} \approx 10^{-38} \text{ s}$$

를 얻을 수 있다. 이 시간까지는 강한 상호작용이 중력을 제외한 나머지 힘들

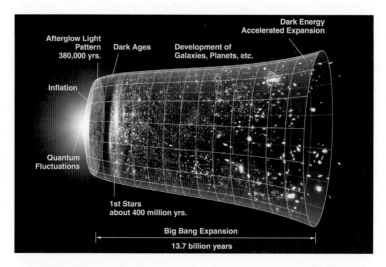

빅뱅 이후부터 현재까지 우주의 진화과정을 한눈에 보여주는 그림. 왼쪽에 우주가 급속히 팽창하는 인플레이션이 보이고, 오른쪽에 암흑 에너지에 의해 우주가 가속 팽창하는 모습을 볼 수 있다. ⓒ Ryan Cadari(NASA).

과 통합되어 있다는 것을 알 수 있다. 따라서 10^{-38}초가 지나면서 강한 상호작용과 전기약작용이 분리되었을 것이다. 이는 강한 상호작용의 영향을 받는 물질, 즉 입자들과 전기약작용의 영향을 받는 입자들이 형성되기 시작한다는 것을 의미한다. 따라서 우주는 밀도가 매우 높은 고온의 "quark-lepton soup"이라고 부르는 상태에 있다고 생각할 수 있다. 이 "스프"는 6개씩의 쿼크와 반-쿼크, 역시 6개의 렙톤과 반-렙톤들로 뒤섞여 있었을 것이며, 매우 활발한 상호작용을 하고 있었을 것이다. 하지만 대통일이론은 아직 실험적으로 도달할 수 없는 영역이기 때문에 10^{-38}초 이전의 우주는 여전히 미지의 세계라는 것을 기억해야 한다. 이때의 에너지 밀도 역시 10^{12} TeV 영역이므로 현재의 기술로 만들 수 있는 에너지 밀도는 아니다.

인플레이션

강한 상호작용이 분리되면서 비로소 쿼크와 반-쿼크 그리고 렙톤과 반-렙톤 쌍들이 발생한다. 이 시기 우주의 크기는 $ct_{GUT} \approx 10^{-30}$ m 정도로 매우 작았기 때문에, 쿼크와 렙톤의 중력에 의해 수축하면서 우주 자체가 붕괴할 수 있다. 이러한 상황을 피하기 위하여 우주가 급속한 팽창을 겪었다는 이론이 있다. 이를 인플레이션 inflation 이라고 부른다. 이론적으로는 강한 상호작용의 분리에 의한 상전이 phase transition 과정에서 나타나는 현상이다. 이론적인 측면에서 보자면, 이 상전이를 통해 아주 짧은 시간동안 물질들 사이에 강한 반발력을 만들어 낼 수 있다.

인플레이션은 빅뱅을 통한 우주의 시작을 받아들였을 때부터 과학자들을 괴롭혔던 "편평성 flatness", "지평선 horizon", "자기단극자 magnetic monopole" 문제 해결에 대한 실마리를 제공하였으며, 현재 우주의 거대 구조를 설명하는 초기우주의 미세한 복사에너지 불균일성 문제를 설명할 수 있었다. 여기에서는 자기단극자 문제를 제외하고 편평성 문제와 수평선 문제를 살펴보기로 하자. 우선 편평성 문제는 현재의 우주가 거의 편평하다는 관측에 그 근거를 둔다. 우주가 공간 곡률을 가질 때 물질의 분포에 따라 세 가지의 가능성이 있다고 앞에서 이야기한 바 있다. 그런데도 공간 곡률이 "왜 우주의 미래와 관련하여 가장 모호한 결론을 주는 편평한 공간인가?"하는 의문이 있다. 사실 이는 과학자들에게 우연으로 받아들이기 어려운 것이었다.

공간 곡률에 관한 프리드만 방정식은 우주의 공간 곡률과 밀도 매개변수 Ω가 다음과 같은 관계를 맺는다는 것을 보여준다.

$$1 - \Omega(t) = -\frac{\kappa c^2}{R_0^2 a^2(t) H^2(t)}$$

이를 현재 관측값 R_0 와 H_0 를 이용하여 표현하면

$$1 - \Omega_0 = -\frac{\kappa c^2}{R_0^2 H_0^2}$$

이며, 이 값은 Ia형 초신성과 우주 배경복사 관측으로부터 얻은 결과와 다음과 같이 잘 일치하는 값을 갖는다.

$$|1 - \Omega_0| \leq 0.2$$

이는 Ω_0가 거의 1에 가까운 값을 갖는다는 것을 의미한다. 즉, 현재의 우주는 거의 편평하다는 것을 의미하며 이를 편평성 문제라고 한다.

우주의 지평선 문제는 우주의 양 끝 물질 분포의 통계적 특성이 같다는 문제에서 출발한다. 즉 지구에서 반대편의 하늘을 관측할 때, 물질의 분포가 같다는 것이다. 지구에서 우주의 한쪽 끝까지의 거리는 빛의 속도로 이동할 때 거의 우주의 나이만큼 시간이 걸린다. 따라서 우주의 반대편끼리의 거리는 빛의 속도로 이동할 때 거의 우주 나이의 두 배가 걸린다는 의미이다. 어떻게 이런 일이 가능한 것인가? 우주의 나이라는 한정된 시간 내에 두 지점이 정보를 교환할 방법이 없음에도 불구하고 우주는 모든 방향에 대해 균일한 물질의 분포를 보여주고 있다. 말하자면 우주의 나이로는 설명할 수 없는 시간동안 서로 물질의 밀도와 공간의 구조에 대한 정보를 교환했다는 것이다. 쉽게 설명하자면 물이 채워져 있는 수조에 빨간 물감을 한방울 떨어트렸는데 순식간에 수조의 물이 빨갛게 물든 것과 같은 현상인 것이다. 이를 지평선 문제라고 한다.

인플레이션은 에너지가 쿼크와 반-쿼크로 전환되는 과정에서 냉각되기 시작하여 온도가 10^{27}K에서 10^{22}K로 냉각될 때까지 급격한 팽창을 하게 된다. 이때 우주의 크기는 10^{26}배나 커지게 된다. 이 급격한 팽창이 멈출 때 팽창에너지가 열에너지로 바뀌어서 소위 재가열 reheating 시기를 맞게 된다. 이 시기에 쿼크와 반-쿼크들은 서로 결합하면서 에너지로 전환되거나 혹은 렙톤과 반-렙톤 쌍들을 만들어 내는 과정을 거치게 되는데, 아직 남아있던 전기약작용에 의해 매우 작은 확률로 반-쿼크가 쿼크로 변환되는 과정을 거친다. 우주 초기에 쿼크와 반-쿼크는 정확하게 같은 개수를 가지고 있었는데 이 과정을 거치면서 쿼크의 개수가 많아진 것이다. 이때 과잉의 쿼크는 이후 우주를 구성하는 물질의 씨앗이 되기 때문에 이 시기를 중입자합성 baryogenesis 이라고 부른다. 중입자합성이라고 부르는 이유는 쿼크만으로 이루어진 입자가 중입자이기 때문이며, 중간자는 쿼크와 반-쿼크 조합으로 구성되기 때문이다.

인플레이션 이론은 1979년 미국의 구스 Allen Guth, 1933~ 에 의해 제기되었다. 그는 빅뱅의 개념을 발전시켜 빅뱅 속의 작은 빅뱅이라는 개념으로서 인플레이션 이론을 주장하였다. 구스는 인플레이션이 없다면 최초의 빅뱅으로 인한 공간 팽창은 필연적으로 시공간 에너지 밀도에 있어 불균일성을 만들었을 것이라고 주장하였다. 즉 빅뱅의 중심에서 멀어질수록 물질밀도는 작아질 것이다. 잔잔한 물 위에 떨어뜨린 물감 한 방울을 생각해본다면, 충분히 그럴듯한 생각이다. 우선 잔잔한 물을 넓은 그릇에 담고 한가운데 물감을 떨어뜨려 보자. 물감은 물감이 떨어진 자리를 중심으로 서서히 번지기 시작할 것이다. 시간이 지날수록 물감은 점점 퍼져나갈 것이지만, 그 밀도는 물감이 떨어진 자리를 중심으로 가장자리로 나갈수록 점점 옅어질 것이다. 시간이 지나더라도 물감의 농도를 정밀하게 측정해 본다면 물감이 떨어진 장소를 계산할 수 있을 것이다.

만약 우리가 물에서 물감의 농도를 측정했는데 놀랍게도 순식간에 퍼져나가 어디에 물감이 떨어졌는지 전혀 구분할 수 없도록 모든 곳의 물감의 농도가 똑같아졌다면 이 그릇에서는 물감이 우리들이 알고 있는 것과는 다른 방법으로 퍼져나갔다고 생각해야 할 것이다. 구스의 인플레이션 이론을 이와 같은 상황에 적용하면 다음과 같다. 물감이 물에 떨어지면서 곧바로 작은 물감 방울들로 쪼개져 나갔다. 이 쪼개진 물감 방울들은 또다시 더욱 작은 물감 방울들로 쪼개져 나갔으며, 이를 몇 차례 반복하면서 물로 떨어졌다는 생각은 훌륭한 아이디어임이 틀림없다. 이런 상황이라면 한정된 시간에서도 충분히 물감이 고르게 퍼지는 방법을 제공할 수 있다. 인플레이션 이론은 우주론자들이 오랫동안 고민해 왔던 많은 문제를 일시에 해결하는 놀라운 괴력을 발휘했다. 즉, 우주의 지평선과 편평성 문제, 그리고 우주 초기에 만들어졌을 자기단극자와 같은 특이입자 exotic particle 들이 왜 지금은 존재하지 않는지, 그리고 우주의 기하학적 구조에 이르는 많은 부분에 걸쳐 주목할 만한 성과를 제공하였다.

　만약 이 이론이 정말로 올바른 것이라면 이 인플레이션 이론은 갈릴레이와 뉴턴, 그리고 아인슈타인의 일반상대론 등과 같이 우주론에서 인류가 거둔 위대한 지적인 성취 중의 하나로 인정받을 수 있을 것이다. 오늘날 인플레이션 이론이 현대의 우주론에서 가장 지배적인 이론이라는 점에서는 의문의 여지가 없다. 이는 아직 우주의 기원에 관한 모든 의문을 해결하지 못했지만 여러 가지 문제에 있어 설득력 있는 해답을 제시하고 있기 때문이다. 오늘날 우주론이 안고 있는 문제는 이런 것들이다. 즉, 빅뱅 속의 빅뱅은 어떻게 시작되었는가? 그렇다면 과연 그토록 짧고 폭발력 있는 팽창이 우주 탄생의 초기에 일어날 수 있었는가? 그 해답은 천체물리학이나 우주론이 아닌 고에너지 물리학에서 찾아야 할 것이다. 구스는 인플레이션에 의문을 제기하는 발표회장에서 다음과 같이 이야기했다고 한다. "가능성이 없는 상황들을 모두 제거하고 났을 때 남는 상황, 설령 그것이 우리가 바로 이해할 수 없는 것이라 하더라도 그것이 바로 진실입니다."[36]

전기약작용의 분리

　전자기 상호작용과 약한 상호작용은 에너지가 $E_{EW} \approx 1 \text{ TeV}$

36　Sir Arthur Conan Doyle, 1890년에 출간된 The Sign of the Four(네 개의 서명)의 6장에 "when you have eliminated the impossible, whatever remains, however improbable, must be the truth ?"라는 대목이 있다.

일 때까지는 서로 통합된 상태로 있었을 것이다.[37] 이때 우주의 온도는 $T_{EW} \approx 10^{16}$ K에 해당하며, $m_{W^{\pm}, Z_0} \sim 100$ GeV 보다 에너지가 높은 상태이기 때문에 $W^{\pm}$와 Z_0는 자유롭게 생성될 수 있었을 것이다. $W^{\pm}$와 Z_0는 약한 상호작용을 매개하는 게이지 입자들이다. 온도가 T_{EW}까지 낮아지는데 걸린 시간, T_{EW}는 다음의 식을 통해서 구할 수 있다.

$$t_{EW} \approx \frac{4 \times 10^{20} \text{K}^2}{(10^{16}\text{K})^2} \text{ s} \approx 10^{-12}\text{s}$$

이 시기 동안, 약한 상호작용의 영향으로 반-입자들이 입자들로 전환되었을 것으로 생각하는 것이 물리학자들의 일반적인 의견이다.[38] 이 시기가 중요한 이유는 현재의 우주가 정확하게 물질과 반-물질의 양이 같지 않기 때문이다.

쿼크–글루온 플라스마와 중입자 형성

우주 온도가 핵자 nucleon 의 결합에너지 binding energy 인 ~1 GeV 보다 큰 상태에서는 쿼크와 글루온들이 자유입자처럼 행동하며 쿼크-글루온 플라스마 quark-gluon plasma 상태를 만들었을 것으로 생각된다. 이때 온도는 10^{13}K에 해당하며, 빅뱅 직후 10^{-6}초에 해당한다. 이 시기가 지나면 쿼크와 글루온들은 더는 자유입자처럼 행동하지 못하며, 무거운 쿼크들은 가벼운 쿼크들로 붕괴하게 될 것이다. 그리고 이 가벼운 쿼크들이 서로 결합하여 양성자, 중성자와 같은 무거운 중입자 baryon 들을 구성하게 되며, 후에 원자를 구성하게 될 것이다.

---

37 이때부터는 실험을 통해 이론을 검증하는 것이 가능하다.

38 이를 charge-parity(CP) violation 이라고 하며 약한 상호작용에서만 가능하다.

우주 배경 중성미자

우주 온도가 π의 질량인 ~140 MeV보다 작고 전자-양전자 쌍생성 에너지 ~1MeV보다 큰 상태에서는 다음과 같은 과정을 통해 광자, 전자, 양전자 간의 평형상태가 존재했을 것이며, 따라서 우주는 여전히 복사에너지가 주를 이루고 있었을 것이다.

$$\gamma \leftrightarrow e^+ + e^-$$

하지만 광자의 에너지가 원자핵의 결합에너지 $\gg$1 MeV 보다 여전히 크기 때문에 아직 원자핵을 구성할 수 없는 상태였을 것이다. 그리고 양성자나 중성자는 다음과 같은 과정을 통해 중성미자와 반-중성미자를 만드는 일종의 촉매 역할을 했을 것이다.

$$e^- + p \leftrightarrow \nu_e + n$$
$$e^+ + n \leftrightarrow \bar{\nu}_e + p$$

이 평형상태는 우주 온도가 중성자와 양성자의 질량 차인 ~1.3 MeV 보다 작아지면, $e^- + p \leftrightarrow \nu_e + n$이 훨씬 작은 비율로 발생하게 될 것이다. 이때 발생한 양성자-중성자 비대칭에 의해 우주에는 수소가 헬륨보다 훨씬 많이 존재하게 된다. 수소와 헬륨의 비는 빅뱅의 증거로서 자주 소개된다. 우주 온도가 ~1 MeV 이하로 냉각되면 양전자는 주변의 전자와 쌍소멸과정에 이르게 되며 양전자는 급격히 소멸하게 되며, ~0.7 MeV 이하의 온도에서는 양성자와 중성자 사이의 변환이 더는 발생하지 않는다. 따라서 $N_n/N_p \approx e^{-1.3/0.7} \approx 1/6$이라는 값을 얻게 된다. 이를 통해 수소와 헬륨의 비율을 계산할 수 있다. 수소와 헬륨은 그 수로 비교하면 10 : 1, 질량비로는 5 : 2로서 관측값과 거의 같은 값이다. 이때의 시간을 계산하면 $t_\nu \approx 1$초에 해당한다. 이 상태에서 중성미자는 더 이상 물질과 상호작용하지 못하게 되고 공간의 팽창과 함께 에너지가 점차 낮아지게 되고, 우주 전체에 우주 배경 복사처럼 공간을 가득 메우게 된다. 이를 우주 배경 중성미자라고 한다. 뒤에 설명하겠지만 중성미자는 매우 작은 질량을 가지고 있다. 따라서 에너지가 너무 작아서 관측할 수 없는 우주 배경 중성미자는 암흑물질의 한 구성원이지만 그 질량이 모든 암흑물질을 설명하지는 못한다.

우주 탄생 3분 후

우주가 생성되고 나서 3분 정도가 지나면 우주 온도는 원자핵을 깨뜨릴 수 없을 정도인 약 ~10^9 K 정도로 온도가 낮아지게 된다. 이때 온도와 물질밀도를 고려할 때, 양성자들이 중성자들과 결합하는 과정을 거치면서 헬륨과 같은 가벼운 원자핵들이 이 시기에 대량으로 만들어졌을 것으로 생각되며 이 시기의 수소와 헬륨의 밀도가 현재까지 유지되고 있다고 과학자들은 생각하고 있다. 우주에 존재하는 가벼운 원자들의 상대적인 비율을 통해 초기우주의 상태를 연구하는 것도 바로 이런 이유 때문이다. 빠른 속도로 운동하는 양성자와 중성자는 서로 결합하여 중수소 deuteron 와 같은 무거운 원자핵들을 형성하며 중수소들이 다시 양성자 또는 중성자를 흡수하여 무거운 원자핵들을 합성해 가기 시작한다. 실제로 이 과정은 별의 중심부에서 일어나는 핵융합 과정과 거의 같은 과정이다. 하지만 우주의 팽창은 계속되고 있었으므로 핵융합을 지속시킬 수 있는 시간은 한정되어 있었다. 따라서 이 시기이후로 무거운 원자들은 오로지 별의 중심부에서 일어나는 핵융합이나 초신성의 폭발을 통해서만 합성되었다. 실제로 이 시기에 형성되었을 헬륨 원자는 그동안 천문학에서 해결하지 못했던 우주에서 풍부하게 관측되는 헬륨의 문제를 쉽게 해결할 수 있게 했다. 만약 별의 내부에서만 수소 원자보다 무거운 원자의 합성이 가능하다면, 우리가 관측할 수 있는 헬륨 원자의 1/10밖에 설명할 수 없다는 사실은 천문학에서 잘 알려진 일이다. 헬륨원자핵을 만들 수 있는 중수소는 이 시기를 지나면 더는 헬륨으로 합성되지 못하므로 이 시기의 중수소 밀도는 현재까지도 그대로 유지될 수 있었을 것이다. 따라서 오늘날 우주 내의 중수소 밀도를 측정한다면 이는 우주가 만들어진 지 3분 후의 물질밀도를 추정할 수 있게 해 준다. 그리고 당시의 입자의 밀도와 현재의 밀도 사이의 관계를 이용하면 오늘날 우주의 물질의 밀도를 간접적으로 계산할 수 있게 한다. 중수소의 밀도로부터 추정한 현재 우주의 밀도는 10^{-31} g/cm³로써 우주의 밀도가 임계 밀도의 1/100 정도에 불과한 값이다. 하지만 핵반응에 관여하지 않는 입자들이 존재한다면 우리의 우주 밀도가 증가할 가능성은 여전히 있다. 이 시기 이후 우주는 현재의 별의 내부와 유사한 환경으로 지속하였을 것으로 생각된다. 이 시기에 온도와 밀도가 현재의 별의 내부와 유사하기 때문이다.

원자의 형성

우주의 팽창 때문에 온도가 $T_{atom} \approx 3,000$ K 이하로 떨어지면 광자는 더는 원자를 이온화시킬 수 없게 된다. 따라서 우주 내의 하전입자 밀도가 급격히 낮아지게 되며 광자는 훨씬 먼 거리까지 이동할 수 있게 된다. 우주 온도가 3,000 K 이하로 떨어지기까지 빅뱅 이후 10^{13}초가 걸렸다. 즉, 빅뱅 이후 약 375,000년이 지나자 우주가 투명해지기 시작한 것이다. 이때 자유롭게 풀려난 광자가 바로 우주 배경복사이다. 이때부터 원자들이 본격적으로 형성되고 이들은 중력에 의해 결합하여 천체들을 구성하게 될 것이다.

동굴에서 별을 보다

9

잃어버린 질량

우리는 은하의 질량을 논의하면서 은하의 총 질량 중 극히 일부분만이 우리 눈에 관측된다는 것에 관해 이야기했다. 우주 전체 질량은 우주의 진화를 이해하는 데 있어 매우 중요한 역할을 한다. 우주의 팽창과 물질에 의한 줄다리기의 결과가 우주의 장래를 결정하기 때문이다. 이미 1932년 천문학자 오르트는 우리 은하 내의 별들의 운동을 통하여 그들의 운동이 중력에 의한 것이라는 가정 하에 우리 은하 내의 물질의 총 질량을 계산한 바 있다. 그는 자신의 계산 결과가 우리가 망원경을 통해서 보는 물질의 질량의 두 배가 되는 것을 발견하였다. 그는 아마도 눈에 보이지 않는 무엇이 우주에 존재한다는 생각을 가지게 되었다. 이듬해 츠비키 Fritz Zwicky, 1898~1974 는 좀 더 커다란 규모에서 같은 효과를 관측하였다. 그는 은하들의 운동속도가 우리가 알고 있는 은하들의 질량을 고려할 때보다 훨씬 빠르게 운동한다는 사실을 발견하였다. 이렇듯 눈에 보이지 않는 물질을 암흑물질이라고 한다. 암흑물질은 루빈 Vera Rubin, 1928~2016 이 은하의 회전속도를 관측하기 전까지 여전히 논란의 대상이었을 뿐이다. 루빈은 우리 지구로부터 250만 광년 떨어져 있는 안드로메다은하를 관찰하였다. 안드로메다은하는 우리 은하와 같은 나선은하였으며 회전하는 은하였다. 루빈은 태양계 내의 행성들의 운동처럼 은하의 가장자리의 별들은 은하의 중심부에 있는 별들보다 느리게 운동할 것으로 생각했다. 그러나 루빈은 은하의 가장자리에 있는 별들의 운동속도가 은하의 중심부에 있는 별들의 운동속도와 거의 같다는 관측 결과에 놀랐다. 처음에 루빈은 안드로메다은하만이 특별한 경우일 것으로 생각했다. 하지만 모든 나선은하에서 같은 결과를 얻게 되었다. 1970년대까지 관측을 통해 얻은 많은 양의 자료를 분석한 결과는 나선은하 질량의 90%가 우리 눈에 보이지 않는 암흑물질로 이루어져 있다는 것이었다.

암흑물질은 우주론에서도 매우 중요한 역할을 한다. 현재 빅뱅우주론에 의하면 현재 우주는 영원히 팽창할 것인지 아니면 팽창을 멈추고 수축할 것인지를 결정할 수 없는 중력의 칼끝 gravitational knife-edge 에 있다. 우리 눈에 보이는 물질의 양만으로는 이와 같은 중력의 칼끝에 우주를 세울 수 있는 임계질량의 10% 정도만을 설명할 수 있을 뿐이다.

은하의 외곽 또는 헤일로에 있을 수 있는 빛을 내지 못하는 천체들이 우주의 질량을 보충하는 암흑물질의 후보일 수 있는데 과학자들은 이들을 MACHO massive astronomical compact halo objects 라고 부른다. 문제는 스스로 빛을 내지 못하는 이들을 어떻게 관측할 수 있느냐 하는 것이다. 1986년 프린스턴 대학의 파친스키 Bohdan Paczynski, 1940~2007 는 은하의 외곽에서 밝게 빛나는 별에 망원경의 초점을 맞추고 이 사이로 무엇이 통과하기를 기다렸다. 만약 MACHO가 이 별 근처를 지나가게 된다면 이 별의 밝기가 변화할 것이기 때문이었다. 파친스키는 이 별과 지구 사이를 MACHO가 통과한다면 MACHO의 중력에 의해 빛의 경로가 바뀔 것이기 때문에 마치 태양 빛을 모으는 렌즈와 같은 역할을 MACHO가 대신할 것이며 우리가 관측하는 별빛이 MACHO의 중력에 의한 반-일식 anti-eclipse 효과에 의해 밝아질 것이라고 예언했다. 그는 1993년 갈색왜성을 통해 이 사실을 관측할 수 있었다. 갈색왜성은 본격적인 항성으로 성장하지 못한 별이거나 혹은 흑색왜성으로 진화하기 직전의 천체이다. 갈색왜성은 목성보다는 매우 크지만 태양보다 훨씬 작은 질량을 가진 불그스름하게 빛나는 별이다. 여기에 헬륨을 포함한 가벼운 원자들로 구성된 대규모 성간물질과 블랙홀이 더해질 수 있다. 하지만 이 모두를 더한다 하더라도 전체 암흑물질의 10%만을 설명할 수 있을 뿐이다. 이들은 무거운 질량을 가지고 있기 때문에 빛의 속도에 비해 매우 느린 속도로 운동한다는 의미에서 차가운 암흑물질 cold dark matter 이라고 한다. 반면에 질량이 매우 작아서 거의 빛의 속도에 가깝게 운동하는 뜨거운 암흑물질 hot dark matter 도 있다.

뜨거운 암흑물질의 후보 중에서 과학자들의 관심을 가장 많이 끄는 것이 질량을 가진 중성미자 massive neutrino 이다. 중성미자는 우주 탄생 초기에 우주가 투명해지기 시작하면서 빛과 함께 전 우주로 퍼져나갔으며, 그 양은 매우 많은 입자이다. 다시 말해서 중성미자는 우주 전체에 충만되어 있다고 이야기할 수 있다. 따라서 질량을 가지는 중성미자는 뜨거운 암흑물질의 대표적인 후보이다. 중성미자가 아주 작은 값이라도 질량을 가지고 있다면 잃어버린 질량의 일정한 부분을 해결할 수 있을 것으로 기대하고 있다. 반면 갈색왜성이나 흑색왜성과 같은 관측할 수 없는 천체 외에도 차가운 암흑물질 후보가 있다. 이들은 질량이 매우 크고 운동에너지가 작아서 대부분 비상대론적인 속도를 가지고 있을 것으로 생각된다. 즉, 이 입자는 물질과 거의 상호작용하지 않고 중력의 영향을 가장 많이 받는 질량이 매우 큰 입자라는 가정이다. 물질과 거의 상호작용하지 않기 때문에 아직 그 존재가 알려지지 않는 미지의 입자들을 후보로 생각하는 것이다. 이 입자들을 "약하게 상호작용하는 무거운 입자 weakly interacting massive particles"라는 의미에서 WIMPs라고 부른다. 뜨거운 암흑물질이 우주의 잃어버린 질량(암흑물질)의 일부분밖에 설명할 수 없다면 나머지 잃어버린 질량은 WIMPs와 같은 차가운 암흑물질의 몫일 것이다. 일반적으로 갈색왜성이나 블랙홀 같은 천체는 간접적인 방법으로 그 존재를 확인할 수 있으므로 암흑물질에서는 제외한다.

중성미자

β 붕괴는 원자핵 붕괴의 일종으로서 원자핵 내의 중성자가 양성자로 바뀌면서 전자를 방출하고 원자번호가 증가하는 과정이다. 핵 내에 양성자는 남아있기 때문에 전자는 중성자와 양성자의 질량 차이에 해당하는 에너지를 가지고 방출될 것으로 기대했다. β 붕괴과정에서 방출되는 전자의 에너지 스펙트럼을 관측한 과학자들은 전자의 에너지가 일정한 값이 아니라는 사실에 놀랐다. α 붕괴에서 이미 관측된 α 입자의 에너지는 일정한 값을 보였기 때문이다. α 붕괴는 핵 내에서 두 개의 양성자와 두 개의 중성자가 결합하는 일종의 발열반응이며, 이때 얻은 에너지를 가지고 원자핵의 결합 장벽을 뚫고 원자핵 외부로 빠져나가는 과정이다. 이는 물리학에서 이야기하는 2체 문제two body problem이며, 에너지 보존 법칙을 통해 외부로 방출되는 α 입자가 일정한 값을 갖는다는 것을 이해할 수 있었다. 따라서 β 붕괴과정에서 방출되는 전자의 에너지 역시 α 입자의 경우처럼 일정한 에너지를 가지고 있어야 했다. 1920년대 과학자들은 β 붕괴에서 방출되는 전자의 에너지 문제를 해결하기 위해 노력했다. 어쩌면 원자 정도의 미시적인 세계에서는 에너지 보존 법칙이 적용되지 않을지도 모른다는 견해까지 등장할 정도였다. 1930년 오스트리아의 물리학자인 파울리는 만약 실험장치에 검출되지 않을 만큼 물질과 상호작용하지 않으며 전하와 질량이 없는 새로운 입자가 존재한다면 에너지 보존 법칙을 훼손시키지 않아도 된다고 제안하였다. 눈에 보이지 않는 입자가 전자의 에너지를 나누어 갖는다면, 전자의 에너지가 단일 값을 가지지 않아도 된다는 것이었다. 페르미 Enrico Fermi, 1901~1954 는 파울리가 제안한 입자를 중성미자 neutrino 라고 불렀으며, 이 중성미자를 이용하여

β 붕괴를 이론적으로 설명하였다. 문제는 이 중성미자가 물질과 거의 상호작용하지 않기 때문에 중성미자의 존재를 실험적으로 증명하는 것이 매우 어렵다는 것이다.

1950년대 라이네스 Frederick Reines, 1918~1998 와 코완 Clyde Cowan, 1919~1974 은 원자로가 중성미자를 10^{12}~10^{13}/cm²/s의 세기로 방출하는 중성미자 공장 neutrino factory 으로써의 역할에 주목하였다. 이 정도의 세기는 그때까지 구할 수 있었던 방사성동위원소가 내놓는 중성미자의 세기와 비교할 수 없을 정도로 컸다. 그들은 이 정도의 세기라면 물질과 거의 상호작용하지 않는 중성미자라도 실험장치를 통해 중성미자를 검출할 수 있다고 생각하였다. 그들은 중성미자를 검출할 방법을 고안해야 했다. 그들은 원자로에서 방출되는 중성미자가 반전자 중성미자이기 때문에 다음과 같이 양성자와 반응할 것으로 생각했다.

$$\bar{\nu}_e + p \rightarrow n + e^+$$

이때 양전자 positron 는 곧바로 주변의 전자와 상호작용함으로써 다음과 같은 전자-양전자 쌍소멸 pair annihilation 과정을 거치게 될 것이다.

$$e^- + e^+ \rightarrow \gamma + \gamma$$

이 과정에서 방출되는 γ는 0.511 MeV의 에너지를 가지고 서로 반대 방향으로 운동하게 된다. 이는 동시에 서로 반대 방향에서 두 개의 0.511 MeV를 가지는 γ를 검출할 수 있다면 중성미자의 존재를 입증할 수 있을 것 같았다. 하지만 이 신호만으로는 중성미자의 존재를 증명하는 것이 어렵다는 것을 그들은 곧바로 깨달았다. 무엇인가 확실한 증거가 필요했다. 만약 $\bar{\nu}_e$가 양성자와 반응해서 만들어 내는 중성자를 이용할 수 있다면 중성미자 존재를 높은 신뢰도로써 증명할 수 있을 것이다. 그들은 중성자를 흡수하는 물질을 찾기 시작했다. 카드뮴은 강력한 중성자 흡수재였다. ^{108}Cd가 중성자를 흡수

한다면, ^{108}Cd $+\,n \longrightarrow\,^{109}$Cd*의 과정을 통해 ^{109}Cd*로 변환될 것이고 5 μs 후에 ^{109}Cd* $\longrightarrow\,^{109}$Cd $+\,\gamma$로 붕괴하면서 γ를 방출하게 될 것이다. 따라서 0.511 MeV의 에너지를 갖는 두 개의 γ를 동시에 검출하고 5 μs 후에 또 다른 γ를 검출할 수 있다면 이 신호는 중성미자가 존재한다는 확실한 증거로 인정할 수 있을 것이다. 라이네스와 코완은 200 L의 물에 CdCl$_2$ 40 kg을 녹인 물속에 섬광 검출기scintillation detector 와 광증배관photomultiplier tube 을 설치하고 세 개의 γ 신호를 기다렸다. 1956년 그들은 마침내 원자로로부터 방출되는 $\overline{\nu}_e$가 만들어 내는 세 개의 γ 신호를 확인할 수 있었다. 파울리가 그 존재를 예언한지 무려 26년 만에 그 존재가 확인되는 순간이었다. 이들은 이 공로로 1995년 노벨물리학상을 받게 된다. 중성미자의 존재가 실험적으로 증명되면서 중성미자에 관한 연구도 활발해졌다. 1962년 레더만Leon Lederman, 1922~, 슈바르츠Melvin Schwartz, 1932~2006, 스타인버거Jack Steinberger, 1921~ 는 가속기를 이용하여 β 붕괴에서 방출되는 ν_e나 원자로에서 방출되는 $\overline{\nu}_e$와는 다른 중성미자의 존재를 보고하였다. 이들은 브룩헤이븐 국립연구소Brookhaven National Laboratory 의 15 GeV 양성자 빔beam 을 베릴륨 표적에 충돌시켜 다량의 $\pi^{\pm}$와 $K^{\pm}$ - 케이온이라고 읽는다 - 을 발생시켰다. 이 $\pi^{\pm}$과 $K^{\pm}$은 21 m 길이의 붕괴 터널을 거치면서 다음과 같이 붕괴한다.

$$\pi^{\pm} \longrightarrow \mu^{\pm} + \nu_{\mu}(\overline{\nu}_{\mu})$$
$$K^{\pm} \longrightarrow \mu^{\pm} + \nu_{\mu}(\overline{\nu}_{\mu})$$

그들은 전자와 관련되지 않는 이 새로운 종류의 중성미자를 스파크 상자spark chamber 를 이용하여 검출하였다. μ와 관련된 중성미자가 새롭게 발견된 것이다. 그들은 이 공로로 1988년 노벨물리학상을 받게 된다. 이후 2000년 페르미 국립연구소Fermi National Accelerator Laboratory 의 DONUT Direct Observation of the NU Tau 그룹에서 세 번째 중성미자인 타우 중성미자tau neutrino, ν_{τ} 를 발견함으로써 표준모형에서 제안되었던 세 종류의 중성미자가 모두 발견되었다. 이 ν_τ는 전자 또는 μ와 상호작용하지 않고 오로지 τ 입자와 상호작용하는 중성미자이다. 표준모형은 자연에 존재하는 기본 상호작용과 물질을 구성하는 기본 입자에 관한 이론으로서 이 이론에 반하는 실험적 증거를 아직 찾을 수 없을 만큼 높은 신뢰를 받고 있다. 표준모형은 1960년 전자기 상호작용과 약한 상호작용[39]을 통합하기 위해 글래쇼Sheldon Glashow, 1932~ 에 의해 최초로 제안되었으며 1967년 와인버그와 살람Abdus Salam, 1926~1996 에 의해 완성된 이론이다. 이 모형은 전자기 상호작용과 약한 상호작용은 원래 전기약작용electroweak interaction 이라는 상호작용이었으나 낮은 온도에서 서로 분리되었다고 주장한다. 이 표준모형은 19세기 말 맥스웰에 의해 전기와 자기 현상이 통합된 이후, 상호작용의 본질에 있어 가장 중요한 이론적 성취라고 이야기한다. 그리고 에너지가 매우 높은 상태에서는 전기약작용이 핵자들과 원자핵을 구성하는 강한 상호작용과 통합되는 대통일 이론grand unification theory, GUT 의 존재를 예언하고 있다.

중성미자 진동

중성미자는 특이한 성질을 가지고 있다. 물질과 상호작용을 하지 않기 때문에 중성미자를 볼 수 있는 확률은 극히 낮다. 중성미자가 극히 높은 밀도 - 태양으로부터 방출되는 ν_e의 세기는 ~6 × 10^{10}/cm²/s 정도이다 - 를 가지고 있음에도 불구하고, 우리가 대단히 특별한 검출기를 사용해야만 겨우 검출할 수 있는 이유는 중성미자가 물질과 거의 상호작용하지 않기 때문이다. 심지어 대부분의 중성미자는 지구를 그대로 통과할 수 있다. 중성미

---

[39] 약한 상호작용은 β 붕괴의 원인이 되는 상호작용으로서 그 작용범위가 매우 짧고 세기가 약하기 때문에 붙여진 이름이다.

자의 눈으로 우주를 본다면 우주는 거의 투명할 것이다. 만약 중성미자를 가시광선처럼 관측할 수 있는 도구가 있다면 우리는 지구 반대편을 통과해 오는- 땅으로부터 솟아오르는- 중성미자를 통해 지구 반대편의 하늘의 모습을 볼 수 있을 것이다. 이런 성질 때문에 파울리가 원자핵의 β 붕괴과정에서 에너지 보존 법칙을 설명하기 위해 도입한 중성미자가 예언된 지 26년이나 지난 1956년에 이르러서야 겨우 발견된 것이다. 중성미자는 세 가지 종류가 있다. 표준모형에 의하면 중성미자는 e, μ, τ 경입자lepton[40]의 동반자로 존재하고 질량이 없으며 각각 전자 중성미자, 뮤온 중성미자, 타우 중성미자로 불린다. 중성미자의 질량이 없다는 것은 중성미자의 운동속도가 빛과 같다는 것을 의미한다. 즉, 정지해있거나 빛의 속도보다 느린 속도로 운동하는 중성미자는 없다는 것과 같은 의미이다. 이는 로렌쯔 변환 때문에 중성미자가 정지해 있는 기준계를 고려할 수 없다는 것이며, 한 종류의 중성미자가 다른 중성미자로 변화할 수 있는 확률이 전혀 없다는 것을 의미하는 것이다.[41] 만약 한 종류의 중성미자가 다른 종류의 중성미자로 변화한다면, 그 확률은 중성미자의 질량과 직접적인 관계가 있다고 이야기할 수 있다. 만약 중성미자가 질량을 가지고 있다면 중성미자의 운동속도는 빛의 속도보다 느릴 것이다. 따라서 이 중성미자의 속도보다 빠르거나 중성미자가 정지해 있는 기준계를 로렌쯔 변환을 통해 고려할 수 있다. 이 기준계에서의 중성미자는 로렌쯔 변환 때문에 다른 중성미자로 변환할 수 있다. 간단한 비유를 들자면 팽이처럼 자전하며 운동하는 공을 공의 뒤쪽과 앞쪽에서 관측한다면, 공의 회전 방향을 서로 반대로 관측하게 될 것이다. 서로 다른 기준계에 있는 관측자는 서로 다른 회전 방향을 가지는 공을 다른 공이라고 생각할 것이다. 중성미자의 동반자인 e, μ, τ 경입자는 약한 상호작용을 통해 $\mu^{\pm} \rightarrow e^{\pm} + \bar{\nu}_e(\nu_e) + \nu_\mu(\bar{\nu}_\mu)$와

---

40 lepton이란 "가볍다"라는 의미가 있는 그리스어 leptos에서 비롯되었다.

41 빛의 속도로 상대운동하는 기준계는 물리적으로 허용되지 않는다.

같이 질량이 무거운 경입자에서 가벼운 경입자로 붕괴할 수 있지만, 중성미자는 질량이 없기 때문에 중성미자가 발생하는 과정이 있다면 이 과정을 통해 발생 당시의 중성미자 비율을 그대로 유지되어야 한다.

태양은 중성미자를 굉장한 비율로 방출하는 일종의 중성미자 공장이다. 우리는 태양이 핵융합 과정을 통해 열에너지를 얻고 있다는 것을 잘 이해하고 있으며 그 과정에서 중성미자가 발생하는 과정에 대해서도 잘 알고 있다. 이를 표준 태양모형standard solar model 이라 하며, 태양으로부터 방출되는 중성미자를 태양 중성미자solar neutrino 라 한다. 과학자들은 태양으로부터 방출되는 에너지를 측정하여 단위시간당 얼마만큼의 핵융합이 발생하는지 계산할 수 있기 때문에, 핵융합 과정에서 발생하는 중성미자의 수를 안다면 어렵지 않게 태양 중성미자를 지구에서 얼마만큼 검출할 수 있는지 계산할 수 있다. 표준 태양모형에 의하면 태양 중성미자는 대부분 전자 중성미자로 이루어져 있다. 과학자들은 중성미자가 질량이 없으므로 태양으로부터 방출되는 중성미자는 대부분 전자 중성미자로 검출될 것이라고 예상했다. 측정결과는 놀라웠다. 태양 중성미자의 측정결과 태양으로부터 지구로 운동하는 전자 중성미자는 기대의 1/3에 불과했다. 이 간단한 결과는 많은 숙제를 과학자들에게 남겼다. 태양 중성미자의 문제는 태양의 내부에서 발생하는 사실을 우리가 정확하게 이해하고 있지 못하거나, 아니면 표준모형이 수정되거나 폐기될지도 모른다는 것을 의미하고 있었다. 1960년대 표준모형이 발표된 이후 어떠한 실험적 불일치도 확인할 수 없었던 과학자들에게는 충격적인 사건이었다. 그만큼 표준모형이 물리학에서 차지하는 비중은 컸다.

이런 불일치는 대기 중성미자atmospheric neutrino 에서도 관측되기 시작했다. 대기 중성미자란 지구로 입사해 오는 우주선이 지구 대기권의 상층부에 충돌할 때, 많은 수의 이차입자 소나기가 발생한다. 이때 이차입자들은 대부분 π로 구성되어 있으며, 이 π은 $\pi \rightarrow \mu + \nu_\mu$의 과정을 통해 붕괴한다. 이 과정에서 ν_μ가 방출하며, 함께 발생한 μ는 약한 상호작용 때문에 $\mu \rightarrow$

동굴에서 별을 보다

$e + \nu_\mu + \nu_e$의 과정을 통해 붕괴한다. 즉, μ의 붕괴과정에서는 ν_μ와 전자 중성미자 ν_e가 동시에 방출된다. 즉, 하나의 π이 붕괴할 때마다 두 개의 ν_μ와 한 개의 ν_e가 발생하는 것이다. 따라서 지표면 가까이에서 중성미자를 관측한다면 ν_μ와 ν_e의 비율은 거의 2 : 1이 될 것이다. 과학자들은 대기 중성미자에서 ν_μ와 ν_e의 비율을 측정하는 실험들을 진행했다. 그들의 실험 결과는 ν_μ와 ν_e의 비율이 과학자들의 예상과 크게 다르다는 것을 보여주었다. 문제는 계속되었다. 중성미자가 물질과 거의 상호작용하지 않기 때문에 실험값에 피할 수 없는 오차가 포함되어 있다는 것이다.

이 오차를 최소화할 방법으로써, 입자가속기에서 생성된 중성미자를 이용하는 것이 매우 현명한 선택이 될 것이다. 가속기에서 생성된 중성미자는 몇 가지 점에서 유리한 점이 있다. 가속기에서 중성미자를 만드는 방법 역시 대기 중성미자가 생성되는 과정과 비슷하지만, 우리가 몇 개의 중성미자를 만들어 냈는지 정확하게 계산할 수 있다는 것이다. 이것이 왜 중요한 것인지 다음과 같은 예를 들어보자. 중성미자가 검출장치에 걸릴 확률이 1억분의 1이라고 하자. 사실 이 정도의 확률도 지나치게 높게 가정한 것이다. 만약 우리가 검출장치에서 2개의 중성미자를 검출했다면 2억 개의 중성미자가 검출기를 통과했다고 생각할 수 있을까? 실제로는 정확하게 몇 개의 중성미자가 검출기를 통과했는지 아는 방법은 없다. 이는 주사위를 던져서 1의 눈이 나오는 상황이 두 번 있었을 때 주사위를 12번 던져서 얻은 결과라고 생각하는 것과 마찬가지로 위험한 생각인 것이다. 하지만 1의 눈이 나오는 횟수가 점차 증가한다면 우리는 주사위를 던졌던 횟수를 오차를 줄여가면서 구할 수 있을 것이다. 이와 마찬가지로 중성미자 실험에서 관측되는 중성미자의 수가 증가하면 실제 검출기를 통과한 중성미자의 수와 관련된 오차범위는 점점 감소할 것이다. 문제는 충분한 양의 중성미자를 검출할 수 없을 만큼 중성미자가 물질과 상호작용하지 않는다는 것이다. 따라서 몇 개의 중성미자가 검출장치를 지나갈 수 있는지를 미리 알 수 있다는 것은 매우 중요한 일이다. 이 숫자는 이후의 실험과정 전반에 걸쳐 최종 실험값의 오차에 직접적인 영향을 미치게 될 것이다. 그래서 과학자들은 복잡한 계산과정을 통해 신뢰할 수 있는 오차 범위를 구한다. 또 가속기를 통해 발생하는 중성미자는 그 에너지 영역이 비교적 정확하게 결정된다는 것이다. 중성미자의 에너지 역시 최종 실험값의 정밀도에 직접적인 영향을 미치는 요인이다.

중성미자가 아주 작은 값이나마 질량을 가지게 된다면 중성미자의 종류는 바뀌게 된다. 중성미자의 종류가 바뀌는 확률은 중성미자의 이동 거리 L과 에너지 E_ν 그리고 변환하는 두 중성미자의 각각의 질량 제곱 차, $\Delta m^2 = m_\nu^2 - m_{\nu'}^2$에 의존한다. 이 현상을 중성미자 진동neutrino oscillation 이라고 한다. 다른 중성미자로 바뀌는 확률은 다음과 같은 식을 통해 구할 수 있다.

$$P(\nu_\mu \rightarrow \nu_x) = \sin^2 2\theta \sin^2\left(\frac{1.27\Delta m^2 L[\text{km}]}{E_\nu[\text{GeV}]}\right)$$

따라서 에너지가 알려진 중성미자가 일정한 이동 거리를 비행한 후에 다른 중성미자로 얼마나 바뀌는지 측정할 수 있다면 진동하는 두 중성미자의 질량 제곱의 차이를 확인할 수 있다. 이 확률을 정확하게 측정하기 위해서 중성미자의 에너지와 비행 거리, 그리고 중성미자의 수를 매우 높은 정밀도로 측정할 수 있어야 한다.

잃어버린 질량을 찾아서

일본에는 기후岐阜 현의 가미오까神岡 광산에 설치되어 있는 슈퍼 카미오칸데Super Kamiokande 중성미자 검출장치가 있었다. 이 검출장치는 산의 정상으로부터 1,000 m 아래에 있는 터널 내에 높이 약 41.4 m, 지름 39.3 m의 수조를 설치한 후, 물 50,000 t을 채운 체렌코프Cerenkov 검출기이다. 중성미자가 물질과 거의 상호작용을 하지 않기 때문에 이처럼 많은 양의 물을 저장해야만 했다. 이 검출기에는 약 12,000여 개의 광증배관이 설치되어 중성미자가 양성자와 반응하면서 만들어 내는 전자와 뮤온이 방출하는 체렌코프 복사를 검출함으로써 전자 중성미자와 뮤온 중성미자를 구분할 수 있다. 물속에서는 빛의 속도가 진공 중에서의 빛의 속도보다 훨씬 느리다. 따라서 물속에서 빛의 속도보다 빠르게 운동하는 전하를 띤 입자들은 일종의 충격파의 형태로서 빛을 방출하게 되는데 이 빛을 체렌코프 복사라고 한다. 이 빛은 매우 미약하므로 광증배관을 통해서 검출해야 한다. 슈퍼 카미오칸데 검출기는 세계에서 가장 큰 규모를 가진 중성미자 검출기이며, 높은 정밀도를 가지고 전자 중성미자와 뮤온 중성미자를 구분할 수 있는 검출기이다. 1998년 슈퍼 카미오칸데 그룹은 지구를 통과하는 중성미자의 진동 현상을 발견했음을 공식적으로 발표하였다. 이들이 확인한 중성미자 진동 현상은 우주선에 의해 생성된 뮤온 중성미자가 타우 중성미자로 바뀌는 현상을 확인하는 것이다. 이들은 지구를 통과하는 뮤온 중성미자의 방향에 따라 뮤온 중성미자의 개수가 변화하는 것을 발견하였다. 서로 다른 방향을 갖는 뮤온 중성미자는 지구를 통과하는 길이가 다르기 때문에, 이는 지구를 통과하는 비행 거리에 따라 중성미자의 종류가 변화한다는 것을 의미했다. 드디어 대기 중성미자의 수수께끼가 풀렸다. 중성미자가 질량을 가지고 있었던 것이다.

한국, 일본, 미국의 과학자들은 일본의 쓰꾸바築波에 위치한 고에너지 가속기 연구기구KEK 의 12 GeV 양성자 가속기proton synchrotron 를 이용하여 중성미자를 발생시킨 후 KEK 연구소에 설치한 중성미자 검출기와 KEK 에서 250 km 떨어진 슈퍼 카미오칸데에서 각각 검출할 수 있다면 중성미자의 질량 유무에 대해 확실한 답을 얻을 수 있다고 생각했다. 이 실험은 KEK에서 슈퍼 카미오칸데까지 중성미자를 보낸다는 의미에서 K2K KEK to Kamiokande 라는 이름으로 불렸다. 양성자 가속기에서 12 GeV까지 가속된 양성자를 알루미늄 표적에 충돌시킨 후 발생하는 대량의 π을 길이 200 m의 붕괴 터널을 통과시키면 뮤온 중성미자와 뮤온이 발생한다. 발생한 뮤온을 차폐시킨 후 뮤온 중성미자를 KEK 연구소 내에 설치된 검출기에서 중성미자의 에너지와 세기를 정밀하게 측정한다. 이 중성미자는 지구의 내부를 통과하여 250 km 떨어진 슈퍼 카미오칸데의 체렌코프 검출기에 도달하게 된다. 슈퍼 카미오칸데는 전자 중성미자와 뮤온 중성미자 반응을 구분할 수 있는 검출기이기 때문에 $\nu_\mu \rightarrow \nu_e$ 진동과 $\nu_\mu \rightarrow \nu_\tau$ 진동 현상을 연구할 수 있다. 1997년 여름에 슈퍼 카미오칸데에서 중성미자 진동 현상을 확인했다는 소문이 물리학자들 사이에 돌았다. 1997년은 K2K 그룹이 한참 검출기를 설치하고 있을 때였다. 그런데도 K2K 그룹은 예정대로 1998년 겨울 KEK 내에 검출기 설치를 마쳤으며 1999년부터 실험을 시작하였다. 그러던 중에 2001년 캐나다 온타리오주 서드베리의 크라이튼Creighton 광산에 있는 중성미자 검출기를 이용하여 중성미자의 진동 현상을 연구하던 SNO Sudbury Neutrino Observatory 그룹이 태양 중성미자의 진동 현상을 공식적으로 발표하였다. 이제 태양 중성미자의 수수께끼도 해결되었다. K2K 그룹은 가속기에서 발생한 뮤온 중성미자, ν_μ가 전자 중성미자, ν_e 또는 타우 중성미자, ν_τ로 변환하는 것을 정밀하게 측정하려는 것을 목표로 하고 있었기 때문에, 여전히 물리학자들 관심의 대상이 되었다. 만약 K2K 그룹이 중성미자의 진동 현상을 확인한다면 중성미자 진동 현상이 특정한 중성미자의 종류에만 의존하는 것이 아니라 일반적인 중성미자의 성질이라는 것을 의미하는 것이었다. K2K 그룹은 2003년에 공식적인 실험 결과를 발표했다. 그들의 발표에 의하면 KEK에서 슈퍼 카미오칸데로 보낸 중성미자들의 종류가 바뀌었다는 증거를 얻었다는 것이다. 이는 중성미자가 질량을 갖는다는 증거를 가속기에서 인공적으로 발생시킨 중성미자를 이용하여 최초로 확인했다는 것을 의미한다. 이로써 뜨거운 암흑물질의 후보로서 질량을 가진 중성미자는 실험적으로 확인되었다고 볼 수 있다. 이는 우주의 잃어버린 질량 중의 일부를 찾는 매우 중요한 노력 중의 하나였다.

동굴에서 별을 보다

이후 많은 실험그룹이 중성미자의 진동 현상에 대해 연구를 시작했다. 원자로nuclear reactor는 전자 중성미자를 발생시키는 중성미자 공장과도 같다. 따라서 원자로에서 발생하는 전자 중성미자의 진동 현상을 관측할 수 있다면 중성미자의 질량에 대한 많은 정보를 얻을 수 있다. 중성미자 진동연구에 경험을 쌓아왔던 한국의 연구진들은 국내에서 중성미자의 속성을 이해하는 실험을 진행하는 연구 과제를 시작하기로 하였다. 이때가 2004년이었다. 한국의 연구진들은 영광에 있는 세계 최대출력의 한빛원전을 이용하여 당시까지 물리학자들을 괴롭히던 θ_{13}이라고 불리던 중성미자의 마지막 섞임각을 측정하려는 계획을 세웠다. 이 섞임각은 전자 중성미자가 다른 중성미자로 바뀌는 확률에 아주 민감하게 작용한다. 1999년 프랑스에서 실험을 수행하던 CHOOZ와 2000년에 일본 카미오카 광산에서 서로 독립적으로 실험을 수행한 KamLAND 그룹은 두 실험의 결과를 종합하여 $\sin^2\theta_{13} = 0.009^{+0.013}_{-0.007}$이라는 값을 발표하였다. 이 값은 기대보다 매우 작은 값이었으며 심지어 "0"일 가능성도 배제하지 않았다. 하지만 이들의 발표에 회의적인 시각이 존재했다. 왜냐하면, 다른 간접적인 증거들은 이 마지막 섞임각이 "0"이 아니며 어쩌면 예상보다 큰 값을 가질 수 있다는 것을 보여주고 있었기 때문이었다. 따라서 물리학자들은 더욱 높은 감도를 가지는 실험의 등장을 기다리고 있었다. 이러한 분위기 속에서 세계 각국은 공동연구 그룹을 결성하여 이 마지막 섞임각을 정밀하게 측정하려는 실험을 시작하려 하고 있었다. 프랑스에서는 기존의 CHOOZ 검출기를 확장하여 또 하나의 같은 검출기를 건설하고자 하는 Double CHOOZ라는 실험을 진행하려고 하였다. 기존의 실험들이 모두 하나의 중성미자 검출기를 이용하였기 때문에 같은 성능을 갖는 검출기를 추가하여 실험의 감도를 높이고자 한 것이다. 한편 중국에서는 홍콩에서 북동쪽으로 52 km, 광동성 심천으로부터 동쪽으로 45 km 떨어진 대아만大亞灣, 중국어로 Daya-man에 총 8개의 중성미자 검출기를 건설하고 이 지역에 있는 세 개의 원전으로부터 방출되는 중성미자를 이용하여 θ_{13}을 측정하려는

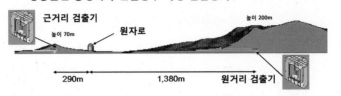

영광원전 중성미자 변환상수 측정 실험장치

근거리 검출기
높이 70m
원자로
높이 200m
290m
1,380m
원거리 검출기

영광 한빛원전에 설치된 RENO(Reactor Experiment for Neutrino Oscillation) 실험의 개략도. 원자로를 중심으로 290m와 1,380m 떨어진 곳에 똑같은 검출기를 설치하여, 거리 차에 따른 중성미자 변환을 측정하는 실험이다.

Daya Bay라는 실험을 계획하고 있었다.

한국은 이미 출발에서부터 늦어 있었으며, 이때는 정부나 대중들의 거대과학에 대한 인식도 높지 않았던 시기였다. 따라서 실험 초기에는 많은 어려움이 뒤따랐다. 백억여 원에 달하는 검출기 설치비용과 터널 건설비용을 마련하는 것도 어려운 문제였지만 검출기를 설치할 수 있는 사회적 여건도 문제였다. 원자력발전소 주변에 터널을 건설한다는 것은 여러 가지로 오해를 살수 있는 것이었다. 예를 들면 지금도 민감한 고준위 핵폐기물 저장소와 같은 문제들 때문이었다. 또한, 원자력발전소의 직접적인 도움이 필요한 일이었지만 원전 측이 괜한 오해를 살 수 있는 일에 적극적으로 나설 수는 없었을 것이다. 유럽연합과 일본이 참여하고 있는 Double CHOOZ와 중국과 미국이주도적으로 참여하고 있던 Daya Bay 실험은 이미 터널 굴착이 시작되고 있었으며 연구진의 규모도 각각 150여 명과 600여 명으로 구성되어 있어서 교수와 연구원 그리고 학생들을 합쳐도 30명이 되지 않는 우리와는 비교할 수없을 만큼 컸다. 우리나라에서 우리만의 힘과 기술로 중성미자 실험을 진행하려는 일이 당시에는 전혀 가능한 일처럼 보이지 않았다.

우선 정부를 설득하는 것에 힘을 집중하기로 하였다. 이미 우리나라에 출력이 높은 원자력발전소가 있으며, 한국의 연구진이 해외의 대형 중성미자실험에서 크게 이바지하였으며, 실험에 관한 충분한 사전 연구를 진행해왔다는 점을 강조하였다. 마침내 과학기술부는 이 실험을 지원하기로 하였다. 마침내 첫발을 디디게 된 것이다. 물론 조건이 있었다. 지역사회의 오해를 불식시켜야 한다는 것이었다. 오해를 해소하는 가장 좋은 방법은 모든 과정을 투명하게 공개하는 것이 제일 좋은 방법이다. 연구진은 지역사회에서 수차례의 공청회를 개최하였으며, 우려 섞인 많은 질문에 성실히 대답하였다. 이러한 노력 끝에 지역사회는 협조를 약속하였다. 원자력발전소에서도 이제 적극적으로 도울 준비를 하고 있었다. 이제 남은 일은 정부와 약속한 시간 내에 터널을 건설하고 검출기를 설치하는 것만 남았다. RENO reactor experiment for neutrino oscillation 라는 이름을 갖는 이 실험은 영광의 한빛 원자력발전소 근처에 두 개의 같은 형태와 성능을 갖는 검출기를 원자로와 각각 다른 거리에 설치하고, 이 검출기들을 이용하여 전자 중성미자의 반응 수와 에너지를 정밀하게 측정하는 것이다. 이를 통해 서로 다른 거리를 비행하는 동안 전자 중성미자가 또 다른 중성미자로 바뀌는 정도를 정밀하게 측정할 수 있다. 전자 중성미자가 또 다른 중성미자로 바뀌는 정도는 θ_{13}에 의존하기 때문에 마지막 섞임각을 그때까지 기대할 수 없었던 정밀도로 측정할 수 있는 실험이었다.

고에너지 물리 실험 분야에서는, 교수와 학생의 구분 없이 검출기 제작 작업을 진행한다. 연구진은 공평하게 시간을 나누어 자신들이 할당된 시간 동안 성실하게 검출시설의 건설과 설치에 헌신하였다. 마침내 2011년 8월 처음으로 데이터를 받게 되었다. 원전 내부에 설치된 검출기와 원전 밖에 설치된 검출기가 오류 없이 동작하였다. 경쟁 중이던 Double CHOOZ와 Daya Bay는 아직 검출기를 완공하지 못한 상태였다. 이제 검출기를 교정하고 데이터를 보정하기 위한 작업만이 남아 있었다. 이 작업이 한창이던 2011년 말 Daya Bay 실험의 관계자가 RENO 실험시설을 방문하였다. 작업속도를 살펴보고 연구 방향에 대한 논의를 하기 위해서였다. 그는 귀국 후, 작업일정을 바꿔 계획된 검출기의 수보다 작은 그때까지 완성된 검출기만을 동작시켜서 데이터를 받기 시작하였다. 2012년 초, 한국그룹은 그동안 받았던 데이터를 이용하여 처음으로 θ_{13} 값이 기존에 생각했던 것보다 매우 크다는 사실을 알게 되었다. 그리고 이를 여러 차례 확인하는 검증작업을 통해 그 결과에 대해 확신하게 되었다. 이제 학계에 보고하는 일만 남았다. 그리고 학계에 보고하기 일주일 전에 놀라운 소식을 듣게 된다. Daya Bay 그룹이 우리와 거의 같은 실험 결과를 얻었으며, 이미 학계에 보고할 준비를 마쳤다는 것이었다. 과학에서 새로운 발견이나 측정의 영예는 최초의 그룹이나 인물에게만 허용되는 명예이다. 말하자면 우리는 일주일이라는 차이로 세계 최초라는 명예를 잃게 된 것이었다. 연구인력과 연구비의 규모에서 턱없이 모자랐지만, 연구원들의 치열한 노력 끝에 얻어낸 결과였다. 하지만 시간은 우리 편이 아니었다.

과학에서 최초라는 영예를 놓치는 일은 생각보다 흔하다. 하지만 물리학과 같은 자연과학의 목적이 자연의 복잡한 현상 속에 있던 규칙과 법칙을 발견하는 것을 통해 지식의 발전을 이루려는 노력이라면 한국그룹은 그 목적에 걸맞은 방법으로 연구를 수행한 것이다. 이것이 우리가 가장 자랑스럽게 생각하는 성과이다.

암흑물질과 우주의 거대 구조

암흑물질은 질량을 가진 중성미자와 같은 뜨거운 암흑물질과 WIMPs와 같은 차가운 암흑물질로 구분할 수 있다. 이들의 차이는 기본적으로 이들의 운동속도가 그 기준이 된다. 뜨거운 암흑물질은 그 운동속도가 매우 빠르며 차가운 암흑물질은 매우 느리다. 과학자들은 이를 일반적으로 "상대론적 운동"과 "비상대론적 운동"으로 구분한다. 이들은 기본적으로 초기우주에서 우주의 거대 구조를 만드는 데 있어 서로 다른 효과를 남기게 된다. 뜨거운 암흑물질은 자신의 빠른 운동을 통해 우주의 밀도를 균일하게 만드는

데 이바지하게 된다. 따라서 뜨거운 암흑물질은 우주의 소규모 구조보다는 대규모 구조에 보다 많은 영향을 미치게 된다. 반면에 차가운 암흑물질은 같은 시간 내에 움직이는 거리가 짧기 때문에 우주 거대 구조의 형성에는 영향을 미치지 못할 것이며 국소적인 범위의 공간에서 중력의 영향을 통해 물질들을 가뒀을 것이다. 따라서 우주의 소규모 구조를 형성하는 데 있어 많은 영향을 끼쳤을 것으로 생각된다.

암흑 에너지

과학자들은 그동안 높은 수준의 정밀도를 가진 관측을 통해 우주가 어떤 속도로 팽창하는지 연구해 왔다. 우주의 팽창 속도는 잘 알다시피 해당 천체까지의 거리 측정과 적색편이를 통해 일반적으로 측정한다. 만약 특정한 밝기를 가진 표준 광원이 있다면 해당 천체까지 거리에 대한 정밀도는 매우 높아지게 될 것이다.

먼 거리에 있는, 즉 우주의 매우 이른 시기에 탄생한 외부 은하들까지의 거리 측정에서 표준 광원의 역할은 매우 중요하다. 적색편이 값은 관측을 통해 이미 알고 있으므로 해당 표준 광원이 얼마만큼 어둡게 또는 밝게 관측되는지를 통해 거리 측정에 대해 독립적인 시험을 해볼 수 있을 것이다. 그러나 너무 멀리 떨어져 있는 은하들은 매우 어둡기 때문에, 아주 특별한 표준 광원이 필요하다. 만약 표준 광원이 자신이 속해있는 은하만큼 밝다면 더할 나위 없이 이상적인 표준 광원의 역할을 할 수 있을 것이다.

이미 표준 광원을 설명한 적이 있다. 표준 광원 중의 하나인 Ia형 초신성이 어떻게 만들어지는지 우리는 잘 이해하고 있으며, 그 밝기 역시 매우 밝기 때문에 먼 거리 은하 관측에서 거리 측정에 대해 표준 광원과 적색편이라는 서로 다른 거리 측정방법의 유용성을 쉽게 확인해볼 수 있을 것이다.

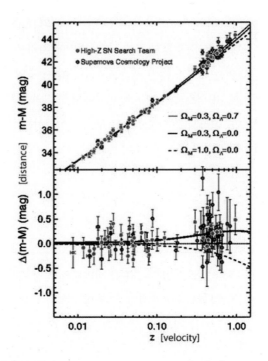

우주의 가속팽창을 확인한 "The High-Z Supernova Search Team"과 "Supernova Cosmology Project"가 발표한 관측 결과. 수평축은 거리를 의미하는 적색편이 양이며, 수직축은 거리를 나타내는 겉보기 광도(m)와 절대 광도(M)의 차이이다. 이 값이 클수록 더 멀리 있는 천체이다. 아래쪽은 관측 결과가 일반적인 허블의 법칙으로부터 얼마나 벗어나 있는지 나타내는 도표이다. ⓒ The High-Z Supernova Search Team

　1998년 먼 거리에 있는 은하들에 대한 조심스러운 연구결과가 발표되었다. 국제공동연구 그룹인 "The High-Z Supernova Search Team"은 Ia형 초신성 관측을 통해 우주의 나이가 지금의 절반쯤 되었을 때부터, 우주의 팽창 속도가 점점 빨라졌다는 사실을 발표하였다. 이 연구결과는 공동연구 그룹의 지도자들인 펄뮤터Saul Perlmutter, 1959~, 슈미트Brian Paul Schmitt, 1969~, 그리고 리스Adam Guy Riess, 1969~ 에게 2011년 노벨상을 안겨주었다. 이들의 관측 결과는 적색편이로 계산된 거리에서 예상되는 Ia형 초신성의 밝기가 어둡게 관측된다는 것이었다. 이는 우주가 일정한 속도로 팽창한다는 허블의 법

　　　　　　　　　　　　　　　　　　　동굴에서 별을 보다

칙이 가까운 거리에 있는 천체들에는 잘 적용되지만 먼 거리에 있는 천체들에는 적용되지 않는다는 것을 뜻하며, 허블의 법칙에서 예상되는 거리보다 훨씬 먼 거리에 위치한다는 것을 의미한다. 이를 우주의 가속팽창이라고 부른다. 물론 과학자들은 이러한 관측의 결과가 해당 은하 내에 있는 먼지 및 성간가스에 의해 흡수되었을 가능성을 자세히 검토하였으며, 특별히 먼 거리에 있는 Ia형 초신성들이 가까이 있는 초신성보다 어두울 가능성도 아울러 조사하였었다.

사실 과학자들은 우주의 가속팽창 이유를 아직 명확하게 이해하지 못한다. 따라서 다시 한번 자연에 대한 우리의 무지를 의미하는 암흑이라는 단어를 사용하여 우주의 가속팽창을 가능하게 하는 에너지를 암흑 에너지라고 한다. 우주의 가속팽창 정도를 통해 얼마만큼의 에너지가 필요한지 계산할 수 있다. 이미 앞에서 암흑물질에 관한 이야기를 한 바 있다. 표준 우주모형을 가정한다면, 우리 우주가 약 4.9%의 눈에 보이는 물질과 26.8%의 암흑물질, 그리고 암흑 에너지가 나머지를 구성한 것으로 보인다. 사실 암흑 에너지를 처음으로 이야기한 사람은 아인슈타인이다. 아인슈타인의 중력방정식에 포함된 Λ항은 우주를 정적인 상태로 있게 하려고 아인슈타인이 임의로 추가한 항이었다. 중력에 의한 우주의 수축을 방지하기 위하여 중력수축을 방지하는 바깥으로 향하는 힘을 임의로 추가한 것이었다. 허블에 의해 우주의 팽창이 발견되자 아인슈타인은 자신이 추가한 이 Λ항을 자신의 인생에서 최대의 실수였다고 후회했었다. 그러나 암흑 에너지에 의한 우주의 가속팽창이 발견되자 과학자들은 아인슈타인의 최대의 실수는 아인슈타인의 후회였다고 이야기하곤 한다. 과학자들은 암흑 에너지의 여러 후보를 연구하고 있다. 사실 척력으로 작용하는 암흑 에너지는 소위 카시미르 효과Casimir effect 라고 부르는 것과 매우 유사하다. 카시미르 효과란 진공의 최소에너지가 0이 아니므로 불확정성 원리가 허용하는 시간 동안 진공은 가상 입자 쌍을 만들어 낼 수 있다는 것이다. 이 가상 입자들은 운동에너지를 가지고 있으므로 임의의 두 물체 사이에 인력 또는 척력을 만들어 낼 수 있다. 따라서 일부 과학자들은 암흑 에너지를 진공 에너지라고 부르기도 한다. 하지만 엄밀한 의미에서 이와 같은 표현은 올바른 것이 아니다. 왜냐하면, 이 카시미르 효과에 의한 우주의 가속팽창은 수많은 가능성 중의 하나이기 때문이다. 진공 에너지를 암흑 에너지로 보기 어려운 가장 큰 문제는 이 진공 에너지를 고려했을 때, 얻을 수 있는 아인슈타인의 우주항 Λ값이 너무 크다는 것이다. 관측 결과를 설명할 수 있는 값과 비교하면 무려 $10^{57} \sim 10^{100}$배나 큰 값을 준다. 이러한 엄청난 불일치를 피할 수 있는 유일한 방법은 크기가 거의 같고 부호가 반대인 또 다른 진공 에너지 효과를 고려해야 한다. 초대칭 이론이 이 정도의 큰 값을 줄 수 있지만, 아직 초대칭 입자를 발견하지는 못했다. 그리고 자연이 초대칭성을 지니고 있었다 하더라도 현재의 우주는 이 대칭이 깨져있는 상태이기 때문에 이 큰 값을 상쇄시킬 방법이 사실상 없는 셈이다.

곰곰이 생각해보면 우주가 이러한 가속팽창을 겪었던 시기가 있었다. 바로 인플레이션 시기였다. 따라서 이 인플레이션 시기에 있었던 상황과 유사한 이론을 만들어 낼 가능성이 여전히 남아있다.

표준 길이와 거대 구조

우주에서 특정 천체까지의 거리를 측정하는 방법에 대해 앞에서 이야기한 바 있다. 표준 광원을 이용하는 방법에 대해 아마도 인상 깊었을 것이다. 우주의 거대 구조를 살펴보면 특정한 패턴이 반복적으로 나타나고 있다는 사실을 알 수 있다. 우주 배경복사가 매우 균일하다 하더라도 작은 척도에서 현재의 우주는 물질밀도가 균일하지는 않다. 이를 설명할 수 있는 방법의 하나가 중입자 음향 진동baryon acoustic oscillation, BAO 이다. 여기에서 음향은 음속의 다른 표현으로 어떤 진동의 전달 속도가 빛의 속도보다 매우 작다는 것을 의미한다.

우주가 만들어진 후 얼마 지나지 않은 초기 플라스마 상태였을 때 우주는 빛이 쉽게 이동할 수 없는 상태였다는 이야기를 한 적이 있다. 따라서 빛은 물질과 상호작용하면서 바깥쪽으로 밀어내는 역할을 하였을 것이다. 이때 암흑물질은 빛과 상호작용하지 않고 오직 중력만 경험했을 것이기 때문에 빛과 상호작용하는 중입자들만 바깥쪽으로 밀려 나갔을 것이다. 이후 일정 거리를 이동한 후-공간이 팽창한 후-온도가 하강하게 되면 하전입자들은 재결합을 통해 중성원자들을 만들어 내기 시작한다. 따라서 빛은 자유롭게 이동할 수 있다. 이런 과정이 반복된다면 우주의 국소적인 공간에서 공기 중에서 소리가 퍼져나가는 것과 비슷한 중입자 밀도가 높은 껍질들이 주기적으로 발생하게 된다. 이를 중입자 음향 진동이라고 한다. 이런 과정은 우주가 충분히 식을 때까지 우주의 모든 곳에서 발생했을 것이기 때문에 이런 중입자 껍질들은 마치 연못에 여러 개의 자갈을 던져 넣은 것처럼 서로 겹치게 될 것이다. 이런 과정을 거쳐 물질의 밀도가 높아진 곳은 중력을 통해 주변의 물질들을 병합하게 될 것이다. 이러한 중력의 씨앗들은 자라서 점차 우주의 거대 구조를 형성하였을 것이다.

하전 플라스마가 얼마 정도 이동해야 비로소 중성원자로 결합할 수 있는지 계산할 수 있다면 이 중입자 껍질 사이의 거리를 가늠할 수 있다. 계산에 따르면 약 4.9억 광년 정도이다. 따라서 BAO는 그 크기가 정해져 있는 우주의 표준 길이 standard ruler 의 역할을 담당할 수 있다. SDSS가 작성한 3차원 지도는 우주 내 물질의 분포를 상세하게 보여준 바 있다. 관측한 영역은 BAO의 존재를 확인할 만큼 방대한 영역이었다. 우주원리가 적용되는 큰 거리 척도에서 BAO를 이용한 거리 측정은 매우 중요한 연구 과제가 될 것으로 기대하고 있다.

중력파

2016년 2월 11일 LIGO Laser Interferometer Gravitational-Wave Observatory 와 Virgo 연구진은 중력파를 최초로 관측했다는 뉴스를 전 세계에 알렸다. 1916년 아인슈타인이 자신의 방정식을 이용하여 중력파의 존재 가능성을 알린 지 무려 100년 만의 일이었다. 진동하는 전하가 전기장과 자기장을 교란해 전자기파를 만들어 내는 것처럼 진동하는 질량이 만들어 내는 중력장의 진동을 검출하는 데 성공한 것이다. 과학자들은 쿨롱 힘이 $1/r^2$에 비례한다는 사실로부터 빛의 질량이 "0"이며 그 힘이 미치는 거리는 무한대라는 것을 설명했다. 중력도 역시 마찬가지로 $1/r^2$로 표현되며 힘이 미치는 거리 역시 무한대이기 때문에 만약 중력장의 교란이 존재한다면 그 교란은 빛의 속도와 같은 속도로 전달될 것이라고 예상하였다. 그러나 뉴턴의 중력 상수가 매우 작은 값을 가지기 때문에 중력장의 교란은 매우 미세할 것이다. 따라서 중력의 변화를 검출하기 위해서는 블랙홀과 같은 질량이 매우 큰 진동하는 천체와 아주 작은 거리변화를 감지할 수 있는 간섭계가 필요할 것이다. 그리고 간섭계의 열적 진동에 의한 잡음까지 방지할 수 있는 극초저온 상태에서 동작시켜야 한다. 그리고 정밀도를 높이기 위하여 간섭계의 규모 역시 매우 커야 한다는 것을 의미한다. 참고로 LIGO에서는 두 군데에 설치한 검출기의 신호 차이를 분석하는데 사용되는 두 검출기 사이의 거리가 무려 3,000 km에 육박한다.

이 실험그룹들은 지구에서 약 13억 ±6억 광년 떨어진 두 개의 블랙홀의 병합merge 과정에서 발생하였을 것으로 생각되는 중력파 진동을 감지하였다. 중력파 진동을 감지한다는 의미는 검출기 사이의 거리가 미세하게 변화한다는 것을 의미한다. 이 거리변화는 달과 지구 사이의 거리에 대해 머리카락 한 개의 지름에 해당할 만큼 작은 것이었다. 두 개의 블랙홀은 서로 병합하는 과정에서 질량중심을 중심으로 격렬하게 회전하는 데 이때 급격하게 진동하는

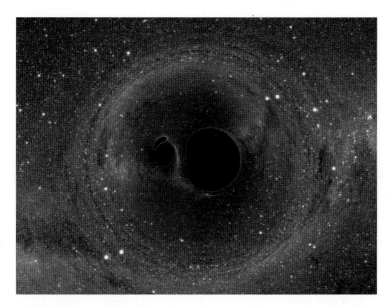

두 개의 블랙홀이 서로 충돌하는 것을 컴퓨터로 시뮬레이션한 그림. LIGO에서 중력파를 감지한 0.4 초 후에 FST(Fermi Space Telescope)에서도 이 충돌에서 발생한 것으로 생각되는 γ-폭풍(burst)을 관측했다. ⓒ Andy Bohn, Fancios Herbert, William Throwe, Katherine Henriksson, Mark Sheel and Nicholas Taylor.

매우 큰 질량이라는 조건이 만들어진 것이다.

이 공로로 LIGO 실험을 이끌던 3명의 물리학자가 2017년 노벨상을 받았다. 일반적으로 노벨상을 받을만한 업적이 공개된 이후, 십수 년에서 수십 년 후에 해당 연구에 대해 노벨상이 주어졌던 것을 생각한다면, 이는 매우 이례적인 일인 셈이다. 그만큼 많은 과학자가 중력파의 발견을 기다려왔다는 증거였다. 또한 파인만의 다음과 같은 격언을 다시금 생각하게 해주는 위대한 발견이기도 했다.

"It doesn't matter how beautiful your theory is, it doesn't matter how smrt you are. If it doesn't agree with experiment, it's wrong."

찾아보기

동굴에서 별을 보다

동굴에서 별을 보다